DIE LEGENDÄRE CONCORDE

THE LEGENDARY CONCORDE

Ingo Bauernfeind

Motor
buch
Verlag

Einbandgestaltung: Frank Zähringer

Bildnachweis: Bild Frontseite (Photo front cover): © Bob Ware; Bilder Rückseite (Photo back cover): © Adrian Meredith / www.concordephotos.com; Alle Bilder ohne Benennung: © Ingo Bauernfeind; All images except where noted: © Ingo Bauernfeind

ISBN 978-3-613-04719-8

1. Auflage 2024

Sie finden uns im Internet unter www.motorbuch-verlag.de

Wie man die Videos in diesem Buch anschaut:

1. Öffnen Sie Ihren mobilen App Store (App Store, Google Play, Windows Marketplace, etc.).
2. Suchen Sie nach kostenlosen QR-Codelesern.
3. Laden Sie den QR-Codeleser auf Ihr Smartphone oder Tablet und schon können Sie loslegen.
4. Öffnen Sie den QR-Codeleser auf Ihrem Gerät.
5. Halten Sie Ihr Gerät über einen QR-Code im Buch, sodass er auf Ihrem Bildschirm gut sichtbar ist. Zwei Dinge können passieren, wenn Sie Ihr Gerät korrekt über einen QR-Code halten:
   - Das Telefon scannt den Code automatisch.
   - Bei einigen QR-Codelesern müssen Sie eine Taste drücken (ähnlich wie bei Ihrer Smartphone-Kamera).
6. Drücken Sie bei Bedarf die Taste. Ihr Smartphone liest den Code und navigiert Sie zur gewünschten Video-Website (dies kann es einige Sekunden dauern).
7. Wählen Sie die passende Auslösung aus und schauen sich die Videos an.

How to watch the videos in this book:

1. Open your mobile app store (App Store, Google Play, Windows Marketplace, etc.)
2. Search for free QR code readers.
3. Simply download the QR code reader to your smartphone or tablet and you are ready to go.
4. Open the QR code reader on your device.
5. Hold your device over a QR code so that it's clearly visible within your screen. Two things can happen when you correctly hold your device over a QR code:
- The phone automatically scans the code.
- On some readers, you have to press a button to snap a picture, not unlike the button on your smartphone camera.
6. If necessary, press the button. Your smartphone reads the code and navigates to the intended video website, which doesn't happen instantly. It may take a few seconds on most devices.
7. Watch the videos by after selecting the correct resolution.

Lektorat: Alexander Burden
Innengestaltung: WS – WerbeService Linke, 76185 Karlsruhe
Druck und Bindung: Graspo CZ, a.s., Zlin
Printed in Czech Republic

Inhalt/Content

Vorwort/ Foreword

Kapitän John Hutchinson, British Airways (a.D.)

by Captain John Hutchinson, British Airways (ret.)

[© Adrian Meredith]

Wenn mir zu Beginn meiner Pilotenausbildung bei der Royal Air Force im Jahre 1955 jemand gesagt hätte, dass ich nur 22 Jahre später ein Überschallverkehrsflugzeug fliegen würde, hätte ich ihn oder sie für verrückt gehalten. Dies wurde jedoch Realität, als ich im Frühsommer 1977 in die Concorde-Flotte von British Airways aufgenommen wurde. Dies zeigt u.a. die bemerkenswerte Entwicklung in der Luftfahrt während des 20. Jahrhunderts.

Zwischen dem ersten erfolgreich gesteuerten Flug der Gebrüder Wright am 17. Dezember 1903 und dem Jungfernflug des Concorde-Prototypen am 2. März 1969 vergingen rund 65 Jahre. Es war ein wahrhaft erstaunliches Jahrhundert, in dem die Menschheit bereit war, sich den Herausforderungen neuer Technologien auf eine Weise zu stellen, die wir heute verloren zu haben scheinen. Und ich habe noch nicht einmal die Programme zur Erforschung des Weltraumes oder die Mondlandungen erwähnt. Die Concorde war das Ergebnis einer sehr erfolgreichen britisch-französischen Partnerschaft.

Sie setzte all das um, was ihre Erbauer von ihr erwarteten. Berücksichtigt man die aus heutiger Sicht einfachen Materialien und primitive Computertechnologie, die diesen Aerodynamikern und Ingenieuren zur Verfügung standen, erscheint deren Leistung noch bemerkenswerter. Das Flugerprobungsprogramm der Concorde war sicherlich das intensivste, das je mit einem zivilen Verkehrsflugzeug durchgeführt wurde. Ein aussagekräftiges Zeugnis hierfür waren die Fluchtluken für die Besatzung in den Concorde-Prototypen, da große Unsicherheit darüber herrschte, was bei einem Triebwerksausfall bei einer Fluggeschwindigkeit von Mach 2 in 18.000 Metern Höhe passieren würde.

Meines Wissens nach war es der Architekt Sir Hugh Casson, der die Concorde einst als ein Stück Skulptur des 20. Jahrhunderts beschrieb. Und das definiert sie perfekt - sie war die Verschmelzung von Kunst und Technologie, die sie zu einem erhabenen und ikonischen Ganzen machte. Ich bin häufig gefragt worden, wie sich die Concorde fliegen ließ. Ich antwortete dann, dass sie wie ein immens kraftvolles, präzise abgestimmtes und sehr reaktionsschnelles Rassepferd war. Bei korrekter Trimmung konnte man sie nur mit dem

If anyone had said to me in 1955 when I started my flying training in the Royal Air Force that just twenty-two years later I would be flying an airliner at supersonic speeds, I would have told them they were mad. It illustrates perfectly the remarkable developments in aviation that took place in the twentieth century. Yet that is the reality of what happened to me when I was posted onto the British Airways Concorde fleet in the early summer of 1977. From the Wright brothers' first successful controlled flight on 17 December 1903 to the maiden flight of the Concorde prototype on 2 March 1969 was a span of just over sixty-five years.

It truly was an amazing century in which the human race seemed willing to rise to the challenges of new technologies in a way that we seem to have lost today. And I haven't even mentioned space exploration or lunar landing programmes. Concorde was the product of a highly successful Anglo-French partnership and in terms of her performance she achieved all that the manufacturers claimed. When one considers the materials and computer technology that was available to those aerodynamicists and engineers this achievement becomes even more remarkable. The flight test programme must surely have been the most intensive of any civil airliner and it is an eloquent testimony to the risks involved that the prototype Concordes had escape hatches built into them for the crew because there was great uncertainty as to what might happen if, say, an engine failed whilst flying at Mach 2 at 60,000 feet.

I believe it was the architect Sir Hugh Casson who once described Concorde as a piece of twentieth-century sculpture. That defines her perfectly: she was a fusion of art and technology into a sublime and iconic whole. I have often been asked what she was like to fly. I would say that Concorde was an immensely powerful, finely tuned and very

Daumen und Zeigefinger fliegen. Die Concorde-Flotte bestand aus einem eng miteinander verbundenen Team aus Cockpitbesatzung, Kabinencrew, Flugzeugmechanikern und dem Personal für Betankung, Check-in, Abfertigung, Flugplanung, Ladedokumentenerstellung sowie einer ganzen Reihe weiterer Bodenpersonalmitarbeiter.

Alle Beteiligten waren von diesem wunderschönen Flugzeug fasziniert und gaben ihr Bestes, sodass dessen Betrieb schließlich zu einem großen Erfolg bei British Airways wurde.

Es ist immer etwas gewagt, eine bestimmte Gruppe besonders hervorzuheben, da der gesamte Betrieb von der Professionalität aller Beteiligter abhing. Nichtsdestotrotz fühle ich mich verpflichtet, das technische Bodenpersonal hervorzuheben. Sie waren die »unbesungenen Helden« der Concorde, die zwar im Hintergrund wirkten, ohne deren Fachwissen und Können das Flugzeug jedoch nicht hätte fliegen können.

Ich möchte dem gesamten Concorde-Team und all den Passagieren meinen Dank sowie meine Wertschätzung aussprechen, da sie es mir ermöglicht haben, dieses wunderbare Flugzeug für 15 herrliche Jahre zu fliegen. Ich freue mich sehr darüber, dass ich gebeten wurde, das Vorwort für das vorliegende Buch zu verfassen, da es vornehmlich die Concorde selbst und all das zelebriert, was sie für ihre Verehrer darstellt.

Zum Abschluss möchte ich Ihnen eine Geschichte erzählen, die ich während eines Fluges nach Washington im Jahre 1978 erlebte. Einige Tage zuvor hatte British Airways mir mitgeteilt, dass sich eine ältere amerikanische Dame unter den Passagieren befinden würde, die eine passionierte Flugzeugliebhaberin war. Sie war die erste Person, die ein Flugticket bei United Airlines erwarb, als diese Fluglinie in den 1920er-Jahren ihren Betrieb aufnahm. Die Dame war der Ehrengast bei der 50-jährigen Jubiläumsfeier, die ein oder zwei Jahre vor diesem Concorde-Flug stattgefunden hatte. British Airways fragte mich daher, ob ich mich ihrer annehmen könne. Während des Fluges nach Washington bat ich das Kabinenpersonal, die Dame zu mir ins Cockpit zu bringen. Nachdem sie auf dem Klappsitz Platz genommen hatte, begannen wir ein Gespräch über ihr Interesse an der Luftfahrt. Schließlich fragte ich sie, wann sie zum ersten Mal ein Flugzeug gesehen hätte. »Oh«, sagte sie, »es war, als einer der Gebrüder Wright in Savannah, Georgia, landete.« Daraufhin fragte ich weiter - mit einer gewissen Unruhe -, wann sie zum ersten Mal geflogen sei. Sie erwiderte: »Meinen ersten Flug machte ich mit Louis Blériot im Jahre 1911.« Mir muss die Kinnlade bis auf den Boden gefallen sein, da mich diese Bemerkung sprachlos machte - ich sprach mit einer Dame, die im Laufe ihres Lebens die Entwicklung von einer Fluggeschwindigkeit von 23 Meilen in der Stunde während ihres Fluges mit Blériot bis zu einer Geschwindigkeit von 23 Meilen in der Minute während des Fluges mit mir in der Concorde erlebt hatte.

Es macht mich demütig, wenn ich darüber nachdenke, dass ich mit einer Dame gesprochen und ihre Hand geschüttelt hatte, die selbst mit den Gebrüdern Wright und Louis Blériot gesprochen und deren Hände geschüttelt hatte. Dies sagt alles über die Entwicklungen in der Luftfahrt im Laufe des 20. Jahrhunderts aus. Die Dame blieb bis nach unserer Landung in Washington im Cockpit sitzen und teilte uns beim Aussteigen mit, dass sie nie wieder fliegen würde. Da sie nun mit der Concorde geflogen war - dem Höhepunkt der Passagierluftfahrt - hatte sie alles erlebt. Die Menschen sprachen nie über die Concorde oder eine Concorde - sie war einfach *Concorde*, die ultimative Flugerfahrung.

Ich hoffe, dass Sie die Lektüre des vorliegenden Buch genauso genießen werden wie ich es genossen habe, diesen wunderschönen weißen Vogel fliegen zu dürfen.

responsive thoroughbred. Trimmed up properly, she could be flown with the use of thumb and forefinger alone. The Concorde fleet was comprised of a close-knit team consisting of flight-deck crew, cabin crew, ground engineers, refuellers, check-in staff, dispatchers, flight planners, load-sheet staff and a whole host of other ground staff. Everyone involved was captivated by this beautiful aircraft and worked their socks off to make the operation the great success that it became in British Airways.

It is always dangerous to cite any one group for special mention as the operation was dependent on the professionalism of everyone involved but I feel I must single out the ground engineers. They were the unsung heroes of Concorde who were very much in the background but without whose expertise and skill the aeroplane could not have flown. I would like to record my thanks and appreciation to the entire Concorde team and to all those passengers who flew on her over the years for enabling me to fly this wondrous aircraft for fifteen glorious years. I am delighted to have been asked to write the foreword to this book because, above all else, it is a celebration of Concorde and all that she meant to those who knew her. I would like to leave you with a final thought, the story of a flight I did to Washington in 1978. I had been contacted by British Airways a few days before the flight to tell me that an elderly American woman was going to be one of my passengers and that she was a passionate lover of aeroplanes. She had been the first person to buy a ticket on United Airlines when they started up in the 1920s and had been their guest of honour at a 50th birthday celebration which had taken place a year or two before this Concorde flight. Would I please look after her? On the flight to Washington, after the meal service was over, I asked the cabin crew to bring her up onto the flight deck. Having got her installed in the jump seat, we started to chat about her interest in aviation. Eventually I asked when she had first seen an aeroplane. »Oh«, she said, »it was when one of the Wright brothers landed at Savannah, Georgia in 1908.« Then, with some trepidation, I asked her when she had first flown. Her reply: »I first flew with Louis Blériot in 1911.« My jaw must have fallen to the floor; there is no response to a comment like that. Here I was talking to a woman who had gone in her lifetime from flying with Blériot at 23 miles per hour to flying with me in a Concorde at 23 miles per minute. It humbles me to think that I have spoken to and shaken hands with someone who has spoken to and shaken hands with the Wright brothers and with Louis Blériot. It says it all about aviation in the twentieth century. She stayed up on the flight deck for the landing into Washington and announced as she got off that she was never going to fly again: now that she had flown on Concorde, the supreme achievement of passenger flight, she had done it all. People never spoke about the Concorde or a Concorde: she was simply Concorde, the ultimate flying experience. I do hope you enjoy this book as much as I enjoyed flying the beautiful white bird.

Vorwort/ Foreword

Kapitänin Béatrice Vialle, Air France

by Captain Béatrice Vialle, Air France

[© Béatrice Vialle]

Nach dem recht bescheidenen Anfang meiner Flugkarriere mit einem Turboprop-Flugzeug des Typs Bandeirante bei der Air Littoral im Jahre 1984 hatte ich während der Filmfestspiele in Cannes und des Großen Preises von Monaco die Gelegenheit, meine Maschine neben der prächtigen Concorde in Nizza zu parken. Meine Bewunderung für die Concorde war es wohl, die mich dann dazu veranlasste, ihre Piloten nach der Erlaubnis zu fragen, mich an Bord umsehen zu dürfen. Obwohl die damaligen Sicherheitsvorkehrungen weit weniger streng als die heutigen waren, verweigerte die Crew mir den Zutritt. Meine Enttäuschung hierüber war grenzenlos. Ich nahm mir daraufhin fest vor, dass ich, falls ich eines Tages selbst eine Concorde-Pilotin sein sollte, meinen Kollegen die wunderbare Erfahrung eines Besuches an Bord dieses legendären Flugzeuges ermöglichen würde. Auch wenn meine Concorde-Erfahrung nicht von langer Dauer war, so war sie doch ungemein intensiv. Alles begann im Jahre 2000, als ich noch Kopilotin auf der Boeing 747 war. Nach dem Glück, Mutter von zwei Kindern zu werden, entschied ich 1994 nach neun Jahren Tätigkeit als Erste Offizierin auf der B-727, dem A-320 und der B-747, diesen Rang auf der B-747 zu behalten anstatt Kapitänin zu werden. Als Piloten treffen wir häufig karriererelevante Entscheidungen und natürlich war die Concorde stets unsere erste Wahl. Im Jahre 2000 stand mein Name als erfahrene Kopilotin auf einer nach Dienstalter gegliederten Liste, sodass ich als Concorde-Kopilotin in Betracht gezogen wurde. Noch heute kann ich mich an den Anruf des Concorde-Chefpiloten und seine Frage erinnern, ob ich für einen Einweisungsflug mit dem Flugzeug zur Verfügung stünde. Obwohl ich stets das Gefühl hatte, dass dies ein unerreichbarer Traum blieb, realisierte ich nun, dass er doch Wirklichkeit werden konnte.

Meine Umschulung auf die Concorde begann im Mai 2000. Absolut neu war es, zu lernen, wie man schneller als der Schall fliegt. Zudem war es faszinierend, all die Phänomene des Überschallfluges zu entdecken und von den damit verbundenen technischen Herausforderungen zu erfahren, die so meisterhaft von den Concorde-Ingenieuren gemeistert worden waren. Nach der Aneignung dieser Kenntnisse begann das Flugsimu-

Having started my flying career, somewhat modestly, in 1984 at Air Littoral on a small turboprop aircraft called the Bandeirante, I had the opportunity – during the Cannes Film Festival and the Monaco Grand Prix – to park my plane next to the magnificent Concorde in Nice. Obviously, my admiration for Concorde prompted me to ask the pilots for permission to board, just to have a look. Although security rules then were far less strict than they are today, the crew declined. My disappointment was boundless. I promised myself then, that if one day given the opportunity to fly the aircraft, I would offer such a wonderful experience to all my colleagues who wanted to see this legendary aircraft. My Concorde experience was short but enormously intense. It all began in early 2000 when I was a co-pilot on the Boeing 747. Having had the good fortune of having two children, after nine years as first officer on the B-727, A-320, and B-747, I had made a decision in 1994 to remain a first officer on the B-747 rather than taking up the position of captain.

We regularly make career choices and obviously our first choice at the time was always Concorde. By 2000 I had therefore become a veteran co-pilot on the seniority list, which allowed me to be considered for the position of co-pilot on Concorde. To this day, I still remember the phone call from Concorde's chief pilot asking me whether I was available to do a familiarization flight on the aircraft. I always felt this dream was unachievable but I realized then that it might become a reality. My Concorde conversion course began in May. What was totally new to me was to learn about flying faster than the speed of sound. It was absolutely fascinating to discover all the new phenomena encountered during supersonic flight and the complex challenges so brilliantly mastered by Concorde's engineers. After acquiring this knowledge, the simulator phase and training

latortraining und die Schulung der drei Flugleistungsbereiche Unterschall, Schallnah und Überschall. Unglücklicherweise ereignete sich nach meiner Simulatorprüfung der Concorde-Absturz. Wir alle waren am Boden zerstört und unser Kurs wurde unterbrochen, bevor wir die Möglichkeit erhielten, das Flugzeug selbst zu fliegen. Ein Jahr lang verfolgten wir aufmerksam, wie die Concorde ihr Lufttüchtigkeitszeugnis wiedererlangte. Während der tragischen Ereignisse des 11. September 2001 befand ich mich für meine erste Concorde- Flugstunde (ohne Passagiere) in Châteauroux, um zu lernen, wie man dieses besondere Flugzeug startete, flog und landete. Meine Freude über meine erste Flugstunde am Steuer dieser wunderschönen Maschine wurde durch die tragischen Ereignisse in New York total erschüttert. Nun stellte sich erneut die Frage: Wird die Concorde ihre Linienflüge nach New York jemals wieder aufnehmen? Einen Monat später konnte sie diese Hürde jedoch überwinden.

Nach vier Flugstunden ohne Passagiere durfte ich Anfang Oktober 2001 schließlich meinen ersten eigenen Concorde-Flug von Paris nach New York durchführen. Dieser Flug hat sich für immer in mein Gedächtnis eingeprägt. Das Arbeitspensum war jedoch sehr intensiv. Das Flugzeug verlangte ein makelloses Timing, stets ein vorausschauendes Auge sowie höchste Konzentration.

Während meiner Jahre mit der Concorde machte ihre außergewöhnliche Hochleistungstechnologie die Pilotentätigkeit zu einer solch wunderbaren Erfahrung, dass jeder Flug etwas Besonderes war.

Und dies spricht Bände über das gesamte Concorde-Team - die Techniker, die Bodencrew, das Airline-Personal sowie die Flugzeugcrew. Alle Beteiligten waren sehr engagiert, damit jeder Flug möglichst perfekt für unsere Passagiere verlief. Dieses gemeinsame Streben nach Vollkommenheit war eine Bereicherung, welche die Freude am Fliegen um ein Zehnfaches erhöhte.

Es machte mich sehr glücklich, dass ich meinen Eltern einmal einen Rückflug von New York nach Paris in einer von mir geflogenen Concorde ermöglichen konnte. Somit wurde diese unglaubliche und fast unerreichbare Erfahrung eines Überschallfluges für sie Wirklichkeit. Dies war für mich die beste Möglichkeit, ihnen meinen Dank für ihre Unterstützung während meines Studiums zu zeigen und mit ihnen meinen Stolz zu teilen. Mein letzter Flug war sehr bewegend. Wir flogen mit Concorde-Liebhabern eine sog. Überschallschleife über den Atlantik.

Einige von unseren Passagieren hatten ein Leben lang gespart, um ihren Traum in Form eines Fluges mit Mach 2 wahr werden zu lassen. Ich landete die beinahe schon mythische Concorde nach ihrem letzten Air-France-Dienstflug in Paris, wo sich eine große Menschenmenge versammelt hatte.

Ich fühle mich außerordentlich privilegiert, geehrt und stolz, die einzige Concorde-Pilotin bei Air France gewesen zu sein.

Nach der Einstellung des Concorde-Flugbetriebes im Mai 2003 erwartete mich eine neue Herausforderung - ich wurde Kapitänin auf der Boeing 747. Somit eröffnete die tiefe Enttäuschung über das Ende der Concorde für mich die Tür zu einem neuen Wirkungsbereich bei Air France: Zuerst wurde ich Kapitänin auf der klassischen Boeing 747, dann auf der 747-400 und heute fliege ich die Boeing 777.

Die Concorde war das Ergebnis einer außergewöhnlichen Zusammenarbeit zwischen Frankreich und Großbritannien. Airbus hat diesem Projekt, welches zur damaligen Zeit sehr futuristisch und gewagt war, heute viel zu verdanken. Schließlich sind die meisten technologischen Innovationen, die für die Concorde entwickelt wurden, heute in modernen Flugzeugen Standard. Die Concorde wird auf ewig eine Legende der Luftfahrt bleiben.

for the procedures of the three flight domains – subsonic, transonic and supersonic. Unfortunately, just after the final simulator exam, the Concorde accident occurred. We were all deeply devastated, and our course was interrupted before we had a chance to fly the aircraft. For a year, we attentively followed the progress of restoring Concorde's airworthiness certificate. However, on 11 September 2001, I was in Châteauroux for my first hour of offline flight training (without passengers) to learn how to operate this very special aircraft, and how to take off and land. Obviously, my joy for having completed this very first flying hour at the controls of this beautiful machine was totally shattered by the tragic events in New York which again led to the question: Would Concorde ever resume her flights to New York? A month later Concorde was to overcome this obstacle. After my four hours of offline flight, I had the opportunity to make my first Paris–New York crossing in Concorde in early October 2001. The flight remains forever etched in my memory. The workload was enormously intense. The aircraft required flawless timing, permanent anticipation and optimal concentration. During my Concorde years, with such access to the exceptional technological prowess of the aircraft, which made piloting such a wonderful experience, every flight was special. It says everything that the entire Concorde team – the technicians, ground crew, airline staff and air crew – was always totally committed to ensuring that each flight was as perfect as possible for the passenger. This synergistic search for perfection was so enriching and rewarding that it increased tenfold the pleasure of flying such an aircraft.

I was very happy to be able to offer my parents a return flight from New York, at my side, making this incredible and almost inaccessible experience of supersonic flight a reality for them. This was the best way for me to express my gratitude for their support during my studies and to share with them my pride. My last flight was very moving. We were flying a supersonic loop over the Atlantic with Concorde lovers on board. Some of them had saved a lifetime to make their dream – to fly twice the speed of sound, Mach 2 – come true. For the last time in its Air France career, I landed the almost-mythical aircraft at Paris Charles de Gaulle Airport where a huge crowd was gathered. I feel extremely privileged, honoured and proud to have been the only female Concorde pilot at Air France. After the end of Concorde in May 2003, another challenge awaited me: becoming captain on a Boeing 747. Therefore, the massive disappointment of Concorde's retirement opened new doors: another position with Air France, and more responsibilities for the rest of my career. First, I became a captain on the classic Boeing 747, then on the Boeing 747-400 and now on the Boeing 777. Concorde was the result of extraordinary cooperation between France and Great Britain. Today, Airbus owes a great deal to this project that was so futuristic and daring for its time. Indeed, most of the technological innovations developed for Concorde are now standard in modern aircraft. Concorde will forever remain an aviation legend.

Eine Hommage an die Concorde/ A Celebration of Concorde

Seit mehr als einem halben Jahrhundert beflügelt die Concorde die Fantasie der Menschen auf der ganzen Welt. Auch heute stellt sie noch eine außergewöhnliche Ingenieursleistung dar und ist zudem eine einzigartige Verschmelzung aus Kraft, Anmut und Schönheit. Während einst die großen Passagierschiffe Frankreichs und Großbritanniens als Statussymbole die Meere befuhren, so trug auch die Concorde seit ihrem Jungfernflug 1969 - dem Jahr, in dem Neil Armstrong und Buzz Aldrin den Mond betraten - stolz die Flagge beider Nationen.

Die Concorde war nicht nur ein technologischer Triumph oder eine Designikone, sie war auch eine Verkörperung von Hoffnung und Optimismus während der zweiten Hälfte des wechselhaften 20. Jahrhunderts. Sie war eines der ambitioniertesten technologischen Projekte der 1960er-Jahre, das nur von den damaligen Raumfahrtprogrammen der Vereinigten Staaten und der Sowjetunion übertroffen wurde.

Wie das Apollo-Programm erlitt auch die Concorde im Laufe ihrer Entwicklung besorgniserregende Rückschläge sowie einen tragischen Unfall während ihres Linienbetriebes. Dennoch haben solch ernüchternde Momente letztendlich nicht den festen Glauben in diese Programme erschüttern können.

Infolgedessen bewies die Concorde, dass Frankreich und Großbritannien, einst jahrhundertelang Rivalen, zu einem Arrangement kommen konnten, um technologische, finanzielle und sprachliche Barrieren zu überwinden und so ein außergewöhnliches Flugzeug zu bauen, das zum Wegbereiter für international erfolgreiche Kooperationen wie Airbus oder die Europäische Weltraumorganisation (ESA) wurde. Darüber hinaus war die Concorde das erste Flugzeug, das in zwei Ländern geboren wurde. Mit ihr zu fliegen war eine Erfahrung, die man niemals vergaß.

Mit ihrer Höchstgeschwindigkeit von Mach 2 bzw. zweifacher Schallgeschwindigkeit war sie schneller als eine Gewehrkugel, da sie alle 2,5 Sekunden eine Meile weit fliegen konnte. Bei einer Flughöhe von 18.000 Metern (60.000 Fuß), an der Grenze zum Weltraum, konnte man den sich dunkelblau färbenden Himmel sowie die Erdkrümmung sehen, während man den vorzüglichen Kabinenservice, den Champagner sowie das Essen genoss, das sich mit den weltbesten Restaurants messen konnte.

In ihrer spektakulären Laufbahn drehten sich die Menschen nach ihr die Köpfe um, egal, wo immer sie auftauchte. Sie erfreute sich der Bewunderung von Millionen Enthusiasten weltweit und dient bis heute als Inspiration für kommende Generationen von Luftfahrtingenieuren.

Zu Ehren des 50. Jahrestages ihres Jungfernfluges ist das vorliegende Buch eine Hommage an die Concorde, ihr Charisma, ihre Einzigartigkeit sowie ihr Vermächtnis - erzählt von französischen und britischen Fachleuten, die sie flogen, an Bord arbeiten oder sie instand hielten. Falls dieses Werk einen Beitrag dazu leisten kann, den Traum der Concorde am Leben zu erhalten, wäre ich sehr dankbar. Um es mit den Worten des Passagiers Ben Wang zu sagen: »Schnallen Sie sich an, lehnen Sie sich zurück, entspannen Sie sich und lassen Sie uns in die Stratosphäre starten.«

Ingo Bauernfeind

Mülheim an der Ruhr,
September 2019

»Sie hat Städte und Menschen einander nähergebracht und uns alle daran erinnert, dass wir außergewöhnliche Dinge vollbringen können.«

– British Airways

»She's brought cities together, brought people closer, and reminded us all that we can do extraordinary things.«

– British Airways

»Die Concorde wird niemals wirklich aufhören zu fliegen, da sie in der Fantasie der Menschen fortleben wird.«

– Jean-Cyril Spinetta, früherer CEO von Air France

»Concorde will never really stop flying because she will live on in people's imagination.«

– Jean-Cyril Spinetta, former Air France chairman

For more than half a century, Concorde has captured the imagination of people from all over the world. To this day, she is an extraordinary feat of engineering, as well as a unique blend of power, grace and beauty. Just as the great ocean liners once ruled the waves as symbols of French and British engineering excellence, Concorde flew the flag after first taking to the skies in 1969 - the same momentous year when Neil Armstrong and Buzz Aldrin set their feet on the moon. Concorde was not only a technological triumph and design icon, she was an embodiment of hope and optimism in the second half of the changeful twentieth century. Concorde was one of the most ambitious technological endeavours of the 1960s, only second to the American and Soviet space programmes. Very much like the Apollo programme, Concorde suffered worrying setbacks during her development as well as a tragic accident during her operational career. Nevertheless, these sobering moments never derogated from the unshakeable belief of Apollo's and Concorde's fathers in their ability to overcome virtually every obstacle. As a result, Concorde proved that two proud nations, France and Britain - once centuries-long rivals - could come together to rise above technological, political, cultural, financial and language barriers to build an extraordinary aircraft that made a huge contribution in paving the way for

successful international cooperation such as Airbus and the European Space Agency (ESA). Moreover, Concorde was the first aircraft to be born in two countries.

Flying with her was a thrill nobody would ever forget. With her top speed of Mach 2 or twice the speed of sound, Concorde was faster than a rifle bullet, thus traveling a mile every 2½ seconds. While flying at 60,000 feet, at the edge of space, you could see the sky turn deep blue with the view of the curvature of the earth, and enjoy superb service, champagne and a cuisine rivalling the world's best restaurants. In her spectacular career, Concorde turned heads wherever she appeared, admired by millions of enthusiasts worldwide and serving as an inspiration for future aeronautical engineers.

Commemorating the fiftieth anniversary of her maiden flight, this volume is a celebration of Concorde, her charisma, her uniqueness, and her legacy - as told by those French and British professionals who skilfully flew her, served aboard her and kept her flying. If this work can make a contribution to keep the Concorde dream alive, I would be most grateful. To say it with the words of Concorde passenger Ben Wang: »So fasten your seatbelt, sit back, relax and let's shoot into the stratosphere!«

Ingo Bauernfeind
Mülheim an der Ruhr, September 2019

Danksagungen/Acknowledgements

So wie die Entwicklung und der Bau der Concorde ist auch das vorliegende Buch das Ergebnis einer internationalen Zusammenarbeit. Ich bin den Dutzenden von Fachleuten und Enthusiasten zu großem Dank verpflichtet, die sich bereit erklärt haben, sich interviewen zu lassen und persönliche Erfahrungen, Erinnerungen und Materialien zur Verfügung zu stellen. Den folgenden Personen möchte ich daher meinen besonderen Dank aussprechen: John Hutchinson, Béatrice Vialle, Pierre Grange (APCOS), Gérard Duval, Jim Davies (British Airways), Patrick Sevestre, Ian Kirby, Philip Cairns, Ricky Bastin, Adrian Meredith, Suzanne O'Donoghue, Iona Ferguson, Annick und Claude Moyal, Nicole Méneveux, Alain Verschuere, Frank Debouck, Jean-François Louis, Alain Rolland, Katie John und Nigel Ferris (Mach 2 Magazine), Ian Dick, Richard Thomas, Johnathan Safford, Ben Wang, Bernard Charles, Jean-Philippe Lemaire, Guy Cervelle, Michel Thorigny, Aris Pappas, Caroline Cadier und vielen mehr.

Ich möchte auch den folgenden Personen, Unternehmen und Einrichtungen danken, die ebenfalls wichtige Informationen und Materialien zu diesem Buch beigesteuert haben: Air France: Susanne Freitag (f2 KREATION), Air France Museum: Jean Signoret, Bernard Pourchet; Airbus: Cassian Koshorst, Charlotte Dutilh, Hans-Ulrich Willbold, Sylvain Ramadier, Philippe Créach, Sarha Foumba und Agnes Carmes; British Airways: Gayna Fitzgerald, Barry Ballard und Howell Green; Rolls-Royce: Peter Collins, Musée de l'air et de l'espace, Le Bourget: Catherine LeBerre, Christophe Goutard, Alex Jolivet und Philippe Gebarowski; Technik Museum Sinsheim: Hermann Layher, Rainer Schwald und Simone Lingner; Brooklands Museum Trust Ltd: Allan Winn, Julian Temple und Michelina Caliendo-Sear; Air & Space Smithsonian Magazine: Linda Shiner; Smithsonian Institution: Dr. Robert van der Linden; Aerospace Bristol: Zoe Watson; Museum of Flight, Seattle: Ted Huetter; Musée Delta, Paris: Alexandre Pozder; Manchester Airport: Runway Visitor Park; Intrepid Sea, Air & Space Museum, New York; Musée Aeroscopia, Toulouse und die British Ministry of Defence (MOD).

Abschließend möchte ich Marcus Linke für das Layout, Matthias Nienhaus für diverse Übersetzungen, meinen Freunden Lars Drachenberg und Marc Feldermann für ihre allgemeine Unterstützung sowie dem Motorbuch-Verlag, Stuttgart, für die Veröffentlichung des vorliegenden Buches im deutschsprachigen Raum und allen Fotografen, die ihren Beitrag geleistet haben, meinen Dank aussprechen.

Like the development and manufacture of Concorde, this book is the result of international cooperation. I am sincerely indebted to the dozens of Concorde professionals and enthusiasts who consented to be interviewed and submitted their personal experiences, recollections and personal material. Therefore, I would like to express my special gratitude to John Hutchinson, Béatrice Vialle, Pierre Grange (APCOS), Gérard Duval, Jim Davies (British Airways Museum), Patrick Sevestre, Ian Kirby, Philip Cairns, Ricky Bastin, Adrian Meredith, Suzanne O'Donoghue, Iona Ferguson, Annick and Claude Moyal, Nicole Méneveux, Alain Verschuere, Frank Debouck, Jean-François Louis, Alain Rolland, Katie John and Nigel Ferris (Mach 2 magazine), Ian Dick, Richard Thomas, Johnathan Safford, Ben Wang, Bernard Charles, Jean-Philippe Lemaire, Guy Cervelle, Michel Thorigny, Aris Pappas, Caroline Cadier, and many more. The following contributed vital information: Air France: Susanne Freitag/ f2 KREATION; Air France Museum: Jean Signoret, Bernard Pourchet. Airbus: Cassian Koshorst, Charlotte Dutilh, Hans-Ulrich Willbold, Sylvain Ramadier, Philippe Créach, Sarha Foumba and Agnes Carmes; British Airways/ British Airways Museum: Gayna Fitzgerald, Barry Ballard and Howell Green; Rolls- Royce: Peter Collins.

Special thanks and gratitude go to: Musée de l'air et de l'espace, Le Bourget: Catherine LeBerre, Christophe Goutard, Alex Jolivet and Philippe Gebarowski; Technik Museum Sinsheim: Hermann Layher, Rainer Schwald and Simone Lingner; Brooklands Museum Trust Ltd: Allan Winn, Julian Temple and Michelina Caliendo-Sear; Air & Space Smithsonian magazine: Linda Shiner; Smithsonian Institution: Dr Robert van der Linden; Aerospace Bristol: Zoe Watson; Museum of Flight, Seattle: Ted Huetter; Musée Delta, Paris: Alexandre Pozder; Manchester Airport: Runway Visitor Park; Intrepid Sea, Air & Space Museum, New York; Musée Aeroscopia, Toulouse; and British Ministry of Defence.

Many thanks also to Marcus Linke for the desktop publishing, Matthias Nienhaus for translation, my friends Lars Drachenberg and Marc Feldermann for assistance, Chris Cocks for editing, the Motorbuch Verlag for publishing the German version of this book and all the photographers who have contributed to its visual content.

ERSCHAFFEN EINES TRAUMS

BUILDING THE DREAM

»Concorde war ihrer Zeit definitiv weit voraus. Strukturell war sie eindrucksvoll – sie war aus solidem Metall gefertigt.«

– Mark Claridge, ehemaliger Techniker bei British Airways

»Concorde was definitely well ahead of her time. Structurally she was amazing – she was all machined out of solid metal.«

– Mark Claridge, former BA technician

F-WUAD
F-WTSA
F-WTSA

Frühe Studien/Early Studies

Die deutsche Heinkel He 178 stieg im August 1939 als erstes Strahlflugzeug der Welt in den Himmel. *[U.S. Air Force]*

The German Heinkel He 178 was the world's first jet-powered aircraft, taking to the skies in August 1939.

Die britisch-französische Concorde war der Höhepunkt einer jahrzehntelangen Forschungs- und Entwicklungstätigkeit unter Kriegs- und Friedensbedingungen, die schließlich ein Flugzeug hervorbrachte, das zu einer Inspiration für Konstrukteure auf der ganzen Welt wurde.

Der Wunsch nach einer möglichst hohen Fluggeschwindigkeit ist genauso alt wie die Luftfahrt selbst. Seit ihren Anfängen, als die Gebrüder Wright und andere Pioniere in die Lüfte stiegen, ist die Geschwindigkeit zu einem der bestimmenden Faktoren für Flugzeugkonstrukteure und Piloten geworden - nicht nur aus Prestigegründen, sondern auch aus praktischen Erwägungen: Der Drang, Zeit beim Reisen von einem Ort zum anderen zu sparen, war schon immer ein menschliches Bedürfnis. Die Geschichte des Überschallfluges lässt sich bis in den Zweiten Weltkrieg zurückverfolgen, als sich die Luftfahrt rasant weiterentwickelte, weil alle Kriegsparteien leistungsfähigere Flugzeuge als ihre jeweiligen Gegner benötigten.

Neben dem Bau und Einsatz kolbengetriebener Jäger, Bomber und zahlreicher weiterer Flugzeugtypen entwickelten und erprobten deutsche und britische Ingenieure auch verschiedene Strahl- und Raketentriebwerke. Der weltweit erste Flug eines strahlgetriebenen Flugzeuges erfolgte im August 1939, als die Heinkel He-178, angetrieben von Hans von Ohains Strahltriebwerk HeS 3, in den Himmel stieg.

Die britische Gloster E.28/39 absolvierte ihren Jungfernflug im Mai 1941, angetrieben von Frank Whittles W.1, gefolgt von der amerikanischen Bell XP-59 mit zwei Strahltriebwerken des Typs 1A im Oktober 1942. Da die vor oder während des Zweiten Weltkrieges konstruierten kolbengetriebenen Flugzeuge (Propellerflugzeuge) nicht viel schneller als 725 km/h fliegen konnten, versprach die neue Strahl- und Raketentechnologie, so schnell wie der Schall fliegen zu können.

Die Gloster E.28/39, das erste britische Strahlflugzeug, hob im Mai 1941 erstmalig ab. *[Royal Air Force, MOD, Crown Copyright]*

Maiden flight of Britain's first jet aircraft, the Gloster E.28/39 in May 1941.

The Anglo-French Concorde was the culmination of decades of aircraft design and research work conducted under war and peacetime conditions, leading to an aircraft that is still an inspiration to designers around the world. The desire to fly as fast as possible is as old as aviation itself. Since the early days, when the Wright Brothers and other pioneers took to the skies, speed has become one of the defining factors for aircraft designers and pilots – not only for prestige but also for practical reasons: saving time when travelling from one place to another has always been a human endeavour.

The history of supersonic flight can be traced back to World War II, at a time when aviation technology was making rapid advances due to the need to design more sophisticated aircraft than the enemy. Besides the construction and use of piston-powered fighters, bombers and many other aircraft types, British and German engineers developed and tested various jet and rocket engines.

The world's first flight of a jet-powered aircraft took place in August 1939, when the Heinkel He 178, powered by Hans von Ohain's HeS 3 turbojet engine, took to the skies. The British Gloster E.28/39 made her maiden flight in May 1941, powered by Frank Whittle's W.1, followed by the American Bell XP-59 in October 1942, built with two GE Type 1A turbojets. While propeller-driven aircraft designed prior to or during World War II could not reach speeds much beyond 450 mph (725 kph), the advent of jet and rocket technology promised flying as fast as the speed of sound.

Schallgeschwindigkeit / The Speed of Sound

Die Schallgeschwindigkeit ist die Entfernung, über die sich eine Schallwelle durch ein elastisches Medium ausbreitet. Bei 20° Celsius beträgt die Schallgeschwindigkeit etwa 343 Meter pro Sekunde (1.235 km/h) oder einen Kilometer in 2,9 Sekunden (eine Meile in 4,7 Sekunden).

The speed of sound is the distance a sound wave propagates through an elastic medium. At 20°C (68°F), the speed of sound is about 343 metres per second (1,235 kph, 767 mph), or a kilometre in 2.9 seconds, or a mile in 4.7 seconds.

Die britische Abstammung der Concorde

Nachdem sich während des Krieges das Blatt gegen Deutschland gewendet hatte, versuchte die Luftwaffe verzweifelt, Deutschland gegen die riesigen Flotten alliierter Bomber zu verteidigen, die den Himmel über Europa beherrschten. Daher erfolgte die Entwicklung leistungsfähiger Abfangjäger wie der strahlgetriebenen Messerschmitt Me 262 oder der raketengetriebenen Messerschmitt Me 163. Letztere konnte sogar eine Höchstgeschwindigkeit von 1.000 km/h erreichen. Diese jedoch nur in geringen Stückzahlen gebauten und erst spät im Krieg eingeführten Flugzeugmuster hatten jedoch keinerlei Einfluss auf dessen Ausgang.

Zur gleichen Zeit führte die Royal Air Force ihre Gloster Meteor ein, die erfolgreich zum Abfangen deutscher V-1-Flugbomben zum Einsatz kam und deren erste Nachkriegsvarianten mehr als 960 km/h erreichten. Im Gegensatz zu den alliierten Flugzeugbauern verwendeten deutsche Konstrukteure und Ingenieure die damals modernste Windkanaltechnologie zur Ermittlung der besten aerodynamischen Form, entwickelten verschiedene pfeilförmige Flugzeugmuster mit Deltaflügeln (benannt nach dem dreieckigen griechischen Buchstaben »Delta«) und experimentierten mit sogar noch radikaleren Entwürfen.

Nach der deutschen Kapitulation im Mai 1945 wurden verschiedene einsatzfähige strahl- und raketengetriebene Jäger, Bomber, Prototypen und Tonnen von Blaupausen für unfertige Flugzeugentwürfe zur Kriegsbeute der siegreichen alliierten Mächte USA, Großbritannien und Sowjetunion. Die meisten Flugzeuge wurden nach Amerika und Großbritannien für weitere Erprobungen und Bewertungen verschifft.

Darüber hinaus setzten zahlreiche renommierte deutsche Ingenieure und Konstrukteure ihre Karrieren bei amerikanischen und britischen Flugzeugherstellern sowie in einigen Fällen in der Sowjetunion fort. Unter diesen waren die Aerodynamiker Dietrich Küchemann und Johanna Weber, die

Nach dem Krieg erprobten britische, amerikanische und sowjetische Institute die Me 262, um Erfahrungen für ihre eigenen Überschallflugzeugkonstruktionen zu sammeln. Einige Me 262- und Me 163-Piloten gaben an, die Geschwindigkeit von Mach 1 während des Krieges in Sturzflügen erreicht zu haben. *[U.S. Air Force]*

After the war, British, American, and Soviet high-speed research institutions retested the Me 262 to gain experience for their own supersonic aircraft designs. Some Me 262 and Me 163 pilots claimed to have exceeded Mach 1 in straight-down dives during the war.

Concorde's British Ancestry

During the war, after the tide had turned against Germany, the Luftwaffe became desperate to defend the homeland against the armadas of Allied bombers dominating the skies over Europe. As a result, advanced interceptors such as the jet-powered Messerschmitt Me 262 or the rocket-propelled Messerschmitt Me 163 were designed to counter the Allied bombing raids, the latter even capable of a speed of about 620 mph (1,000 kph). Built in small numbers and introduced late in the war, these aircraft had no impact on its outcome. At the same time, the Royal Air introduced its Gloster Meteor which was successfully used to intercept German V-1 flying bombs and whose early post-war variants were capable of reaching speeds in excess of 600 mph. Unlike Allied aircraft builders, German designers and engineers using state-of-the-art wind tunnel technology for determining the best aerodynamic shape, constructed various arrow-shaped aircraft with delta wings (named after the triangle- shaped Greek letter 'delta') and experimented with some even more radical designs. After Germany's surrender in May 1945, various operational jet- and rocket-powered fighters, bombers, prototypes and tons of blueprints for unfinished aircraft designs became war prizes for the

victorious Allied powers – United States, Great Britain, and the Soviet Union – with most of them shipped to America and Britain for further testing and assessment. Moreover, numerous renowned German engineers and designers continued their careers working for U.S. and British aircraft manufacturers, and in some cases in the USSR. Two of these were the aerodynamicists Dietrich Küchemann and Johanna Weber

Prototyp der raketengetriebenen Me 163, die als Abfangjäger alliierter Bomber konzipiert war. *[Bundesarchiv, Photo 146-1972-058-62 / CC-BY-SA 3.0]*

Prototype of the rocket-powered Me 163 designed to intercept Allied bombers.

Die unbemannte Miles M.52 konnte eine Fluggeschwindigkeit von Mach 1,38 erreichen, ließ sich aber nur von einem fliegenden Flugzeug aus starten. *[Royal Aircraft Establishment / Crown Copyright]*

The unmanned Miles M.52 could reach Mach 1.38 but had to be air-launched from a mother ship.

Eine de Havilland Mosquito am Boden mit einem Modell der Miles M.52 unterhalb ihres Rumpfes. *[Royal Aircraft Establishment / Crown Copyright]*

A de Havilland Mosquito on the ground with a Miles M.52 model in place below the fuselage.

1947 durchbrach der amerikanische Pilot Chuck Yeager in seiner raketengetriebenen Bell X-1 die Schallmauer. *[U.S. Air Force]*

In 1947 the American pilot Chuck Yeager broke the sound barrier in his drop-launched rocket-powered Bell X-1 aircraft.

1948 führte der britische Pilot John Derry den ersten Überschallflug in einem strahlgetriebenen Flugzeug des Typs de Havilland DH 108 Swallow durch, nachdem dieses selbst vom Boden gestartet war. *[U.S. Navy]*

In 1948 British pilot John Derry made the first supersonic flight in the jet-powered de Havilland DH 108 'Swallow' after taking off under its own power.

1946 in die Aerodynamik-Abteilung des britischen Royal Aircraft Establishment in Farnborough wechselten. Beide erhielten später die britische Staatsbürgerschaft.

Als Antwort auf die deutschen Entwicklungen arbeiteten britische Ingenieure während des Krieges ebenfalls an einem geheimen Strahlflugzeug mit der Bezeichnung Miles M.52. Um die bis dahin unerreichte Geschwindigkeit von 1.600 km/h im Horizontalflug zu erreichen, war eine umfassende und innovative Aerodynamikforschung und Entwurfsarbeit erforderlich. Mit dem Kriegsende erfolgte aufgrund von Mittelkürzungen beim Militär noch vor der Testflugphase die Einstellung dieses Projektes. Die M.52 wurde jedoch in Form von drei unbemannten raketengetriebenen Modellen, die nur ein Drittel so groß wie das Original waren, wiederbelebt. Deren Start erfolgte im Flug von einer modifizierten de Havilland Mosquito aus.

Während des Krieges wurden die mit der ursprünglichen M.52 gewonnenen Forschungsergebnisse und Entwurfszeichnungen der amerikanischen Firma Bell Aircraft zur Verfügung gestellt, welche schließlich die raketengetriebene Bell X-1 baute. Am 14. Oktober 1947 durchbrach diese mit dem Testpiloten Chuck Yeager der US Air Force am Steuer als erstes Flugzeug die Schallmauer. Der Start erfolgte durch den »Abwurf« der Bell X-1 aus dem Bombenschacht eines B-29-Bombers. Während des Fluges erreichte sie Mach 1,06 (1.300 km/h). Im Jahr darauf konnte eine ferngesteuerte M.52 eine Maximalgeschwindigkeit von Mach 1,38 (1.700 km/h) erreichen, nachdem ein früherer Versuch vor Chuck Yeagers historischem Flug fehlgeschlagen war.

Nichtsdestotrotz erfolgte der erste Überschallflug mit einem strahlgetriebenen Flugzeug, das aus eigener Kraft vom Boden startete und danach wieder sicher landete, am 9. September 1948 durch den britischen Piloten John Derry in einer de Havilland DH 108 Swallow. Nach dem Bau von drei dieser Flugzeuge stürzten sie jedoch alle nacheinander ab, wobei auch alle Piloten ums Leben kamen. Unter diesen befand sich auch Geoffrey de Havilland Jr., der Sohn des Firmengründers. Als Nächstes erfolgte der Bau von verschiedenen Forschungsflugzeugen, um die beim Überschallflug auftretenden Herausforderungen zu untersuchen.

Der Auftrieb bei Überschallflugzeugen entsteht anders als bei herkömmlichen Unterschallflugzeugen: Um den erforderlichen Auftrieb ohne zu großen Luftwiderstand erzeugen zu können,

who joined the aerodynamics department at the British Royal Aircraft Establishment in Farnborough in 1946 and who were both later naturalized as British citizens.

During the war, however, British engineers also worked on a secret jet aircraft named Miles M.52 as a response to German developments. In order to reach unheard-of speeds of 1,000 mph (1,600 kph) during level flight, it involved a very high proportion of cutting-edge aerodynamic research and innovative design work. Before test flight stage, however, the M.52 was cancelled shortly after the end of the war due to budget cuts on military spending. It was, however, revived as a series of three unmanned rocket-powered 30-percent scale models of the original manned full-scale M.52. These unmanned scale models were air-launched from a modified de Havilland Mosquito mother ship. During the war, the design and the research gained from the original M.52 was shared with the American company Bell Aircraft which built the rocket-powered Bell X-1. On 14 October 1947, it became the first aircraft to break the sound barrier with U.S. Air Force test pilot Chuck Yeager at the controls. It was drop-launched from the bomb bay of a B-29 bomber and reached Mach 1.06 (700 mph, 1,300 kph). A year later, a radio-controlled M.52 reached Mach 1.38 (1,060 mph, 1,700 kph) after an earlier attempt prior to Chuck Yeager's historic flight had failed. However, the first supersonic flight by a jet-powered aircraft that took off under its own power and landed safely afterwards was undertaken by British pilot John Derry in a de Havilland DH 108 'Swallow' on 9 September 1948. Three of these aircraft were built and all crashed one after another, killing their pilots, among them Geoffrey de Havilland Jr in 1946, the son of the company founder.

Next came a succession of various research aircraft designed to investigate the challenges of supersonic flight. Compared to subsonic aircraft, lift is created by different means in aircraft flying supersonically. In order to attain the appropriate amount of lift without unacceptable drag, the wings

have to be very short, fairly stubby, and not too long and thin. Although such a short wingspan works fine at supersonic speeds (1,350 mph and more), the trade-off is usually a lack of lift at low speed occurring during take-off and also landing. Intense research and flight testing led to the

müssen die Flügel eher kurz und dick sein. Obwohl eine kurze Flügelspannweite gut bei Überschallgeschwindigkeiten funktioniert, ist der Nachteil in der Regel ein geringerer Auftrieb bei niedrigeren Fluggeschwindigkeiten, wie sie bei Start und Landung auftreten.

Intensive Forschungsarbeiten und Flugerprobungen führten zu dem Ergebnis, dass einige der besten aerodynamischen Entwürfe für Hochgeschwindigkeitsflugzeuge einen Deltaflügel besaßen. Wenn der Winkel der nach hinten gerichteten Pfeilung an den Deltaflügeln ausreichend groß ist, haben die Flügel den großen Vorteil, dass ihre Vorderseite nicht durch die Schockwelle in Mitleidenschaft gezogen wird, die sich an der Flugzeugspitze bildet, wenn das Flugzeug die Schallmauer durchbricht und in den Überschallflug übergeht. Durch die nach hinten gerichtete Pfeilung ist das Flugzeug fähig, im (hohen) Unterschallbereich, im schallnahen Bereich (nahe an der Schallmauer) sowie im Überschallbereich fliegen zu können. Darüber hinaus ermöglicht es die Form der Deltaflügel, die gesamte Flügelfläche zur Auftriebserzeugung zu nutzen. Dies gibt dem Flugzeug seine hohe Gesamtmanövrierfähigkeit.

Trotz ihrer Vorteile bei hohen und Überschallgeschwindigkeiten verursachen Deltaflügel aufgrund ihrer geringen Streckung einen relativ hohen Widerstand, der eine erhebliche Verringerung des Auftriebes bei niedrigen Fluggeschwindigkeiten, insbesondere bei Start und Landung, zur Folge hat. Um bei diesen kritischen Flugmanövern über ausreichend Auftrieb zu verfügen und nicht abzustürzen, waren die Piloten der ersten Deltaflügelflugzeuge gezwungen, mit einer relativ hohen Geschwindigkeit im

conclusion that one of the best aerodynamic shapes for high-speed flying incorporates a delta-wing shape. Given a sufficiently large angle of rearward sweep, the delta wing's main advantage is that its front is not affected by the shock wave formed at the aircraft's nose as the aircraft approaches and exceeds the sound barrier, thus becoming supersonic. The wing's rearward sweep enables the aircraft to fly at (high) subsonic, transonic (close to the sound barrier) or supersonic speeds. Moreover, the delta-wing shape provides the largest total wing area in order to create lift for the entire wing, thus giving the aircraft a very high overall manoeuvrability. Despite its advantages at high and supersonic speeds, the delta wing has a high drag due to its low-aspect ratio causing a significant reduction in lift at slower speeds, in particular during take-off and landing. In order to generate enough lift during these critical stages of a flight and not to crash to ground, the pilots of early delta wing aircraft were forced to take off and land at high speeds compared to conventional swept-wing aircraft. Designers and engineers at the Royal Aircraft Establishment in Farnborough tried to find a solution for this problem. Dietrich Küchemann and Johanna Weber who had been members of the team responsible for the highspeed-wing concept were concerned about the wing's drawback at low speeds. Therefore, a number of test aircraft were constructed to fully investigate this problem and modify the existing delta-wing design, the most notable of them the Handley Page HP 115. Further research and wind-tunnel testing showed that a delta wing

Die Handley Page HP 115 diente im Rahmen des Concorde-Entwicklungsprogramms als Erprobungsplattform bei niedrigen Fluggeschwindigkeiten. *[© Airbus]*

The Handley Page HP 115 served as a testbed for low-speed research in support of the Concorde development programme.

Die HP 115 zeigte, dass sie ihre Fluglagen schnell verändern konnte und sich auch bei einer niedrigen Geschwindigkeiten von 111 km/h sicher beherrschen ließ. *[© Airbus]*

The HP 115 was able to demonstrate rapid changes of bank, while still safely retaining control at speeds as low as 69 mph (111 kph).

Der in den 1950er Jahren entwickelte RAF-Bomber des Typs Avro Vulcan war ein erfolgreicher Deltaflügelentwurf, der sogar als fliegende Erprobungsplattform für die Olympus-Triebwerke der Concorde diente. Ein Deltaflügelflugzeug ist robuster als ein Flugzeug ähnlicher Größe mit gepfeilten Flügeln und verfügt zudem über mehr Platz für Treibstofftanks in den Flügeln. *[RAF/MOD 45133331]*

The RAF Avro Vulcan bomber designed in the 1950s was a successful delta-wing design that even served as a flying testbed for Concorde's Olympus engines. An aircraft designed with a delta wing is more robust than an aircraft of similar size with swept wings, as well as having more internal space for fuel tanks in the wings.

Siehe Anleitung auf Seite 2.
See instructions on page 2.

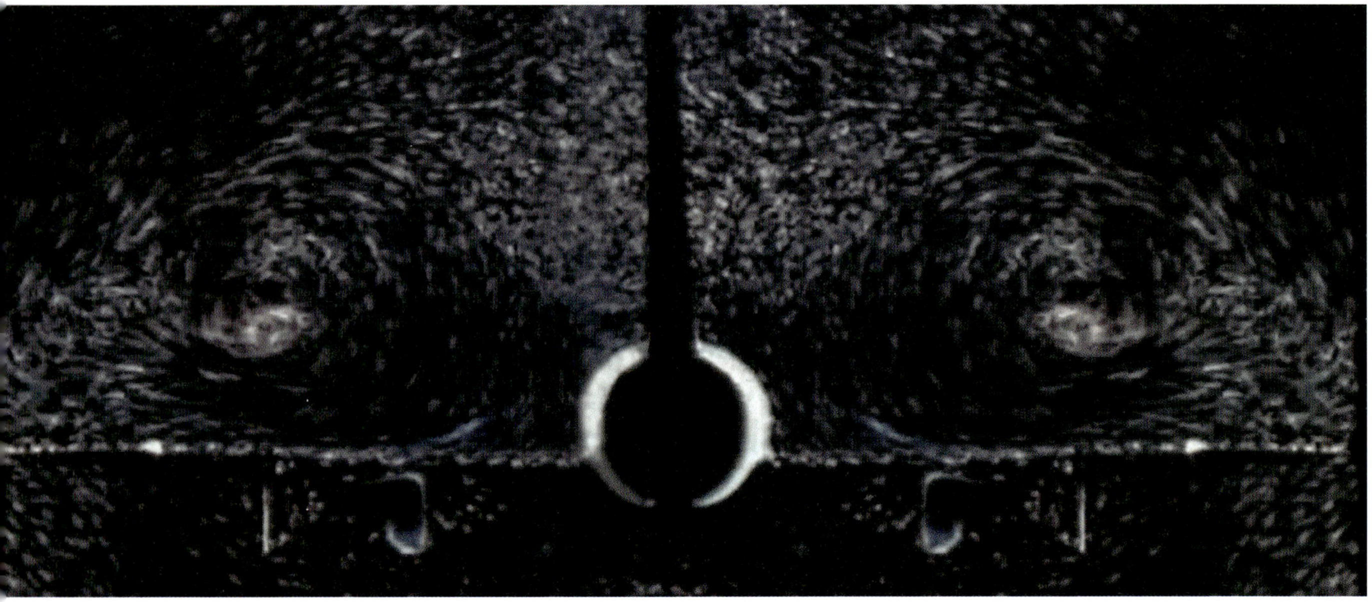

Ein Concorde-Modell in einem Windkanal von hinten gesehen. Die beiden rotierenden Luftmassen über den Flügeln bezeichnet man als Wirbel (Vortex). Das Office National d'Etudes et de Recherches Aérospatiales (ONERA), Frankreichs nationales Forschungszentrum für Luft- und Raumfahrt, fand 1951 heraus, dass die Wirbel bei niedriger Geschwindigkeit und hohem Anstellwinkel den Auftrieb auf den Deltaflügeln erhöhten. *[© Airbus]*

A Concorde model in a wind tunnel seen from the rear. The two masses of rotating air above the wings are called 'wing vortices'. The Office National d'Etudes et de Recherches Aérospatiales (ONERA), France's national aerospace research centre, discovered the increase of lift due to vortex at low speed and high angle of attack on the delta wing in 1951.

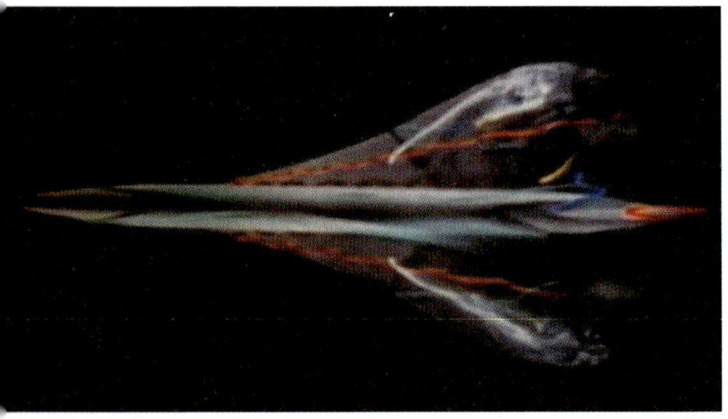

Ein Flugzeug mit Deltaflügeln, die entlang fast der gesamten Rumpflänge in einem spitzen Winkel verlaufen, besitzt bei niedrigen Fluggeschwindigkeiten eine gute Aerodynamik und weist auch im Überschallflug einen geringen Luftwiderstand auf. *[© Airbus]*

An aircraft with a delta wing running for most of the fuselage's length at a high angle of sweep is capable of a good aerodynamic performance at low speeds as well as sustaining a low drag in supersonic flight.

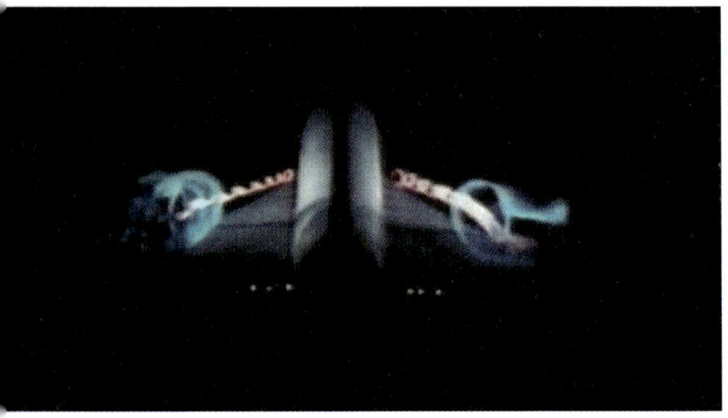

Seit den Anfängen der Luftfahrt sind Windkanalversuche für die Flugzeugentwicklung unerlässlich. *[© Airbus]*

Wind tunnel testing has been indispensable for aircraft development since the early days of aviation.

Vergleich zu Flugzeugen mit konventionell gepfeilten Flügeln zu starten und zu landen.

Die Konstrukteure und Ingenieure des Royal Aircraft Establishment in Farnborough versuchten, eine Lösung für dieses Problem zu finden. Dietrich Küchemann und Johanna Weber, die zu der Arbeitsgruppe gehörten, die verantwortlich für das Konzept der Hochgeschwindigkeitsflügel war, zeigten sich wegen des Nachteils bei niedrigen Fluggeschwindigkeiten besorgt. Aus diesem Grund erfolgte der Bau einiger Erprobungsflugzeuge, um dieses Problem ausgiebig zu untersuchen und die vorhandenen Deltaflügel entsprechend zu modifizieren. Das bemerkenswerteste dieser Flugzeuge war die Handley Page HP 115.

Bei weiteren Forschungsarbeiten und Windkanalerprobungen zeigte sich, dass Deltaflügel bei niedrigen Geschwindigkeiten und bei hoch angestellter Nase (Flugzeugspitze) große Wirbel über den Flügeln erzeugen. Ein Wirbel (Vortex) auf einem Flügel kann als ein Kegel aus wirbelnder Luft beschrieben werden, der sich von der Flügelvorderkante bis zu dessen Hinterkante erstreckt. Diese Wirbel erhöhen die Geschwindigkeit der Luftströmung über die Flügeloberseite und verstärken somit den Auftrieb bei niedrigen Fluggeschwindigkeiten erheblich. Küchemanns Arbeitsgruppe kam zu dem Schluss, dass ein größerer Pfeilungswinkel zu einem stärkeren Wirbel über jedem der beiden Flügel führte und dass längere Flügel es den Wirbeln ermöglichten, über eine größere Strecke zu wirken und so einen stärkeren Auftrieb zu erzeugen.

Im Jahre 1954 entstand mit der Fairey Delta 2 das erste britische Flugzeug, das speziell für die Erforschung des Überschallfluges konzipiert wurde. Zudem war es das weltweit erste Flugzeug, das eine Höchstgeschwindigkeit von Mach 1,5 (1.850 km/h) erreichte.

Das Flugzeug, in dessen Entwurf ein Teil der Forschungsarbeit von Küchemanns Arbeitsgruppe eingeflossen war, bewies, dass seine stark gepfeilten Deltaflügel tatsächlich Starts und Landungen bei relativ geringen Geschwindigkeiten ermöglichten, da sie einen ausreichenden Auftrieb erzeugten. Um den für sichere Langsamflugmanöver erforderlichen Auftriebswirbel zu erzeugen, musste der Pilot jedoch die Flugzeugnase recht hoch in den Himmel richten. Dies hatte zur Folge, dass er die Landebahn vor sich nicht mehr sehen

generates large vortices over the wing at low speeds and high nose-up angles. A vortex on a wing can be described as a cone of swirling air which stretches from the wing's front to its rear. These vortices increase the speed of the air on the wing's top surface, thus significantly increasing the lift at low speeds. Küchemann and his team came to the conclusion that a larger sweep angle would result in a more robust vortex above the wing, and that a longer wing would enable the vortex to operate over a greater distance, thus creating more lift.

In 1954, the Fairey Delta 2 became the first British purpose-built supersonic research aircraft and the world's first capable of reaching Mach 1.5 (1,000 mph). Incorporating some of the research work of

konnte. Dieses spezielle Problem während der Landung ließ sich durch den Einbau einer absenkbaren Nase (»Droop Nose«) lösen. Diese ließ sich nach unten schwenken, sodass der Pilot eine bessere Sicht nach vorne sowie nach unten hatte. Dieses Konzept sollte später zu einem der bedeutendsten Merkmale der Concorde werden, das maßgeblich zu ihrem charakteristischen Erscheinungsbild beitrug.

Im Jahre 1964, zwei Jahre nach der Unterzeichnung des britisch-französischen Vertrages zum Bau der Concorde, wurde einer der beiden Prototypen der Fairey Delta 2 modifiziert, um als Erprobungsplattform für die Entwicklung der S-förmigen Deltaflügel (auch »Ogee-Delta« genannt) zu dienen. Dieser Flügelentwurf war die nächste Entwicklungsstufe für die geplante BAC Type 223, welche das Konzept für ein britisches Überschallpassagierflugzeug darstellte, das zum Teil die Basis für die Concorde bildete. Nach der Umbenennung der modifizierten Fairey Delta 2 in BAC/Fairey Type 221 führte die erfolgreiche Flugerprobung mit dem S-förmigen Deltaflügelenwurf schließlich zu der Entscheidung, diesen für die spätere Concorde zu übernehmen.

Die Fairey Delta 2 war das erste Flugzeug, das mit einer absenkbaren Nase ausgestattet war. Beide Prototypen sind in Museen erhalten. *[Crown Copyright]*

The Fairey Delta 2 was the first aircraft fitted with a droop nose. Both prototypes are preserved in museums.

Mit ihrer Höchstgeschwindigkeit von Mach 2 lieferte die English Electric Lightning wertvolle praktische Erkenntnisse für die Entwicklung eines Passagierflugzeuges, das ebenfalls Mach 2 erreichen sollte. *[© Airbus]*

With a top speed of Mach 2, the English Electric Lightning provided valuable practical experience for the development of a Mach 2 airliner.

Sieben English Electric Lightnings im Formationsflug. *[© Airbus]*

Seven English Electric Lightnings in formation flight.

Die Mach-Anzeige einer English Electric Lightning nähert sich der Höchstgeschwindigkeit von Mach 2. *[© Airbus]*

An English Electric Lightning's Mach meter approaches the top speed of Mach 2.

Küchemann's team, it demonstrated that a highly swept delta wing indeed allowed take-offs and landings at relatively low speeds by generating sufficient lift. However, in order to generate that vortex lift for safe flight operations at low speeds, the pilot had to point the aircraft's nose significantly skyward, and was thus unable to see the runway in front of him. This posed a particular problem during landing which was solved by fitting the Fairey Delta 2 with a 'droop nose'. It could be moved down, thus enabling the pilot to see forward and down. The concept of a 'droop nose' would become one of Concorde's significant features contributing to her characteristic appearance.

In 1964, two years after signing the Anglo-French contract to build Concorde, one of the two Fairey Delta 2 prototypes was modified to serve as a testbed for the development of the 'ogee delta' (S-curved) wing design. This wing was the next developmental stage for the proposed BAC Type 223, a concept for a British commercial supersonic airliner that partly formed the basis for Concorde. After the rebuilt Fairey Delta 2 had been renamed BAC/ Fairey Type 221, the successful flight testing with the ogee delta wing led subsequently to the decision to adopt it for Concorde.

Die französische Abstammung der Concorde

Während Großbritannien bereits im Laufe des Krieges technisches Fachwissen und operative Erfahrungen für die Entwicklung zukünftiger militärischer und ziviler Strahlflugzeuge sammeln konnte, war Frankreich - der spätere Partner Großbritanniens bei der Konzeption und Konstruktion der Concorde - dazu nicht in der Lage. Aufgrund der deutschen Besetzung ab 1940 mussten französische Konstrukteure, Ingenieure und Piloten erst auf die Befreiung ihres Landes nach der alliierten Landung in der Normandie vier Jahre später warten, bevor sie ihre einst stolze Luftfahrtindustrie wieder aufbauen konnten. Einer dieser Ingenieure war René Leduc, der bereits in den 1930er-Jahren mit der Ramjet-Technologie experimentiert hatte, bis der Krieg seine Arbeit unterbrach. Ein Ramjet (Staustrahltriebwerk) ist eine Variante eines luftatmenden Strahltriebwerkes, das die Vorwärtsbewegung des Triebwerkes dazu nutzt, um die einströmende Luft ohne einen Axialverdichter oder Radialverdichter zu komprimieren.

Da Ramjets zur Schuberzeugung selbst in Bewegung sein müssen, können sie aus dem Stand auch kein Luftfahrzeug antreiben. Daher benötigt ein Flugzeug mit Ramjet-Antrieb eine zusätzliche Starthilfe wie beispielsweise ein Raketentriebwerk, um auf eine Geschwindigkeit beschleunigen zu können, die für die Erzeugung des eigenen Schubs ausreicht. Ramjets arbeiten am wirksamsten bei Überschallgeschwindigkeiten um Mach 3 (3.700 km/h), können jedoch bis zu Geschwindigkeiten von Mach 6 zum Einsatz kommen.

Im April 1949 erfolgte der Luftstart der Leduc 0.10 von einem im Flug befindlichen Flugzeug des Typs AAS 01 (einem ehemaligen deutschen Bomber des Typs Heinkel He 274). Die Leduc 0.10 war somit das erste Flugzeug, das mit einem Ramjet als Antrieb flog und dabei rund 680 km/h bei halber Triebwerksleistung erreichte. Bei weiteren Erprobungsflügen schaffte sie eine Höchstgeschwindigkeit von Mach 0,85 (1.050 km/h) sowie eine Steigleistung von 2.400 Metern in der Minute (40 Meter/Sekunde) bis auf eine Höhe von 11.000 Metern. Somit demonstrierte sie das Potential des Ramjets als Flugzeugtriebwerk.

Auf Basis seiner Erfahrungen mit der Leduc 0.10 baute René Leduc zwei Exemplare der größeren Leduc 0.21. Diese bestanden im Grunde jeweils aus zwei Zylindern, von denen der kleinere im größeren platziert war. Der Platz bzw. Abstand zwischen den beiden Zylindern diente zur Unterbringung des Ramjets. Wie ihr Vorgänger konnte die Leduc 0.21 nicht aus eigener Kraft starten und musste daher erst in die Luft befördert und dort ausgeklinkt werden. Das nur für Unterschallgeschwindigkeiten gebaute Flugzeug erreichte eine Höchstgeschwindigkeit von Mach 0,95 (1.173 km/h). Im Jahre 1956 erfolgte schließlich der Bau der Leduc 0.22 als Prototyp für ein zukünftiges Jagdflugzeug mit einer Höchstgeschwindigkeit von Mach 2, in welche die Erfahrungen mit der 0.10 und 0.21 einflossen. Im Gegensatz zu ihren beiden Vorgängern verfügte die Leduc 0.22 über gepfeilte Flügel sowie einen koaxialen Turbojet-Ramjet, um ohne fremde Hilfe vom Boden starten zu können: Während der Turbojet des Typs SNECMA Atar zum Start diente, erfolgte die Aktivierung des Ramjets während des Fluges zur Erreichung von hohen Geschwindigkeiten. Bei einer Höchstgeschwindigkeit von Mach 0,97 (1.200 km/h) erwies sich die Leduc 0.22 als unfähig, die Schallmauer zu durchbrechen, weil ihre Rumpfform bei schallnahen Geschwindigkeiten einen zu großen Luftwiderstand erzeugte. Schließlich erfolgte zugunsten der konventioneller konzipierten Dassault Mirage III die Einstellung des Projektes, was auch das Ende der Flugzeugentwicklungstätigkeit von René Leduc bedeutete.

In der Zwischenzeit hatten auch andere französische Flugzeughersteller mit der Entwicklung von Hochgeschwindigkeitsflugzeugen begonnen, insbesondere Dassault Aviation bei Paris, Sud-Ouest Aviation und Sud-Est-Aviation, beide mit Sitz in Toulouse, sowie Nord Aviation in Bourges. Im Jahre 1950 absolvierte die mit gepfeilten Flügeln und zwei Turbojets des Typs Rolls-Royce Derwent 5 konstruierte Nord 1601 der Firma Nord Aviation ihren Jungfernflug. Dieses Flugzeug diente zur Erprobung der aerodynamischen Fähigkeiten dieses ersten französischen Pfeilflügelentwurfes.

Mit ihrer Höchstgeschwindigkeit von Mach 0,87 (1.080 km/h) lieferte die Nord 1601 wertvolle Erkenntnisse für nachfolgende Hochgeschwindigkeitsflugzeuge. Zu diesen zählte die Nord 1402A Gerfaut, die zur Intensivierung der Studien an Delta- und Pfeilflügelentwürfen diente. Die drei gebauten Prototypen unterschieden sich jeweils

Concorde's French Ancestry

While Britain was able to gain technical expertise and operational experience for the development of future military and civilian jet-powered aircraft as early as during the war, France, which would eventually become Britain's partner in designing and building Concorde, was not. Occupied by Germany since 1940, French designers, engineers, and pilots had to wait until national liberation following D-Day in 1944 before they could rebuild their once-proud aviation industry. One such engineer was René Leduc who already had been experimenting with ramjet technology as early as the 1930s but whose work had also been interrupted by the war. A ramjet is a variant of an air-breathing jet engine that uses the engine's forward motion to compress incoming air without an axial compressor or a centrifugal compressor. Unable to produce thrust at zero airspeed, ramjets cannot move an aircraft from a standstill. Therefore, a ramjet-powered aircraft requires an assisted take-off like a rocket-assist to accelerate it to a speed where it can begin producing thrust. Ramjets work most efficiently at supersonic speeds around Mach 3 (2,300 mph, 3,700 kph) but can operate up to speeds of Mach 6. In April 1949, the Leduc 0.10 was air-launched from an AAS 01 aircraft (a former Heinkel He 274 bomber) and became the first aircraft to fly under ramjet power, reaching around 420 mph (680 kph) at half power. During subsequent test flights, the Leduc 0.10 reached a top speed of Mach 0.85 and a rate of climb of 7,900 feet per minute (40 m/s) to 36,000 feet (11,000 metres), thus demonstrating the potential of the ramjet as an aviation power plant. Based on his experience with the 0.10, René Leduc built two examples of the larger Leduc 0.21 which was basically one cylinder placed into a larger one. The space between the two cylinders was the ramjet's position.

Like its predecessor, the Leduc 0.21 was not capable of take-off under its own power and had to be carried aloft and released. Designed for subsonic speeds only, the 0.21 reached a top speed of Mach 0.95 (723 mph, 1,173 kph). In 1956, incorporating the experience gained from the 0.10 and 0.21 designs, the Leduc 0.22 was built as the prototype of a future Mach 2 fighter aircraft. Unlike its two

predecessors, it featured swept wings and a coaxial turbojet-ramjet power plant to enable unassisted operation. While the SNECMA Atar turbojet was used for take-off, the ramjet was started during flight in order to reach high speeds. With top speed of Mach 0.97 (750 mph, 1,200 kph), the Leduc 0.22 proved unable to exceed the speed of sound due to

Die Leduc 0.21 konnte nicht aus eigener Kraft starten und musste daher erst in die Luft befördert und dort vom Trägerflugzeug ausgeklinkt werden. Sie konnte eine Höchstgeschwindigkeit von Mach 0,95 (1.173 km/h) erreichen. *[© Henri Beaubois / Coll. musée de l'Air et de l'Espace - Le Bourget B 3161]*

The Leduc 0.21 was not capable of take-off under its own power, and had to be carried aloft and released. It could reach a top speed of Mach 0.95 (723 mph, 1,173 kph).

the prohibitive drag induced by its fuselage shape at near-sonic speeds. The project was cancelled in favour of the more conventional Dassault Mirage III and marked the end of René Leduc's aircraft development activities.

Meanwhile, other French aircraft manufacturers also began developing high-speed aircraft, most notably Dassault Aviation near Paris, Sud-Ouest Aviation and Sud-Est-Aviation, both based in Toulouse, and Nord Aviation in Bourges. In 1950, the Nord Aviation's swept-winged Nord 1601, powered by two Rolls-Royce Derwent 5 turbojets, took to the skies to examine the aerodynamic capabilities of its prototype swept-wing design. Capable of a top speed of Mach 0.87 (621 mph, 1,080 kph), the Nord 1601 provided valuable information for subsequent high-speed designs. These included the Nord 1402 A Gerfaut which was built to intensify the studies of delta- and swept-wing designs for high-speed aircraft. The three prototypes each had slightly different wing structures and different versions of the same ATAR 101 turbojet engine.

In August 1954, one Nord 1402 A Gerfaut took to the skies and broke through the sound barrier, reaching a top speed of Mach 1.28 (989 mph, 1,586 kph), thus providing more valuable information about flying at transonic and supersonic speeds.

In 1952, the French Air Force issued a specification for a supersonic fighter, with Sud-Ouest, Sud- Est, Dassault, and Nord Aviation re-

Nord Aviation baute drei Versionen der Nord 1402A, die alle unterschiedliche Flügel- und Triebwerksvarianten erhielten. *[© Airbus]*

Nord Aviation built three versions of the Nord 1402A, all with different wing and engine variants.

Der Dassault-Prototyp MD.550 Mystère-Delta, der Vorläufer der sehr erfolgreichen Mirage III. *[© U.S. Navy]*

The Dassault prototype MD.550 Mystère-Delta, predecessor to the highly successful Mirage III.

Die Sud-Ouest SO 9000 Trident konnte eine Höchstgeschwindigkeit von Mach 1,63 (1.975 km/h) und eine Höhe von 15.000 Metern erreichen. *[© SNCASO / Coll. musée de l'Air et de l'Espace - Le Bourget MA 17088]*

The Sud-Ouest SO 9000 Trident could reach a top speed of Mach 1.63 (1,250 mph) and an altitude of 49,000 feet.

Der Antrieb der Sud-Est SE 212 Durandal bestand aus einem Strahltriebwerk und einem Raketentriebwerk des Typs SEPR 75. Ihre Höchstgeschwindigkeit betrug Mach 1,57 (1.940 km/h). *[© D.R. / Coll. musée de l'Air et de l'Espace - Le Bourget CY 8387]*

The Sud-Est SE 212 Durandal was powered by a jet engine and a rocket motor. Its top speed was Mach 1.57 (1,200 mph).

durch eine eigenständige Flügelstruktur voneinander. Zudem besaß jedes Exemplar eine individuell leicht abgewandelte Version des Turbojet-Triebwerkes Atar 101. Im August 1954 durchbrach eine Nord 1402A Gerfaut die Schallmauer, erreichte eine Höchstgeschwindigkeit von Mach 1,28 (1.586 km/h) und lieferte weitere wichtige Erkenntnisse über den Flug im schallnahen und Überschallbereich.

1952, zwei Jahre zuvor, hatte die französische Marine die Spezifikation für ein Überschalljagdflugzeug herausgegeben, auf das die Firmen Sud-Ouest, Sud-Est, Dassault und Nord Aviation antworteten. Im Jahr darauf absolvierte die SO 9000 Trident von Sud-Ouest ihren Jungfernflug als Erprobungsflugzeug, um eher die Verwendung von zwei verschiedenen Antrieben in einem Flugzeug zu untersuchen als eine größtmögliche Geschwindigkeit zu erzielen. Die Trident war ursprünglich mit zwei Turbojets des Typs Turbomeca Marbore II ausgestattet, die sich jeweils an den Flügelspitzen befanden. Ein Flüssigkeitsraketentriebwerk des Typs SEPR 481 befand sich im Heck. Später erfolgte der Austausch der beiden Turbojets durch zwei Triebwerke des Typs Dassault MD30, einem Derivat des Rolls-Royce Viper 5. Wenn die Turbojets und das Raketentriebwerk gleichzeitig aktiv waren, erreichte die SO 9000 Trident eine beeindruckende Höchstgeschwindigkeit von Mach 1,63 (2.012 km/h). Der Entwurf von Sud-Est mit der Bezeichnung SE 212 Durandal besaß ebenfalls einen »Hybridantrieb«. Dieser bestand aus einem Turbojet SNECMA Atar 101F sowie einem Raketentriebwerk des Typs SEPR 75. Im Dezember erreichte das Flugzeug mit seinen Deltaflügeln Mach 1,57 (1.940 km/h). Zwei Jahre später erfolgte die Einstellung des Testprogrammes der SE 212 Durandal.

Der Entwurf von Dassault, der zunächst die Bezeichnung MD.550 Mystère-Delta erhielt und später in Mirage I umbenannt wurde, besaß einen Antrieb in Form von zwei Turbojets des Typs Armstrong Siddeley MD30R Viper, die in Lizenz bei Dassault gebaut wurden.

Nachdem das Flugzeug im Jahre 1955 die Höchstgeschwindigkeit von Mach 1,6 (1.975 km/h) erreicht hatte, erfolgte die Weiterentwicklung seines Deltaflügelentwurfes zu der sehr erfolgreichen Mirage III. Diese kam nicht nur in der französischen Luftwaffe, sondern auch in zahlreichen anderen Ländern zum Einsatz.

Im Jahr 1957 absolvierte die Nord 1500 Griffon ihren Jungfernflug. Deren Entwurf profitierte von den Erkenntnissen, die zuvor mit der Nord 1402A Gerfaut gesammelt worden waren. Sie besaß einen zweifachen Turbo-Ramjet. Während der Turbojet zum Abheben diente, erzeugte der Ramjet bei Geschwindigkeiten von mehr als 960 km/h zusätzlichen Schub. Im folgenden Jahr erreichte eine modifizierte Variante mit der Bezeichnung Griffon II mit einem Turbojet des Typs Atar 101E-3 und einem Ramjet des Typs Nord Stato-Réacteur die beeindruckende Höchstgeschwindigkeit von Mach 2,19 (2.700 km/h). Am Steuer saß Testpilot André Turcat, der elf Jahre später mit der Concorde zu deren Jungfernflug starten sollte.

Obwohl technische Probleme mit dem Ramjet-Konzept schließlich zu der Einstellung der Griffon-Flugtests führten, fanden einige der Erkenntnisse, die mit diesen Flügen gesammelt worden waren, später bei der Concorde-Entwicklung Verwendung. Mit Blick auf die umfangreiche Forschungsarbeit, die durch zahlreiche britische und französische Flugzeughersteller im Laufe der Jahre erfolgt war, stellt sich die Frage, inwiefern diese wertvollen Erkenntnisse schließlich miteinander kombiniert wurden, um die Concorde schließlich entwerfen, bauen und erproben zu können:

Nach einer Reihe von Firmenübernahmen und -liquidationen dominierten in den späten 1960er-Jahren die British Aircraft Corporation (BAC) sowie Hawker Siddeley die britische Luftfahrtindustrie. Nach der Unterzeichnung des britisch-französischen Vertrages zum Bau der Concorde 1962 wurde die BAC, die Zugang zu allen britischen Forschungsergebnissen hatte, auf britischer Seite zum führenden Unternehmen bei diesem Projekt.

In Frankreich hatten verschiedene Luftfahrtunternehmen durch ihre Forschungsarbeit und Erprobungen auch die französische Expertise bei der Entwicklung von Überschalltechnologie vergrößert. Im Jahre 1957 fusionierten die beiden staatlichen Flugzeughersteller Sud-Ouest und Sud-Est, die zusammen mit anderen Unternehmen einen wesentlichen Beitrag zum französischen Überschall-Know-how geleistet hatten, um zur Sud Aviation zu werden, dem zukünftigen Partner der BAC beim Concorde-Projekt.

Es mag überraschend klingen, dass die Firma Dassault Aviation sich nicht an der Entwicklung beteiligte. Schließlich war sie eines der führenden Luftfahrtunternehmen im Bereich Überschalltechnologie und zudem der Hersteller der Mirage III, dem ersten Militärjet Westeuropas, der schneller als Mach 2 im Horizontalflug flog. Es kann darüber spekuliert werden, dass bei den Verhandlungen, wer welchen Anteil am Concorde-Programm erhalten sollte, Dassault mehr Interesse daran hatte, das Projekt zu leiten anstatt nur einen Beitrag zu leisten. Da dies nicht möglich war, entschied sich Dassault, auf eine Teilnahme zu verzichten.

sponding. The following year, Sud-Ouest's SO 9000 Trident took to the skies as a testbed to investigate the use of two different power plants in one aircraft rather than aiming for the highest possible speed. Originally built with two Turbomeca Marbore II turbojets, one on each wingtip, and a SEPR 481 liquid rocket engine fitted in the tail, the turbojets were later replaced with two Dassault MD30 engines, a derivate of the Rolls-Royce Viper 5. With both the turbojets and the rocket engine activated, the SO 9000 Trident reached an impressive top speed of Mach 1.63 (1,250 mph, 2,012 kph). Sud-Est's design, the SE 212 Durandal, also featured a 'hybrid' power plant consisting of a SNECMA Atar 101F turbojet and an SEPR 75 rocket engine. In December 1956, the delta-winged aircraft reached Mach 1.57 (1,200 mph, 1,940 kph). Two years later, the SE 212 Durandal's test programme was cancelled. Dassault's design, initially known as the MD.550 Mystère-Delta and later renamed as the Mirage I, was principally powered by two Armstrong Siddeley MD30R Viper turbojets built under licence by Dassault. After reaching Mach 1.6 (1,230 mph, 1,975 kph) in 1955, the delta-winged design evolved into the very successful Mirage III which saw service in the French Air Force as well as in numerous other countries.

In 1957, the Nord 1500 Griff on I took to the skies. The delta-winged design benefited from the experience gained from the Nord 1402 A Gerfaut and featured a dual turbo-ramjet, with the turbojet used for taking off and the ramjet producing additional thrust at speeds in excess of 600 mph (960 kph). The following year, a modified variant, Griff on II, powered by an Atar 101E-3 turbojet and a Nord Stato-Réacteur ramjet, reached an impressive top speed of Mach 2.19 (1,680 mph, 2,700 kph). At the controls was test pilot André Turcat who would become the man to take Concorde to the skies on her maiden flight eleven years later.

Although technical problems with the ramjet concept eventually led to the cancellation of the Griffon's flight tests, some of the data gained from these flights were later used in Concorde's development. With regards to the extensive research conducted by numerous aviation manufacturers over the years in both Britain and France, the question arises as to how all this valuable data efficiently came together to eventually design, build, and test Concorde.

In Britain – after a series of company takeovers and liquidations – by the late 1960s aviation was dominated by the British Aircraft Corporation (BAC) and Hawker Siddeley. When the Anglo-French treaty to build Concorde was signed in 1962, BAC, with all the British research under its belt, was the main player on Britain's side of the project. In France, the research and testing conducted by various aviation companies, also furthered the French experience in the design of supersonic technology.

In 1957, the two state-owned aviation manufacturers Sud-Ouest and Sud-Est, belonging to the various companies which had made significant contributions to the French knowledge of supersonic technology, came together to form Sud Aviation, BAC's future Concorde partner. It might be surprising that Dassault Aviation, a leader in supersonic technology and the manufacturer of the Mirage III - Western Europe's first military jet to exceed Mach 2 in horizontal flight - did not participate in the development of Concorde. During negotiations as to who was going to get what share in the Concorde programme, it can be speculated that Dassault was more interested in leading the project than being a contributor. With this being impossible, Dassault decided not to participate.

Testpilot André Turcat (5. von rechts mit Sonnenbrille) und sein Team posieren 1957 vor der Nord 1500 Griffon II. *[© Vazken / CC BY-SA 4.0]*

Test pilot André Turcat (fifth from right with sunglasses) and his team posing in front of the Nord 1500 Griffon II in 1957.

Der Entwurf des Deltaflügels der Dassault Mirage III wurde zum Teil durch die britische Fairey Delta 2 beeinflusst. Die erfolgreiche Mirage wurde in zahlreiche andere Länder verkauft, darunter auch Australien, wie auf diesem Foto aus dem Jahre 1980 zu sehen ist. *[© U.S. Air Force]*

The design of the delta-winged Dassault Mirage III was influenced in part by the British Fairey Delta 2. The successful Mirage was sold to numerous other countries, including Australia, as seen in this photo taken in 1980.

Die britisch-französische Partnerschaft/The Anglo-French Partnership

Während sich Europa langsam von den Schrecken des Zweiten Weltkrieges erholte und britische Piloten bereits 1948 die ersten Überschallerprobungsflüge durchführten, arbeitete die Firma de Havilland nicht nur an militärischen Strahlflugzeugen, sondern auch an einem zivilen Entwurf. Bei diesem handelte es sich um das Passagierflugzeug DH. 106 Comet mit 36 Sitzplätzen in einer Druckkabine, das den Atlantik überfliegen konnte. Bei einer Reisefluggeschwindigkeit von 725 km/h konnten die Fluggäste doppelt so schnell reisen wie mit der damals noch als modern angesehenen Douglas DC-6 mit Kolbentriebwerken.

Die vier laufruhigen Turbojets des Typs Halford H.2. Ghost (die später durch vier Rolls-Royce Avons ersetzt wurden) waren nicht nur leiser als Kolbentriebwerke, sondern verursachten auch geringere Wartungskosten. Darüber hinaus ermöglichten sie dem Passagierflugzeug, oberhalb von schlechtem Wetter zu fliegen, während andere Flugzeuge dieses durchqueren mussten. Trotz der Vorteile von Deltaflügelflugzeugen, die sich durch Versuche mit militärischen Testmaschinen nachweisen ließen, entschieden sich die Konstrukteure der Comet, sie mit gepfeilten Flügeln und einem konventionellen Heck zu bauen.

Nach ihrem Jungfernflug am 27. Juli 1949 als der weltweit erste Verkehrsjet, der für die Serienproduktion vorgesehen war, bemerkte der Flugversuchsbeobachter Tony Fairbrother: »Die Comet muss eine der größten technischen Errungenschaften aller Zeiten sein. Ich glaube nicht, dass es übertrieben wäre, zu sagen, dass sich die Welt in dem Moment änderte, als ihr Fahrwerk vom Boden abhob (Aeroplane Monthly, August 1989).«

Die de Havilland DH. 106 Comet war das weltweit erste strahlgetriebene Passagierflugzeug. [© British Airways]

The de Havilland DH. 106 Comet was the world's jet-powered commercial airliner.

Duncan Sandys, der britische Minister für militärische Beschaffung, ging noch weiter, indem er die Comet als einen integralen Bestandteil der wirtschaftlichen Zukunft seiner Nation beschrieb: »In den kommenden Jahren wird das Vereinigte Königreich die sich nicht wiederholende Möglichkeit haben, seine Flugzeugbauindustrie zu einem unserer Hauptexportzweige weiterzuentwickeln. Unsere Zukunft als große Nation kann davon abhängen, ob wir diese Gelegenheit nutzen und somit eine Branche von größter strategischer und wirtschaftlicher Bedeutung fest etablieren (H. Trischler & S. Zeilinger: Tackling Transport, Band 3, 2003).«

Die British Overseas Airways Corporation (BOAC), die Vorgängerin von British Airways, bestellte als erste Fluggesellschaft das innovative Flugzeug. Nach der Einführung in den kommerziellen Linienbetrieb im Jahre 1952 orderten zahlreiche weitere internationale Airlines, einschließlich Air France, die Comet. Innerhalb eines Jahres nach ihrer Einführung traten jedoch fatale Probleme auf: Drei Flugzeuge gingen verloren, da sie im Flug auseinanderbrachen. Daraufhin erfolgte die Stilllegung der Comet, gefolgt von ausgiebigen Tests. Die Ermittlungen wiesen verschiedene Entwurfs- und Konstruktionsschwächen nach, zu denen eine unsachgemäße Vernietung sowie eine gefährlich hohe Materialbelastung der Bereiche um die rechteckigen Fenster und anderer Öffnungen im Rumpf gehörten. Daher erfolgte eine aufwändige Neukonstruktion der Comet, zu der verschiedene strukturelle Verstärkungen sowie ovale Fenster gehörten. Letztere sind bis heute Standard in Flugzeugen. Obwohl sich die Verkaufszahlen nie wieder völlig erholten, führten Weiterentwicklungen schließlich zu der Comet 4, die es auf einen produktiven Dienstbetrieb von mehr als 30 Jahren brachte.

Konkurrierende Flugzeughersteller beherzigten die Lehren, die man aus der Comet gezogen hatte, und implementierten diese bei ihren eigenen Entwürfen. Zu diesen zählten die Boeing 707, die Douglas DC-8, die Convair 880 sowie die französische Sud Aviation SE 210 Caravelle. Letztere begann ihren erfolgreichen Liniendienstbetrieb im Jahre 1959 als das weltweit erste strahlgetriebene Passagierflugzeug, dessen Entwicklung für den Kurz- und Mittelstreckenmarkt erfolgt war. Auf Basis der Entwurfsarbeit und Einsatzerfahrungen, die mit der Comet und der Caravelle gesammelt werden konnten, begannen Flugzeugkonstrukteure und -ingenieure auf beiden Sei-

ten des Ärmelkanals bald mit der Arbeit an Plänen für die nächste Generation von (strahlgetriebenen) kommerziellen Verkehrsflugzeugen.

Die späten 1950er und frühen 1960er-Jahre sahen die spektakulären Anfänge des amerikanisch-sowjetischen Wettlaufs in den Weltraum - der ultimativen technologischen Herausforderung für Konstrukteure, Ingenieure und Piloten (Letztere wurden nun als Astronauten oder Kosmonauten bezeichnet). Inspiriert durch die frühen Erfolge bei der Weltraumerforschung und der Fähigkeit militärischer strahlgetriebener Jagdflugzeuge und Bomber, mit Überschallgeschwindigkeit zu fliegen, schien es nur allzu natürlich, dass auch zahlende zivile Passagiere zu internationalen Zielen bald schneller als der Schall fliegen würden.

Die mit zwei Avon-Turbojets von Rolls-Royce ausgestattete Sud Aviation SE 210 Caravelle war ein sehr erfolgreiches strahlgetriebenes Passagierflugzeug der ersten Generation. *[© Air France Museum]*

The Sud Aviation SE 210 Caravelle, powered by two Rolls-Royce Avon turbojets, was a very successful first-generation jetliner.

With Europe slowly recovering from the horrors of World War II and Britain's pilots making the first supersonic test flights in 1948, the British de Havilland company was not only working on military jet designs, but also on a civilian jet-powered aircraft. Named the DH. 106 Comet, it was designed as a pressurized passenger aircraft, with thirty-six seats, capable of flying across the Atlantic. With a cruising speed of 450 mph (725 kph), flights on the Comet were about twice as fast as on advanced piston-engined aircraft of the day such as the Douglas DC-6. Her four Halford H.2 Ghost (later replaced with four Rolls-Royce Avon) turbojets ran smoothly and were less noisy than piston engines and had low maintenance costs. Moreover, they enabled the airliner to fly above weather which other aircraft had to fly through. Despite the advances with delta-wing designs gained from military test aircraft, the Comet's designers decided to build her with swept wings and a conventional tail. After her maiden flight on 27 July 1949 as the world's first jet airliner, planned for production, flight test observer Tony Fairbrother commented: »The Comet must have been one of the all-time technical achievements. I don't think it is too much to say that the world changed from the moment its wheels left the ground.« (Aeroplane Monthly, August 1989). The British Minister of Supply, Duncan Sandys, went even further by describing the Comet as an integral part of the nation's economic future: »During the next few years, the UK has an opportunity, which may not recur, of developing aircraft manufacture as one of our main export industries. On whether we grasp this opportunity and so establish firmly an industry of the utmost strategic and economic importance, our future as a great nation may depend.« (H. Trischler & S. Zeilinger, Tackling Transport, Vol. 3, 2003).

The first airline to order this innovative aircraft was the British Overseas Airways Corporation (BOAC), the forerunner to British Airways. After her introduction to commercial service in 1952, numerous international airlines, including Air France, ordered and operated the Comet. However, within a year of entering service, problems began to emerge, with three aircraft lost after suffering catastrophic in-flight break-ups. The Comet was withdrawn from service and extensively tested. The investigation identified various design and construction flaws, including improper riveting and dangerous concentrations of stress around the rectangular- shaped windows and openings in the fuselage. As a result, the Comet was extensively redesigned, with various structural reinforcements and oval windows – the latter becoming standard in aircraft to this day. Although sales never fully recovered, subsequent further developments of the Comet eventually culminated in the Comet 4 in 1958 which had a productive career of more than thirty years.

Competing aircraft manufacturers heeded the lessons learned from the Comet and implemented them in their own designs, the Boeing 707, Douglas DC-8, Convair 880, and the French Sud Aviation SE 210 Caravelle. The latter, which began its successful commercial service in 1959, was the world's first jet-powered airliner developed for the short/ medium- range market.

Based on the design work and operational experience gained from the Comet and the Caravelle, aircraft designers and engineers on both sides of the English Channel began making plans for the next generation of jet-powered commercial airliners. The late 1950s and early 1960s saw the spectacular beginnings of the American- Soviet space race – the ultimate technological challenge for designers, engineers, and pilots (newly known as astronauts or cosmonauts) alike. Inspired by the early achievements in space exploration and with military jet fighters and bombers capable of flying at supersonic speeds, it seemed natural that even fare-paying civilian travellers would soon fly to international destinations faster than the speed of sound.

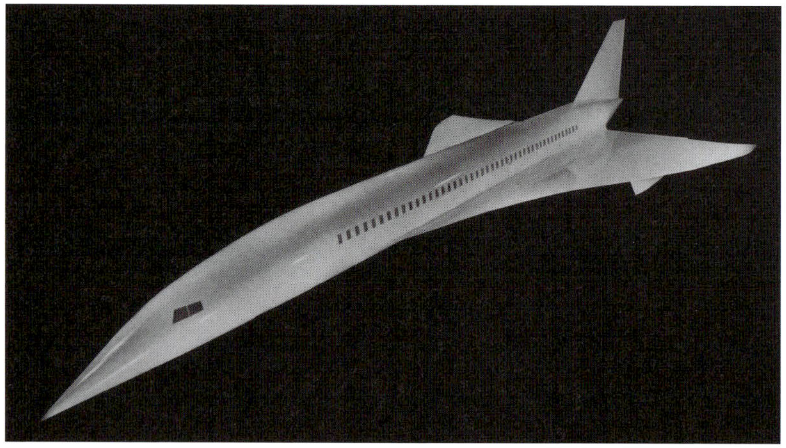

Modell der geplanten Super Caravelle. Sie und die britische Bristol 223 bildeten die Grundlage für die Concorde. *[© Air France Museum]*

Model of the projected Super Caravelle. She and the British Bristol 223 formed the basis for Concorde.

'Entente Concordiale'

Im Jahre 1956 begann das britische Supersonic Transport Committee (STAC) in Farnborough, unter der Führung von Sir Morien Morgan, mit den Forschungen zum Bau eines zivilen Überschallpassagierflugzeuges. Durch die finanzielle Förderung des STAC erarbeiteten zudem mehrere britische Luftfahrtunternehmen verschiedene Entwürfe. Im Jahre 1960, nach der erzwungenen Fusion der meisten dieser Firmen, fiel die Wahl auf den Entwurf mit der Bezeichnung Bristol 223 als Grundlage für ein britisches Überschallflugzeug, das rund 100 Passagiere bei einer Geschwindigkeit von Mach 2 über den Atlantik befördern konnte.

Zur gleichen Zeit arbeitete das der französischen Regierung gehörende Luftfahrtunternehmen Sud Aviation an der Entwicklung der kleineren, aber ähnlich geformten Super Caravelle als überschallfähige Nachfolgerin der Caravelle. Diese sollte auch bis zu Mach 2 erreichen und 70 Passagiere auf Routen innerhalb Europas sowie über das Mittelmeer zu Zielen in Afrika befördern.

Nachdem das britische und französische Konzept jeweils die Reißbrettphase erreicht hatte, wurde den Regierungen beider Nationen bewusst, dass die Entwicklung und der Bau eines Überschallverkehrsflugzeuges einen ausländischen Partner erfordern würde, um die enormen Kosten teilen zu können. Zur gleichen Zeit begannen die Amerikaner an ihrem eigenen Überschallverkehrsflugzeug zu arbeiten, welches die Bezeichnung SST (Supersonic Transport) erhielt. Obwohl die Briten ursprünglich eine Kooperation mit den Vereinigten Staaten etablieren wollten, kam diese nicht zustande, weil amerikanische Luftfahrtunternehmen sich auf Entwürfe mit einer Fluggeschwindigkeit von bis zu Mach 3 fokussierten, während die Briten sich auf Mach 2 konzentrierten.

Schließlich kamen die Regierungen Großbritanniens und Frankreichs zusammen und handelten die Bildung eines Konsortiums aus, um die Entwicklungs- und Baukosten für ein Überschallverkehrsflugzeug zum gleichen Prozentsatz (50/50) auf Grundlage der Bristol 223 und der Super Caravelle zu teilen. Am 29. November 1962 erfolgte die gemeinsame Unterzeichnung des Vertrages durch den britischen Minister für Luftfahrt, Julian Amery, und den französischen Botschafter, Geoffrey de Courcel. Dies war die Geburtsstunde des britisch-französischen Concorde-Projektes.

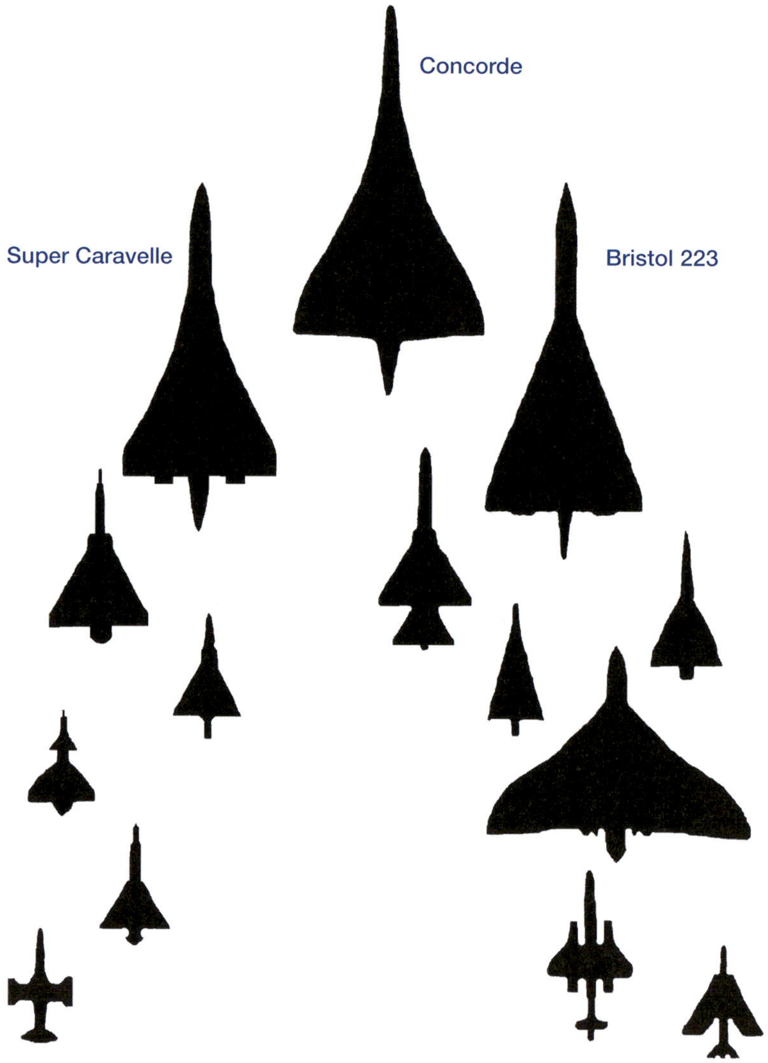

Der »Stammbaum« der Concorde: Die Bristol 223 und die Super Caravelle, die sich beide von frühen Militärflugzeugen ableiten ließen, waren parallel die direkten Vorläufer der Concorde.

Concorde's family tree. Derived from early military aircraft, the Bristol 223 and Super Caravelle were the analogous, direct antecedents of Concorde.

Unter der Leitung von Robert Vergnaud, dem Direktor für den zivilen Luftverkehr, hatten sich die Franzosen jedoch ursprünglich gewünscht, dass zwei Linienflugzeuge als Resultat dieser Kooperation entstehen - ein größeres Langstreckenflugzeug auf Basis des Type 223 sowie eine der Super Caravelle ähnliche Mittelstreckenvariante. Nach den Rückmeldungen von potentiellen Käufern wurde jedoch klar, dass diese nur Interesse an einem Langstreckenflugzeug hatten. Daher erfolgte die Streichung der kleineren Variante, um alle verfügbaren Ressourcen auf das größere Flugzeug für den Transatlantikverkehr zu konzentrieren. Beide Partner vereinbarten den Bau von zwei Prototypen. Während die französische Variante als »001« in Toulouse entstehen sollte, sollte »002« gleichzeitig im südwestenglischen Filton gebaut werden.

Auf Grundlage der Erfahrungen mit dem leistungsstarken und bewährten Turbojet des Typs Bristol Olympus, der seit mehreren Jahren als Antrieb des RAF-Bombers Avro Vulcan diente, fiel die Entscheidung, dieses Triebwerk für die Concorde weiterzuentwickeln.

'Entente Concordiale'

In Britain, under the leadership of Sir Morien Morgan, the Supersonic Transport Aircraft Committee (STAC) based in Farnborough began to investigate the creation of a civilian supersonic airliner in 1956. As a result, funded by the STAC, various British aviation firms developed different designs. By 1960, after the forced merger of most of these firms, the Bristol 223 design was selected as the basis for a British supersonic airliner capable of carrying about a hundred passengers across the Atlantic at a speed around Mach 2.

At the same time, the French state-owned aviation firm Sud Aviation was developing the design of the smaller but similar-shaped Super Caravelle as a supersonic successor to the Caravelle, capable of up to Mach 2 and able to carry seventy passengers on routes within Europe and to destinations in Africa across the Mediterranean. With the British and the French concepts on the drawing boards, the governments of both nations became aware that the design and manufacture of a supersonic airliner would require an overseas partner to share the enormous costs. At the same time the Americans were beginning to work on their own supersonic airliner called SST (Supersonic Transport).

Although the British initially intended to establish a cooperation agreement with the United States, this did not happen as American aviation firms were focusing on designs capable of speeds up to Mach 3 while the British were concentrating on Mach 2. Finally, the governments of Britain and France came together and negotiated the formation of a consortium to share the development and production costs for a supersonic airliner on a 50/50 split based on the Bristol 223 and the Super Caravelle. On 29 November 1962, the agreement was jointly signed by the British minister for aviation, Julian Amery, and the French ambassador, Geoffrey de Courcel, thus giving birth to the Anglo-French Concorde project.

However, the French, under the leadership of Robert Vergnaud, the director of civil air transport, had wanted two airliners to be built as a result of the cooperation: a larger, long-range aircraft based on the Type 223 and a medium-range version similar to their Super Caravelle. After receiving feedback from potential buyers it became clear that there was only interest in a long-range supersonic airliner, leading to the cancellation of the smaller variant in order to concentrate all available resources on a transatlantic aircraft. Both partners agreed to build two prototypes – one named '001' to be constructed in Toulouse in France, and '002' to be built simultaneously in Filton in Britain.

Based on the experience with the powerful and proven Bristol Olympus turbojet which had been the power plant for the Royal Air Force's Avro Vulcan bomber for several years, it was decided to further develop this engine to power Concorde.

Development and Construction

When the treaty to build Concorde was signed, supersonic flight was already a reality – at least for a few elite pilots in a handful of air forces around the world. What was new was the idea to fly one hundred fare-paying passengers from London and Paris across the Atlantic and to other overseas destinations in comfort and without flight suits or oxygen masks. In order to achieve this Herculean task, the British Aircraft Corporation (BAC) and Sud Aviation (Aérospatiale as of 1970), the two firms driving the project, worked closely with more than 800 different British and French subcontractors employing the brightest designers, engineers, aerodynamicists, scientists, technicians and factory workers. This enormous number of companies, whose work had to be coordinated in order to deliver their completed parts to the main manufacturers in Toulouse and Filton, resulted in a complexity never before seen in civil aviation history,

Entwicklung und Konstruktion

Als die Unterzeichnung des Vertrages über den Bau der Concorde erfolgte, war der Überschallflug bereits Wirklichkeit - zumindest für einige wenige Elitepiloten in einer Handvoll von Luftstreitkräften weltweit.

Neu war die Idee, hundert zahlende Passagiere komfortabel und ohne Druckanzüge oder Sauerstoffmasken von London und Paris über den Atlantik sowie zu weiter entfernten Überseezielen zu fliegen. Um diese Herkulesaufgabe zu bewältigen, arbeiteten die British Aircraft Corporation (BAC) und Sud Aviation (Aérospatiale ab 1970), die beiden führenden Firmen bei diesem Projekt, eng mit mehr als 800 britischen und französischen Subunternehmern sowie Zulieferern zusammen, welche die fähigsten Konstrukteure, Ingenieure, Aerodynamiker, Wissenschaftler, Techniker und Fabrikarbeiter beschäftigten. Diese riesige Anzahl an Firmen, deren Arbeit koordiniert werden musste, damit sie ihre fertigstellten Bauteile fristgerecht an die Hauptthersteller in Toulouse und Filton liefern konnten, führte zu einer bis dahin nicht gekannten Komplexität in der Geschichte der zivilen Luftfahrt. Daher war eine enge Kooperation zwischen den britischen und französischen Arbeitsgruppen, die schließlich in verschiedenen Ländern tätig waren, unabdingbar. Folglich mussten auch viele Mitglieder des Concorde-Projektes ihre Sprachbarrieren überwinden und Englisch

Die einzelnen Sektionen der Concorde wurden aus großen massiven Aluminiumstücken (AU2GN) zurechtgeschnitten, wodurch sich ihre Stabilität erhöhte. *[© BAE Systems]*

Sections of Concorde's structure were 'sculpted' out of big pieces of solid aluminium (AU2GN), making them very strong.

	MANUFACTURE
A FUSELAGE NOSE	B.A.C. WEYBRIDGE
B DROOP NOSE	B.A.C. HURN
C FORWARD FUSELAGE	B.A.C. WEYBRIDGE
D REAR FUSELAGE	B.A.C. WEYBRIDGE
E FIN	B.A.C. WEYBRIDGE
F RUDDER	B.A.C. WEYBRIDGE
NACELLES COMPRISING:	
G AIR INTAKE	B.A.C. PRESTON
H ENGINE BAY	B.A.C. FILTON
J NOZZLES	SNECMA
K ENGINES	ROLLS ROYCE – BRISTOL
L INTERMEDIATE FUSELAGE	MARIGNANE
M CENTRE WING (41 - 46)	MARIGNANE
N FORWARD WING	NANTES
P CENTRE WING (46 - 54)	NANTES
Q CENTRE WING (54 - 60)	TOULOUSE
R CENTRE WING (60 - 66)	TOULOUSE
S ELEVONS	BOUGUENAIS
T CENTRE WING (66 - 72)	ST. NAZAIRE
U OUTER WING	BOURGES
V LANDING GEAR MAIN	HISPANO SUIZA
V_1 MAIN WHEELS & BRAKES	DUNLOP
W LANDING GEAR NOSE	MESSIER
X WING FAIRING FWD	B.A.C. FILTON
X_1 WING FAIRING AFT	B.A.C. WEYBRIDGE
Y DORSAL FIN	B.A.C. FILTON
Z RADOME	B.A.C. STEVENAGE

		Herstellung
A	Cockpitsektion	B.A.C. Weybridge
B	Absenkbare Nase	B.A.C. Hurn
C	Vordere Rumpfsektion	B.A.C. Weybridge
D	Hintere Rumpfsektion	B.A.C. Weybridge
E	Seitenleitwerk	B.A.C. Weybridge
F	Seitenruder	B.A.C. Weybridge
	Triebwerkskomponenten:	
G	Lufteinlass	B.A.C. Preston
H	Triebwerksgehäuse	B.A.C. Filton
J	Triebwerksdüsen	SNECMA
K	Triebwerke	Rolls-Royce - Bristol
L	Mittlere Rumpfsektion	Marignane
M	Flügelmittelsektion (41-46)	Marignane
N	Flügelvordersektion	Nantes
P	Flügelmittelsektion (46-54)	Nantes
Q	Flügelmittelsektion (54-60)	Toulouse
R	Flügelmittelsektion (60-66)	Toulouse
S	Elevons (Höhen- und Querruder)	Bouguenais
T	Flügelmittelsektion (66-72)	St. Nazaire
U	Äußere Flügelsektion	Bourges
V	Hauptfahrwerk	Hispano Suiza
V1	Hauptfahrwerksräder u. Bremsen	Dunlop
W	Bugfahrwerk	Messier
X	Vorderer Rumpf-Flügelübergang	B.A.C. Filton
X1	Hinterer Rumpf-Flügelübergang	B.A.C. Weybridge
Y	Rumpf-Seitenleitwerksübergang	B.A.C. Filton
Z	Radarnase (Radom)	B.A.C. Stevenage

Wie im Vertrag von 1962 festgelegt und in dieser Abbildung gezeigt, wurde die Arbeit für den Entwurf und den Bau der Concorde gleichermaßen zwischen Frankreich und Großbritannien aufgeteilt. Die Montage aller französischen und britischen Komponenten erfolgte an zwei Standorten – in Toulouse, wo die französischen Concordes gebaut wurden, und in Filton, wo die britischen »Schwestern« entstanden. *[© BAE Systems]*

As determined in the 1962 treaty, the work to design and build Concorde was shared on an equal basis between France and Britain as shown in this illustration. All the French and British components were assembled at two locations: Toulouse where the French Concordes were built, and Filton where the British »sisters« were produced.

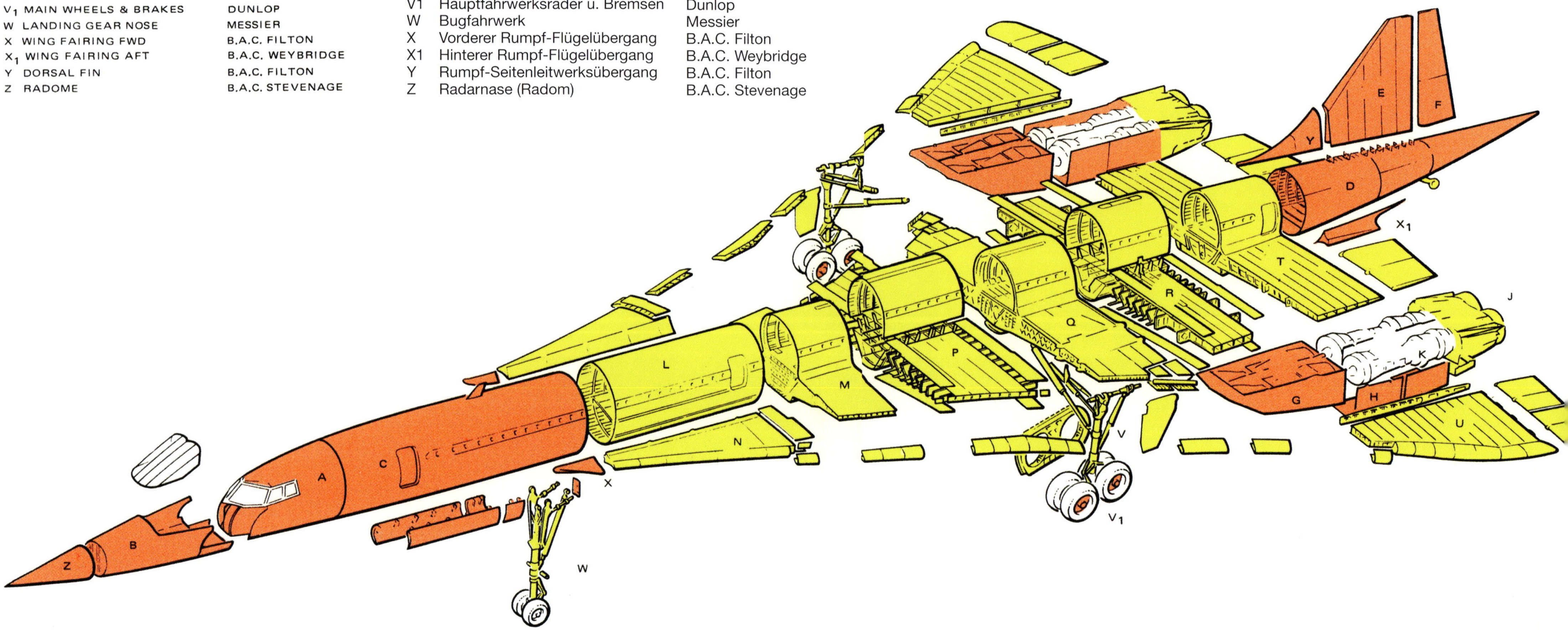

bzw. Französisch lernen, um eine solide Kommunikation sowie einen wirksamen Informationsaustausch zu gewährleisten.

Um die im Vertrag von 1962 vereinbarte 50/50-Arbeitsteilung einzuhalten, wählten die Bürokraten beider Länder die Zulieferfirmen häufig aus politischen und nicht aus praktischen (oder zeit- bzw. kostensparenden) Gründen aus.

Aus diesem Grund gab es zahlreiche Beispiele, in denen ein Unternehmen entweder in Großbritannien oder Frankreich einen Auftrag für den Entwurf oder Bau eines bestimmtes Gerätes erhielt, obwohl eine Firma in dem jeweils anderen Land besser für die Aufgabe geeignet war. Solche unpraktischen Entscheidungen verursachten in Verbindung mit der immensen Komplexität des Programmes mehrere Verzögerungen bei der Fertigstellung der beiden Prototypen.

Der Bau der insgesamt 20 Concordes erfolgte im Grunde nach dem gleichen Muster, entwickelte sich aber zwischen den ersten zwei Prototypen, den folgenden vier Testflugzeugen und den 14 späteren Serienmaschinen weiter, da die diversen Erprobungen zu einigen Entwurfsmodifikationen führten, die wiederum neue Fertigungstechniken erforderten. Diese Änderungen reichten von leichten Überarbeitungen bis hin zu aufwändigen Verbesserungen. Die bedeutendsten Unterschiede zwischen den beiden Prototypen und allen späteren Varianten waren die Nase mit ihrem verglasten Visier (Schutzblende), die Flügel sowie die hintere Rumpfsektion.

Zuerst erfolgte der Zusammenbau des mittleren Rumpfabschnittes mit den vormontierten Flügeln aus sechs Sektionen, die an verschiedenen französischen Standorten entstanden. Dann wurden der Bug und die Hecksektionen aus britischer Herstellung angebaut, gefolgt von der Fertigstellung der Flügel und der Hinzufügung von weiteren Teilen wie dem Seitenruder und dem Fahrwerk. Darauf folgte der Einbau der vier Triebwerke des Typs Olympus 593. Nach der Installation von Kilometern von Kabeln im Inneren erhielt die Flugzeugzelle schließlich ihre zahlreichen Instrumente und technische Ausrüstung im Cockpit sowie die Kabinenausstattung einschließlich der Wandverkleidungen, Sitze, Teppiche, Toiletten und Bordküchen.

Philip Cairns, der später zu einem lizenzierten Flugzeugmechaniker für die Concorde wurde, half beim Bau des britischen Prototypen 002 (G-BSST):

»Es hat mich immer beeindruckt, wie viel Sorgfalt und wie viele Inspektionen im Laufe der Zeit in die Konstruktion einflossen. Dies gab dem ganzen Concorde-Projekt eine zweifellose Integrität. Dieses Grundprinzip gab mir die Gewissheit, dass sie ein wahrlich hochwertiges Flugzeug war. Es half mir auch, mich stets nach bestem Wissen und Gewissen auf ihre Wartung zu konzentrieren. Es war für mich ein Privileg, bis zuletzt zur Concorde-Flotte zu gehören. Meine Philosophie war, dass wenn ich mich um die Concorde kümmerte, sie sich auch um mich kümmerte.«

thus requiring close cooperation between the French and British teams working as they were in two different countries. Therefore, many members of the Concorde project had to overcome the language barrier and learn either French or English to establish a solid means of communication and information exchange. In order to honour the 50/50 split defined by the treaty signed in 1962, bureaucrats in both nations often chose the subcontractors on political rather than practical (or time- and cost-efficient) grounds.

As a result, there were numerous examples in which a company in either Britain or France received a contract to design or construct a particular device for Concorde although a company in the respective other country might be better suited for the task. These impractical decisions, in combination with the immense complexity of the programme, caused various delays in the completion of the two prototypes.

The building process for the total number of twenty Concordes basically followed the same pattern but evolved between the first two prototypes, the four test aircraft and the fourteen later production ones as prototype testing resulted in some design modifications requiring different manufacturing techniques. These alterations ranged from minor changes to elaborate revisions. The most significant difference between the two prototypes and the later variants were the nose and visor, the wings and the rear section of the fuselage. First the central fuselage was assembled, with the wings pre-attached, from the six sections built in various locations in France. Then the British-manufactured nose and tail sections were added, followed by the completion of the wings, the addition of further external parts such as the rudder, and the fitting of the landing gear. Next came the fitting of the four Olympus 593 engines.

After the installation of miles of wiring throughout Concorde's interior, the airframe finally received its numerous instruments and technical equipment on the flight deck (cockpit), and the cabin fixtures such as panelling, seats, carpets, toilets and galleys. Philip Cairns who later would become a licensed ground engineer for Concorde helped build the British prototype 002 (G-BSST): »I was always impressed by the amount of care and inspections that were carried out as the construction progressed. This gave the whole Concorde project a certain integrity and with this as a background I was always aware that Concorde was truly a quality aircraft. This helped me to be focused on maintaining this aircraft to the best of my ability. It was a privilege to be on the Concorde fleet to the very end. My philosophy was if I look after Concorde well, she would look after me.«

Ein Concorde-Modell während der ausführlichen Windkanalerprobungen. *[© BAE Systems]*

A model of Concorde during the extensive wind tunnel tests.

Flugbegleiterinnen vor der Concorde-Holzattrappe. Die potenziellen Käufer der Concorde – einige der weltweit führenden Fluggesellschaften – werden durch die Uniformen vertreten: TWA, Air France, BOAC, Lufthansa, Japan Air Lines, Air India und Braniff. *[© BAE Systems]*

Air hostesses under the wooden mock-up. Concorde's potential customers – some of the world's leading airlines – are represented among the hostesses' uniforms: TWA, Air France, BOAC, Lufthansa, Japan Air Lines, Air India, Braniff.

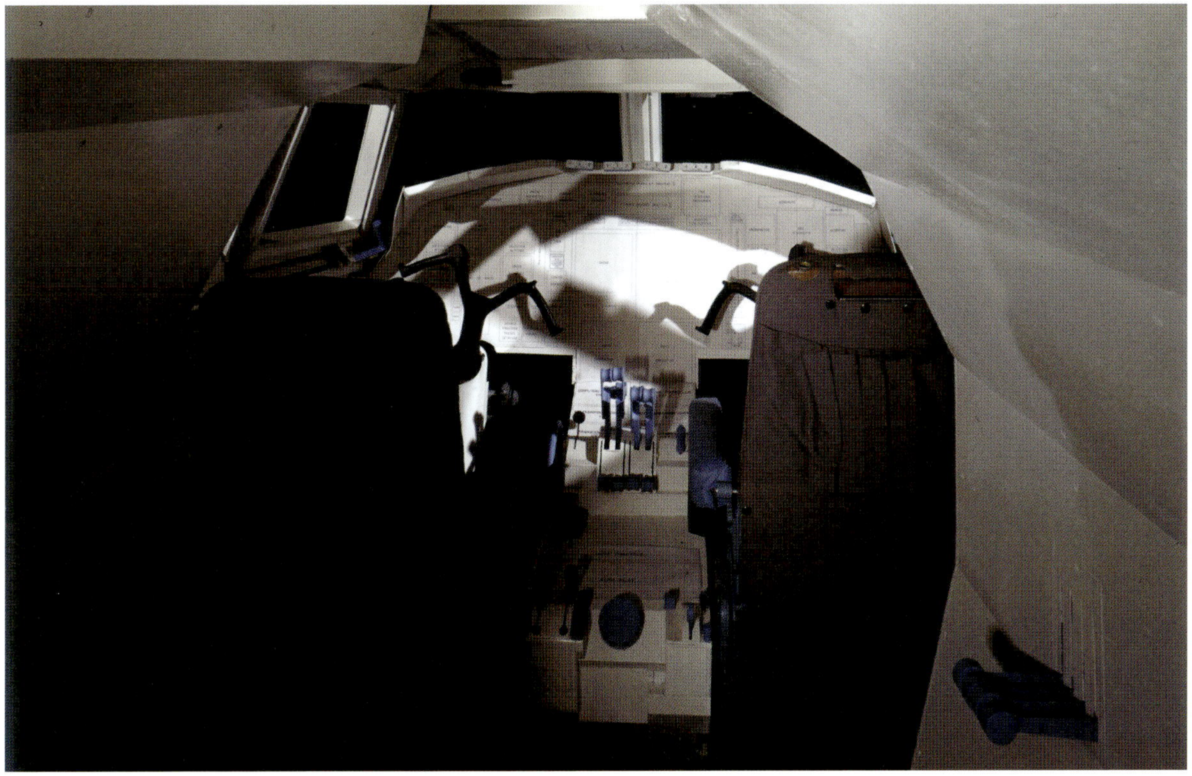

Die Attrappe des Concorde-Cockpits. Die Anordnung der Piloteninstrumentierung war (und ist noch immer) wichtig für die Flugsicherheit. *[© Air France Museum]*

Mock-up of Concorde's flight deck. The layout of the pilots' instruments was (and still is) critical to flight safety.

S.K.H. Prinz Philip, der Prinzgemahl von Königin Elizabeth II., beim Besuch der Concorde-Cockpitattrappe in Toulouse 1965. Bei einem der ersten Flüge des britischen Prototypen 002 übernahm er das Steuer. Prinz Philip und Brian Trubshaw, der britische Cheftestpilot der Concorde, wurden später Freunde.
[© Stadtarchiv Toulouse, Koll. André Cros,CC BY-SA 4.0]

HRH Prince Philip visits the mockup of Concorde's flight deck in Toulouse, 1965. During one of the first flights of the British prototype 002, he would take the controls. Philip later became a friend of Brian Trubshaw, Britain's chief Concorde test pilot.

Der Prototyp 001 während des Baus in Toulouse. Der Rumpf und die Flügel haben noch keine Lackierung erhalten. *[© Rolls-Royce]*

Prototype 001 during construction in Toulouse. The fuselage and the wings have not been painted yet.

Transport eines fertiggestellten Rumpfteiles für die Endmontage in Toulouse.

Transport of a completed fuselage section for final assembly in Toulouse.

Der Prototyp 001 kurz vor seiner Fertigstellung 1967. Die Besucher dürfen sich das Flugzeug ansehen. *[Alle Bilder ohne anderweitige Benennung: © Stadtarchiv Toulouse, Koll. André Cros, CC BY-SA 4.0]*

Prototype 001 nearing completion, 1967. Visitors were allowed to have a look at the aircraft. [All images except where noted: © Toulouse City Archives, André Cros Coll., CC BY-SA 4.0]

Der Transport der verschiedenen Concorde-Sektionen zu ihren Endmontageorten in Toulouse oder Filton erfolgte per Bahn, Lastwagen oder Flugzeug.

The transportation of the various sections of Concorde to their final assembly sites in Toulouse or Filton took place by rail, lorry or aircraft.

Video:

Development & Construction

Siehe Anleitung auf Seite 2.
See instructions on page 2.

Links: Prototyp 001 während eines »Tages der offenen Tür« für die Öffentlichkeit in Toulouse im Jahre 1968.

Left: Prototype 001 during an 'open door' event for the general public in Toulouse, 1968.

Rechts: Die in Filton gebaute absenkbare Nase und das Visier der Vorserien-Concorde 102 bei der Überprüfung vor dem Einbau in Toulouse. Während des Baus der Prototypen (001 und 002) befand sich das Glas, das für das vollverglaste und überschalltaugliche Visier erforderlich war, noch in der Entwicklung. Daher erhielten die Prototypen kleine Cockpitfensterausschnitte, die den Piloten zumindest eine eingeschränkte Sicht nach vorne ermöglichten. Die beiden Vorserienflugzeuge 101 und 102 waren die ersten, die mit vollverglasten Visieren gebaut wurden, die den Piloten eine deutlich verbesserte Sicht nach vorne gaben.
[© BAE Systems]

Right: Pre-production Concorde 102's droop nose and visor (made in Filton) being checked in Toulouse. During construction of the prototpyes (001 and 002), the glass required for the fully glazed visor capable of supersonic flight was still under development. Therefore, the prototypes had to be fitted with small cut-out sections allowing the pilots a limited forward visibility. The two pre-production aircraft 101 and 102 were the first to be built with fully glazed visors, thus giving the pilots a much better forward visibility.

Druckprüfung des Concorde-Rumpfes im Wassertank, wahrscheinlich in Filton. *[© BAE Systems]*

Testing Concorde's fuselage pressure in the water tank, probably at Filton.

Eine Avro Vulcan als fliegender Prüfstand für das Triebwerk Olympus 593 (Mitte), das hier bei Vereisungstests gezeigt wird. Diese Tests ermittelten, inwieweit die Eisbildung in den Triebwerkseinlässen und ersten Verdichterstufen die Triebwerksleistung beeinflussen konnte. Dieses Bild zeigt, wie viel größer die Olympus-Triebwerke der Concorde im Vergleich zu den Vulcan-Triebwerken waren. *[© Rolls-Royce]*

An Avro Vulcan as a flying testbed for the Olympus 593 engine (centre) which is shown here during ice trials. These tests showed how far the build-up of ice within the intake and the first compression stages could affect the engine's performance. This image shows how much bigger Concorde's Olympus engines were compared to the ones used for the Vulcan.

Endmontage von zwei paarweise angeordneten Turbojets des Typs Rolls-Royce/SNECMA Olympus. Während der Entwicklung der Concorde entwickelte sich auch das ursprüngliche Olympus 593 weiter zum Typ 593-610-14-28, der endgültigen Version für das spätere Serienflugzeug. *[© Rolls-Royce]*

Assembling a pair of the Rolls-Royce/SNECMA Olympus turbojets. During Concorde's development the Olympus engine evolved from the original 593 model to the 593-610-14-28, the final version fitted to the production aircraft.

Fertigstellung einer Rumpfsektion. Deren maximale Außenbreite betrug 2,87 Meter, die maximale Höhe 3,3 Meter. *[© Air France Museum]*

Completion of a fuselage section. Its maximum external width is 9 feet 5 inches (2.87m), the maximum height 10 feet 10 inches (3.3m).

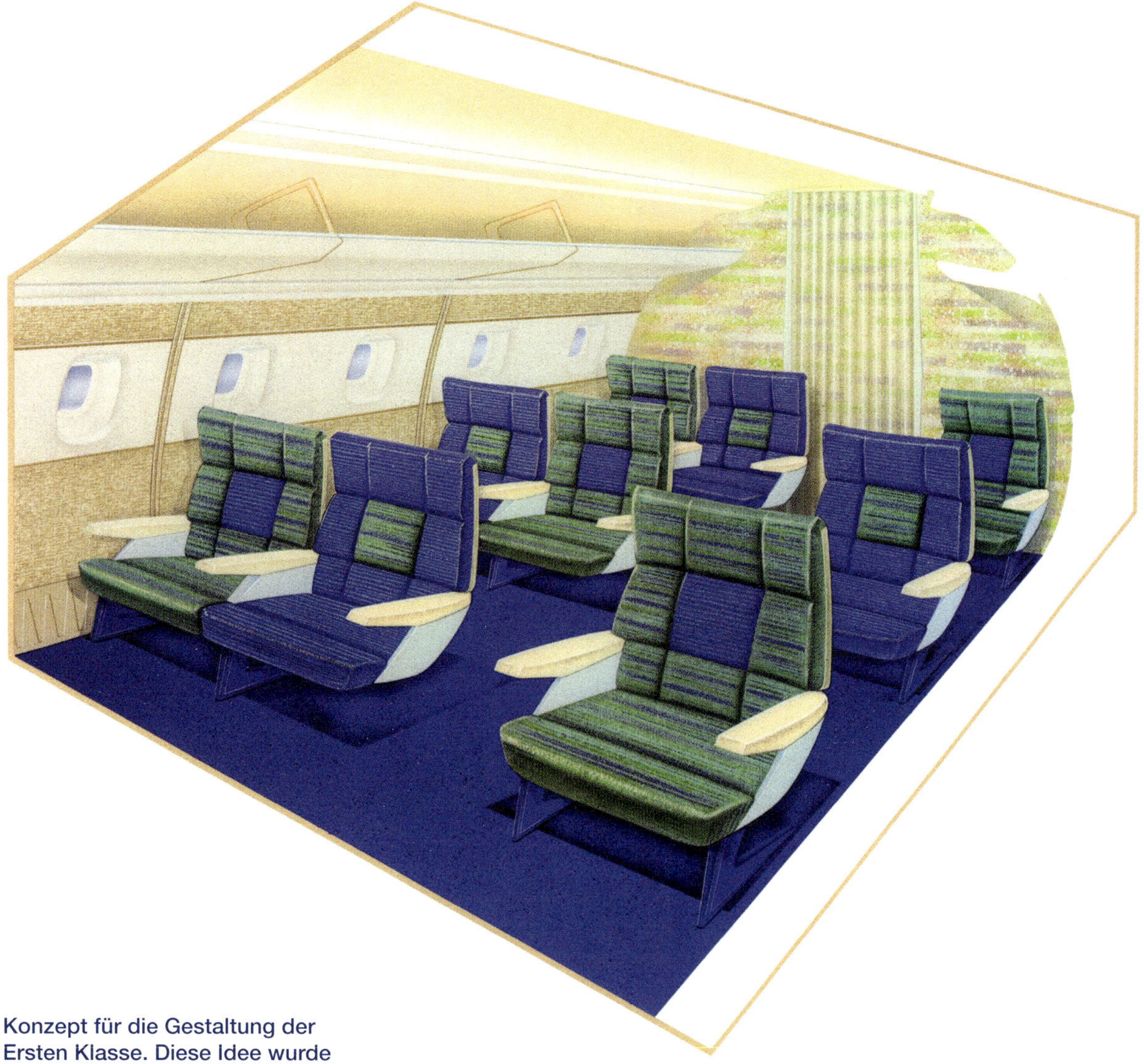

Konzept für die Gestaltung der Ersten Klasse. Diese Idee wurde nicht umgesetzt, da es in der Concorde später nur eine Klasse gab. *[© British Airways]*

Concept for a first-class cabin layout which was never used: Concorde only had one class.

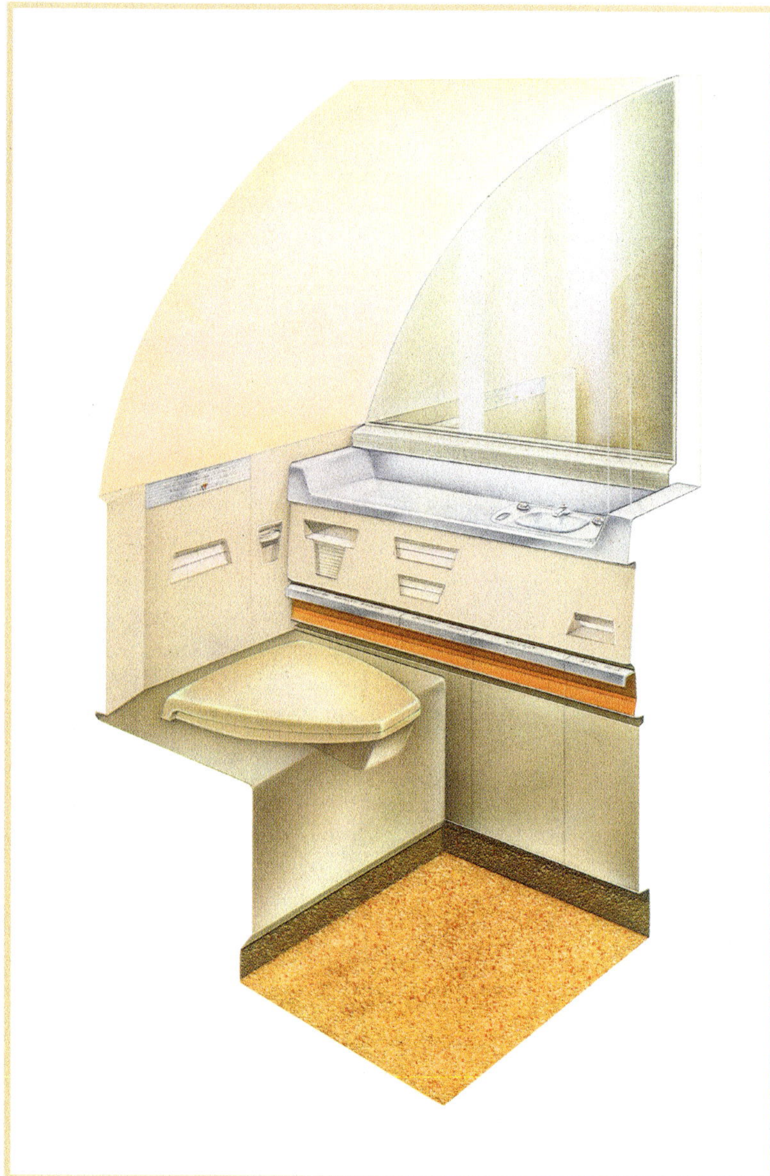

Künstlerische Darstellung für die Toiletten an Bord der Concorde von der Firma Charles Butler & Associates. *[© British Airways]*

Artistic depiction for Concorde's lavatory by Charles Butler and Associates.

Rechts: Die Vorserien-Concorde 101 während der Endmontage 1969. Die in Frankreich gebauten Flügel wurden nach Filton in Großbritannien verschifft. *[© BAE Systems]*

Right: Pre-production Concorde 101 under assembly, 1969. The French-made wings were shipped to Filton in Britain.

NO SMOKING
Concorde

Das Rollout der Concorde/Concorde's Roll-Out

Fünf Jahre nach der Unterzeichnung des britisch-französischen Vertrages zum Bau des weltweit ersten kommerziellen Überschallverkehrsflugzeuges war endlich der Tag gekommen, um die Concorde der Öffentlichkeit zu präsentieren. Die offizielle Zeremonie fand am 11. Dezember 1967 in Anwesenheit von mehr als 1.100 Gästen in Toulouse statt. Mit diesem ersten »Auftritt« sollte mit Hilfe von Fernsehen, Zeitungen und Magazinen der Weltöffentlichkeit, vor allem aber den französischen und britischen Steuerzahlen, die Möglichkeit gegeben werden, »ihre« Concorde in »Fleisch und Blut« sehen zu können.

Dieser 11. Dezember war ein sehr kalter und klarer Wintertag. Vor Beginn der offiziellen Zeremonie spielte eine französische Militärkapelle. Schließlich öffneten sich die Hangartore und enthüllten die unglaubliche schöne Form des Concorde-Prototypen 001 (»Zero-zero-un«), dessen Fertigstellung in Toulouse erfolgt war. Dann betraten der britische Minister für Technologie, Tony Benn, und der französische Verkehrsminister, Jean Chamant, den Hangar und durchschnitten das Schleifenband, das zwischen den Hangartoren hing.

Vertreter der Fluggesellschaften, die eine Kaufoption auf die Concorde besaßen, waren ebenfalls mit ihrem jeweiligen Kabinenpersonal anwesend, welches vor dem Flugzeug für die Fotografen posierte. Die Flugbegleiterin Marne Davis trug einen futuristisch anmutenden Astronautenhelm, um dem gerade erst präsentierten Flugzeug optisch zu entsprechen. Dann erschien der Fahrer des Schleppfahrzeuges, zog ein spezielles Paar weiße Handschuhe an, setzte sich ans Steuer und zog die Concorde langsam aus dem Hangar, sodass ihre Spitze sich über die Köpfe der Gäste hinwegbewegte. Der französische Testpilot André Turcat und Brian Trubshaw, sein britischer Kollege, nahmen ebenfalls an der Veranstaltung teil. Zu jenem Zeitpunkt gab es keinen Zweifel, dass jeder Pilot die Concorde fliegen wollen. Fast ein Jahr später, am 19. September 1968, erfolgte die Vorstellung des britischen Concorde-Prototypen 002 bei der Produktionsstätte der British Aircraft Corporation in Filton (Bristol).

Der Bau dieser beiden ersten Concordes war eine großartige Leistung und die Arbeit von Zehntausenden von engagierten Wissenschaftlern, Ingenieuren, Konstrukteuren und Fabrikarbeitern. Nichtsdestotrotz waren noch eine Menge Arbeit und viele mühselige Tests am Boden erforderlich, bevor beide Flugzeuge in den Himmel steigen konnten.

Das Rollout des Prototypen 001 am 11. Dezember 1967 in Toulouse. Rechts zu sehen ist Tony Benn, der britische Minister für Technologie.

[Alle Bilder ohne anderweitige Benennung: © Stadtarchiv Toulouse, Koll. André Cros, CC BY-SA 4.0]

Roll-out ceremony of prototype 001 at Toulouse on 11 December 1967. The British Minister of Technology, Tony Benn, is at right.

Five years after the signing of the Anglo-French treaty to build the world's first commercial supersonic airliner, the day had finally come to officially present Concorde to the public. The official ceremony took place in Toulouse on 11 December 1967, with more than 1,100 guests present. This first public appearance was intended – through TV, newspapers and magazines – to give the world, and in particular the French and British taxpayers, a chance to see 'their' Concorde 'in the flesh'. It was a very cold and clear winter day. A French military band played before the official ceremony began. Then the hangar doors started to open to reveal the absolutely unbelievably beautiful shape of Concorde prototype 001 ('Zero-zero-un') which had been assembled in Toulouse. Then the British Minister of Technology, Tony Benn, and the French Minister of Transportation, Jean Chamant, entered the hangar and cut the tapes across the hangar doors. Representatives from the option-holding airlines were present along with their respective cabin crew members who posed for photographs in front of the aircraft. Flight attendant Marne Davis wore a futuristic-looking astronaut's helmet to match the aircraft that had just been unveiled. Then the taxi-tug driver came out and pulled on a special pair of white gloves, climbed up into his vehicle and slowly moved Concorde out of the hangar with the nose right over the heads of the guest. The French test pilot, André Turcat, and Brian Trubshaw, his British counterpart, attended the ceremony. At that point there was no doubt that any pilot would want to fly Concorde.

Nearly a year later, on 19 September 1968, the British prototype, Concorde 002, was unveiled to the public at the British Aircraft Corporation's manufacturing plant at Filton in Bristol. To build these two first Concordes was a great achievement and the work of tens of thousands of dedicated scientists, engineers, designers, and factory workers. But there was still much work to be done and months of painstaking checks and ground testing lay ahead before both aircraft were ready to make their maiden flights.

Die Concorde 001 in ihrem Hangar, noch vor der öffentlichen Präsentation. An der Wand sind die Logos der Fluggesellschaften erkennbar, welche die Concorde vorbestellt hatten.

Concorde 001 inside her hangar before being revealed to the public. Note the logos of the airliners which had placed their pre-orders for Concorde.

Der französische Concorde-Chef-Testpilot André Turcat (Mitte) und sein britischer Kollege Brian Trubshaw (links) während des Concorde-Rollouts.

The French Concorde chief test pilot, André Turcat (centre), and his British counterpart, Brian Trubshaw (left) witness Concorde's roll-out.

Die Flugbegleiterin Marne Davis posiert in einem futuristisch anmutenden Astronautenhelm, um das ebenfalls futuristische Design der Concorde zu betonen.

Flight attendant Marne Davis poses in a futuristic-looking astronaut's helmet to underline Concorde's futuristic design.

Tony Benn (Mitte) und Jean Chamant (rechts) sind zur Durchschneidung des Schleifenbandes bereit, um so der Concorde den Rollout zu »erlauben«. *[Alle Bilder ohne anderweitige Benennung: © Stadtarchiv Toulouse, Koll. André Cros, CC BY-SA 4.0]*

Tony Benn (centre) and Jean Chamant (right) are ready to cut the tape, thus 'allowing' Concorde to be rolled out.

Tony Benn begrüßt Piloten und Flugbegleiterinnen, die vor der Concorde posieren.
[© British Airways]

Tony Benn greets airline pilots and flight attendants posing in front of Concorde.

Eine französische Militärkapelle sorgt für die musikalische Begleitung während der Rollout-Zeremonie.

A French military band providing the musical accompaniment during the roll-out ceremony.

Video:
Concorde Roll-Out

Siehe Anleitung auf Seite 2.
See instructions on page 2.

Die Jungfernflüge/The Maiden Flights

»Wie Sie sehen können, fliegt sie und ich kann Ihnen sagen, sie fliegt gut.«

– André Turcat, Pilot des Concorde-Prototypen 001

»As you can see, she flies and, in addition, I can say she flies well.«

– André Turcat, pilot of Concorde prototype 001

Concorde-Prototyp 001

Am 2. März 1969, einem klaren und kalten Frühlingstag, absolvierte der Concorde-Prototyp 001 (Registrierung F-WTSS) seinen Jungfernflug. Dies war für alle Beteiligten des bis 1962 zurückreichenden Projektes ein bewegender Tag. Zahlreiche geladene Gäste aus der Luftfahrtindustrie und Hunderte von Journalisten aus der ganzen Welt waren erschienen, um Zeuge dieses historischen Fluges zu werden. Fernsehteams standen bereit, um das Ereignis auf alle Kontinente zu übertragen. Ursprünglich sollte der Flug bereits einen Tag eher erfolgen, doch starker Nebel hatte den Chefpiloten André Turcat gezwungen, diesen auf den 2. März zu verschieben. Lautsprecher verkündigten schließlich, dass die Concorde 001 startbereit war. Nach der Aktivierung der vier mächtigen Triebwerke nahm das elegante Flugzeug langsam seine Startposition auf der Rollbahn ein. Gleichzeitig fuhren mit lauten Sirenen ausgestattete Lastwagen am Flughafen auf und ab, um die Vögel zu verscheuchen, die eine ernsthafte Bedrohung für die Concorde darstellten, wenn sie während des Starts in deren Triebwerke gerieten. Nachdem sie ihre Bremsen gelöst hatte, schnellte Concorde 001 die Startbahn entlang und trug hierbei die Hoffnungen und Träume Tausender Menschen mit sich, die alle ihren Beitrag zum ambitioniertesten technologischen Projekt in der Geschichte Europas geleistet hatten. Nachdem sie ihre Startgeschwindigkeit erreicht hatte, hob sie ihre Nase und stieg in den Himmel. Dieser Moment markierte den Beginn einer Liebesgeschichte, die für mehr als drei Jahrzehnte anhalten sollte. Jeder, der Zeuge dieses Fluges wurde, war tief bewegt. Nach rund 27 Minuten kam Concorde 001 für ihren Landeanflug wieder in Sicht. Als ihre Räder die Landebahn berührten, öffnete Turcat zum Abbremsen den Bremsschirm und aktivierte die Schubumkehr. Der Jungfernflug hinterließ bei der Besatzung einen mächtigen Eindruck. Nach der sicheren

Concorde Prototype 001

On 2 March 1969, a clear and crisp spring day, Concorde prototype 001 (registration F-WTSS) made her maiden flight. With the project going back to 1962, for everyone involved this was an emotional day. Numerous guests from the aviation business and hundreds of journalists from all over the world had arrived to witness the flight; TV crews were ready to broadcast the flight to every continent. The flight was to have taken place the previous day, but heavy mist forced the chief pilot André Turcat to postpone it until 2 March. Loudspeakers informed the waiting crowd that Concorde 001 was ready. After firing up her four mighty engines, one after another, the elegant craft moved down the perimeter track and turned slowly to line up on the runway. Meanwhile, trucks equipped with noisy klaxons drove up and down the tarmac to chase any birds away, a serious threat if hitting the engines during take-off. After releasing the brakes, Concorde 001 began to move down the runway carrying the hopes and dreams of thousands of people who had contributed to the most ambitious technological project in European history. After gathering speed, she lifted her nose and climbed into the sky. This moment marked the beginning of a love affair that would last for more than three decades. Everyone who witnessed the flight was deeply touched. After about twenty-seven minutes, Concorde 001 came into view again, made her approach. As the wheels touched the runway, she deployed the tail parachute and engaged reverse thrust to slow down. Concorde's maiden flight made a powerful impression on the crew. After a safe landing, the crew was applauded and cheered by the crowd.

Frank Debouck, who later would become the Concorde manager for Air France, watched on television this significant event in aviation history: »It was a moment of great emotion and pride. And a few months later, the first steps on the moon were taken. What struck me most was André Turcat's comment after the aircraft had landed: 'As you can see, she flies and, in addition, I can say she flies well.' It was definitely great events like this that motivated me to consider a career as an engineer.

But at that time, I did not imagine that I one day would be commercially responsible for supersonic flight.« Pierre Grange who would become an Air France Concorde co-pilot in the 1980s, also remembers the maiden flight: »Like all French, I was in front of a TV to view the first flight of 001 in Toulouse. I was then in pilot training and the room was buzzing with enthusiasm. As for 002, we weren't too interested. All the significant first flights – maiden flight, Mach 1 and Mach 2 flights – were flown with 001, and we had the impression that everything was happening at home.«

Across the English Channel, John Hutchinson, a pilot in the Royal Air Force who would become a British Concorde captain in the 1970s, was also impressed: »I certainly watched the maiden flight out of Toulouse and I think Raymond Baxter's commentary ['She flies, she flies.'] still makes all the hairs on the back of my neck stand on end. It was a brilliant piece of commentating by him.«

Video:
Maiden Flight

Siehe Anleitung auf Seite 2.
See instructions on page 2.

Bevor die Concorde 001 zu einem Flug starten konnte, musste sie zahlreiche Tests am Boden bestehen, darunter verschiedene Rollversuche. *[© Airbus]*

Before Concorde 001 could take to the skies, she had to pass numerous tests on the ground, including various taxiing trials.

Die Französin Jacqueline Auriol (1917–2000) wohnte dem Jungfernflug der Concorde als Zuschauerin bei. Während ihrer außergewöhnlichen Flugkarriere brach sie als Pilotin mehrmals den Geschwindigkeitsrekord der Frauen. Später wurde Auriol die erste Frau, die eine Concorde flog. Nur zwei weitere Frauen, Barbara Harmer von British Airways und Béatrice Vialle von Air France, sollten folgen. *[Alle Bilder ohne anderweitige Benennung: © Stadtarchiv Toulouse, Koll. André Cros, CC BY-SA 4.0]*

Frenchwoman Jacqueline Auriol (1917–2000) attends Concorde's maiden flight. During her exceptional flying career she broke the women's air speed record several times. Later, Auriol became the first woman to fly Concorde, only to be succeeded by two more, Barbara Harmer (British Airways) and Béatrice Vialle (Air France).

Die Besatzung des Concorde-Jungfernfluges. Von links: Michel Retif (Flugtestingenieur im Cockpit), André Turcat (Kapitän), Henri Perrier (Flugtestingenieur in der Kabine mit Prüfausrüstung) und Jacques Guignard (Flugtestpilot auf dem rechten Sitz neben Kapitän Turcat). *[© Bernard Pourchet]*

The crew on Concorde's maiden flight, from left: Michel Retif (flight test engineer in the cockpit), André Turcat (captain), Henri Perrier (flight test engineer in the cabin with the test equipment) and Jacques Guignard (flight test pilot in the right seat next to Captain Turcat).

Unten: Concorde 001 durch eine der beiden Öffnungen des Triebwerksprüfstandes in Toulouse gesehen. *[© Airbus]*

Below: Concorde 001 as seen through one of the two openings of the engine test bay at Toulouse.

Landung erhielten die Männer von der Zuschauermenge Beifall und jubelnde Zurufe.

Frank Debouck, der spätere Concorde-Manager bei Air France, verfolgte dieses wichtige Ereignis in der Geschichte der Luftfahrt vor dem Fernsehgerät: »Es war ein Moment voller Stolz und Emotionen. Und es sollte nicht mehr lange dauern, bis Menschen ihre ersten Schritte auf dem Mond machten. André Turcats Kommentar nach der Landung bewegte ich mich ganz besonders: »Wie Sie sehen können, fliegt sie und ich kann sagen, sie fliegt gut.« Großartige Ereignisse wie dieses motivierten mich, eine berufliche Laufbahn als Ingenieur einzuschlagen. Damals konnte ich mir aber noch nicht vorstellen, dass ich eines Tages die wirtschaftliche Verantwortung für die Concorde tragen würde.«

Pierre Grange, der während der 1980er-Jahre Concorde-Pilot bei Air France wurde, erinnert sich ebenfalls an den Jungfernflug: »Wie alle Franzosen saß ich vor dem Fernseher, um diesen Jungfernflug der Concorde 001 in Toulouse zu sehen. Damals absolvierte ich meine Pilotenausbildung. Alle Zuschauer im Raum waren begeistert. An der Concorde 002 zeigten wir jedoch weit weniger Interesse, da alle wichtigen Erstflüge - Jungfernflug, Erstflüge mit Mach 1 und Mach 2 mit der Concorde 001 durchgeführt wurden. Daher hatten wir den Eindruck, dass alle wichtigen Ereignisse bei uns in Frankreich stattfanden.«

Auf der anderen Seite des Ärmelkanals zeigte sich John Hutchinson, damals ein RAF-Pilot und ab den 1970er-Jahren ein Concorde-Kapitän bei British Airways, ebenfalls beeindruckt: »Natürlich verfolgte auch ich den Jungfernflug in Toulouse und beim Gedanken an das Begleitkommentar von Raymond Baxter (»Sie fliegt, sie fliegt...«) stellen sich noch immer meine Nackenhaare auf. Er hat es hervorragend kommentiert.«

Concorde 001 im Moment ihres allerersten Starts. Der britische TV-Kommentator Raymond Baxter schrie aufgeregt: »*... ihre Nase hebt sich um 30° ...*«

Concorde 001 during the moment of her very first take-off. British TV commentator Raymond Baxter excitedly shouted: »... her nose comes up to thirty degrees ...«

»*... sie ist in der Luft... sie fliegt...*« Mit diesen Worten als Untermalung stieg André Turcat mit der Concorde auf ihrem ersten Flug in den Himmel, welcher nur 27 Minuten dauerte. *[© Airbus]*

»... she is airborne ... she flies ...« With these words André Turcat took Concorde to the skies for her first flight which lasted just twenty-seven minutes.

Während Turcat die Concorde sicher landet, öffnet er ihren Bremsschirm und schaltet den Umkehrschub ein, um die Geschwindigkeit zu verringern. *[© B. Pourchet]*

Concorde lands safely, deploying the tail parachute and engaging reverse thrust to slow down.

André Turcat und seine Crew verlassen nach ihrem historischen Jungfernflug die Concorde und werden von der Bodencrew beglückwünscht.
[Beide Bilder: © Stadtarchiv Toulouse, Koll. André Cros,CC BY-SA 4.0]

André Turcat and his crew disembark Concorde 001 after their historic maiden flight to receive congratulations from the ground crew.

Bei der anschließenden Pressekonferenz zeigt sich André Turcat sehr erfreut über die großartige Leistung der Concorde auf ihrem Jungfernflug.

During the subsequent press conference, a very pleased André Turcat enthuses about Concorde's great performance on her maiden flight.

Concorde-Prototyp 002

Nur wenige Wochen nach dem Erstflug der Concorde 001 stieg auch ihre »Schwester«, die Concorde 002 (G-BSST), am 9. April 1969 in den Himmel. Dieses Ereignis fand auf dem Flugplatz von Filton (Bristol) statt, wo sich auch eine große Menge an Zuschauern und Journalisten versammelt hatte. Die Besatzung bestand aus Chefpilot Brian Trubshaw, Kopilot John Cochrane und Flugingenieur Brian Watts.

Vor dem erfolgreichen Flug waren zwei Hochgeschwindigkeitsrollversuche mit Geschwindigkeiten von bis zu 220 km/h wegen Fehlermeldungen auf dem Geschwindigkeitsmesser des Kapitäns abgebrochen worden. Da Concorde 002 die Flugfreigabe vor jedem dieser bisherigen Rollversuche erhalten hatte, entschied Trubshaw, dass wenn seine Anzeigen verlässlich funktionierten, er während des nun dritten Rollversuches mit der Concorde erstmalig abheben würde. Nigel Ferris, der am Bau von 002 beteiligt war, war an diesem unvergesslichen Tag vor Ort: »Die Crew ging an Bord, führte die Vorflugkontrolle durch, startete die Triebwerke und rollte mit dem Flugzeug zum Anfang der nach Westen ausgerichteten Startbahn. Dann setzte sich 002 in Bewegung, beschleunigte, aktivierte die Nachbrenner, erreichte die Geschwindigkeit, die einen Startabbruch nicht mehr zuließ (»V1«), und erhob sich schließlich in den Himmel. »Smokey Joe« war nun in seinem Element - was für ein unglaublicher Anblick und Sound.«

22 Minuten nach seinem Start in Filton erreichte Trubshaw die 80 Kilometer nordöstlich entfernt liegende RAF Station Fairford, um dort zu landen, da die Rollbahn bei Filton zu kurz für die Anforderungen der geplanten späteren Testflüge war. Aus diesem Grund war Fairford in den vergangenen Jahren zum primären Flugerprobungszentrum ausgerüstet worden. Obwohl beide Radarhöhenmesser an Bord von Concorde 002 ausgefallen waren und die Crew rund zehn Meter über dem Fahrwerk saß, gelang Trubshaw eine makellose Landung. Nach dem Ausstieg wurde die Crew von der jubelnden Menschenmenge begrüßt. Sowohl André Turcat als auch Brian Trubshaw hatten Luftfahrtgeschichte geschrieben.

Concorde Prototype 002

Just weeks after Concorde 001 had taken to the skies, her sister 002 (G-BSST) followed suit on 9 April 1969. The event took place at the airfield at Filton, Bristol, where the same crowd of spectators and journalists gathered to witness the maiden flight of the second prototype. The crew for that flight was chief pilot Brian Trubshaw, co-pilot John Cochrane, and engineer Brian Watts. Before the successful flight two high-speed taxi runs with a speed up to 120 knots had been aborted due a failure flag on the captain's airspeed indicator. As 002 had been cleared for flight before each of the two previous taxi runs, Trubshaw decided that – if his instruments worked reliably – on the third run he would take off with Concorde 002 for the first time. Nigel Ferris who had helped to build 002 was there on that memorable day: »The crew went on board, began their preflight checks, started the engines and moved out to the end of the runway facing west. Then she began to roll, the back boilers [reheats] kicked in, and halfway down reached V1 [speed], rotated and lifted into the air. 'Smokey Joe' was airborne, a tremendous sight and sound.«

Twenty-two minutes after taking off from Filton Trubshaw made his approach at the RAF station at Fairford, fifty miles to the north-east as the Filton runway was too short for the requirements of the subsequent test flights. Therefore, RAF Fairford had been equipped as the main Concorde flight test centre. Despite the failure of both radar altimeters, and the crew being thirty-five feet above the landing gear, Trubshaw landed flawlessly. After disembarking, the crew was greeted by a cheering crowd. Both André Turcat and Brian Trubshaw had made aviation history.

Eine französische Postkarte zum Gedenken an den Jungfernflug der Concorde am 2. März 1969.
[© Bernard Pourchet]

A French postcard commemorating Concorde's maiden flight on 2 March 1969.

Tausende von Zuschauern begrüßen Concorde 002, als sie auf ihrem Jungfernflug zur Landung in Fairford eintrifft. *[© British Airways]*

Thousands of spectators welcome Concorde 002 as she arrives at Fairford on her maiden flight.

Links: Der britische Prototyp Concorde 002, auch »Smokey Joe« genannt, startet am 9. April 1969 in Filton zu seinem Jungfernflug.
[© Airbus]

Left: The British prototype, Concorde 002, also known as 'Smokey Joe', takes to the skies at Filton for the first time on 9 April 1969.

Rechts: Concorde 002 landet nach 22 Minuten in Fairford.
[© Airbus]

Right: Concorde 002 lands at Fairford after twenty-two minutes.

Pioniere des Überschalls / Supersonic Pioneers

André Turcat

Am 2. März 1969 war André Turcat (1921-2016) der erste Mensch, der die Concorde flog. Nachdem der Testpilot von Weltrang Anfang der 1960er-Jahre seine Tätigkeit bei Sud Aviation aufgenommen hatte, wurde er zum Leiter der Flugerprobung sowie zum Cheftestpiloten der Concorde ernannt. Turcat war mehr als nur ein Pilot, da er später auch zum stellvertretenden Bürgermeister von Toulouse sowie ein Mitglied des Europäischen Parlaments wurde.

On 2 March 1969, André Turcat (1921–2016) became the first person ever to fly Concorde. A test pilot of international standing, he joined Sud Aviation in the early 1960s and was made the director of flight testing and Concorde's chief test pilot. More than just an aviator, Turcat later went on to become deputy mayor of Toulouse and a member of the European Parliament.

Brian Trubshaw

Am 9. April 1969 war Brian Trubshaw (1924-2001) der erste Pilot, der den britischen Concorde-Prototyp 002 flog. Als Leiter und Geschäftsführer des Flugbetriebs der BAC-Abteilung in Filton war er auch für die Flugerprobung der britischen Concorde verantwortlich. Wie Turcat war auch er ein erfahrener und respektierter Testpilot, der vor seinem Eintritt bei BAC als Cheftestpilot bei Vickers tätig gewesen war. Er erwarb sich den verdienten Ruf, unter Druck absolute Ruhe bewahren zu können: Es gelang ihm, den Prototypen der Vickers VC-10 sicher zu landen, nachdem er die Kontrolle über ein Höhenruder verloren hatte, das aufgrund eines Gelenkhalterungsschadens heftig hin und her schlug.

On 9 April 1969, Brian Trubshaw (1924–2001) became the first pilot to fly the British Concorde prototype 002. The director and general manager of flight operations of the Filton divison of BAC, Trubshaw was responsible for the British Concorde's flight tests. Like Turcat, he was an experienced and respected test pilot and had been Vickers' chief test pilot before joining BAC. He gained a deserved reputation for absolute calm under pressure when he safely landed the Vickers VC-10 prototype after he'd lost control of an elevator that was flapping violently due to the failure of a hinge bracket.

[Beide Bilder: © Stadtarchiv Toulouse, Koll. André Cros, CC BY-SA 4.0]

Die Erprobung/Testing

Im Laufe der nächsten Jahre musste die Concorde das aufwändigste Erprobungsprogramm absolvieren, das je für ein einzelnes Flugzeug in der Luftfahrtgeschichte vorgesehen war. Als sie im Dezember 1975 schließlich ihr Lufttüchtigkeitszeugnis erhielt, hatte sie mehr als 5.500 Flugstunden einschließlich 2.000 Stunden Überschallflug hinter sich. Das intensive Dauerflugprogramm war im September 1975 nach 750 Stunden in der Luft abgeschlossen worden.

Das Testprogramm am Boden schloss den Bau von zwei kompletten Flugzeugzellen ein, die auf Prüfständen in Originalgröße angebracht wurden. Der erste entstand für statische Tests im französischen Werk in Toulouse, der zweite beim Royal Aircraft Establishment in Farnborough, Hampshire, um die Langzeitauswirkungen des Flugbetriebes auf die Flugzeugstruktur zu untersuchen. Bei verschiedenen Materialermüdungstests wurde die Concorde einer Kombination aus starken Belastungen und extremen Temperaturen ausgesetzt. Vor der Erlangung ihres Lufttüchtigkeitszeugnisses erfolgte die Durchführung von mehr als 20.000 simulierten Flugstunden. Zur Erprobung der zahlreichen Bordsysteme und Komponenten entstanden zusätzliche Prüfstände. Im September 1975 erhielt das Triebwerk der Concorde, die Olympus 593, das Zertifikat für die Beförderung von Passagieren im Überschallflug. Da die Triebwerkserprobung mehr als 54.000 Stunden in Anspruch nahm, war es die aufwändigste für ein Zivilflugzeug: Während 22.000 Stunden für die Erprobung im Flug (inklusive 8.000 Stunden im Überschallflug) vergingen, erfolgte der Rest an den Bodenprüfständen. Die Tests zeigten, dass sich das Triebwerk sowohl bei extrem niedrigen als auch bei sehr hohen Temperaturen starten ließ. Zudem bewies es seine Widerstandsfähigkeit gegenüber Staub, Hagel und sogar Vögeln.

Over the next few years, Concorde was subjected to the most extensive test programme of any aircraft in the history of civil aviation. When she received her certification of airworthiness in December 1975 she had flown more than 5,500 hours including 2,000 hours at supersonic speed. This intense programme of endurance flying was completed in September 1975, after 750 hours in the air.

The ground test programme included the construction of two complete airframes which were installed in full-scale test rigs. The first one was built at the French establishment in Toulouse for static tests; the second at the Royal Aircraft Establishment in Farnborough, Hampshire, to examine the effects of flight operations on the aircraft's structure over a long period of time. Various fatigue tests exposed Concorde to combinations of severe stress and extreme temperatures. Before certification, more than 20,000 simulated flying hours had been completed. In order to test the numerous aircraft systems and components, various additional rigs were built.

In September 1975, Concorde's engine, the Olympus 593, received its certificate for supersonic passenger service. With more than 54,000 hours of engine testing, its test programme became the most extensive for a civilian aircraft: 22,000 hours took place in flight with 8,000 hours at supersonic speeds, and the remainder in ground test beds. The tests demonstrated the engine's ability to be started at extremely cold and hot temperatures and to withstand the impact of dust, hailstones, and even birds.

Video:
Testing

Siehe Anleitung auf Seite 2.
See instructions on page 2.

Die Concorde vor dem Triebwerksprüfstand in Toulouse während eines Leistungstests ihrer Olympus-Triebwerke. *[Alle Bilder ohne anderweitige Benennung: © Stadtarchiv Toulouse, Koll. André Cros, CC BY-SA 4.0]*

Concorde in front of the engine test bay in Toulouse during a performance test of her Olympus engines.

Rechts: Die Concorde vor dem Triebwerksprüfstand, der während des Betriebes auch den Lärm und die Abgase verringerte.

Right: Concorde in front of the engine test bay which also reduces noise and exhaust fumes.

Flugtestingenieur Henri Perrier in der Kabine des französischen Prototypen 001 mit der Prüfausrüstung. Während der ersten Testflüge musste die Crew noch Druckanzüge, Sauerstoffmasken und Fallschirme tragen. Für einen Notfallausstieg waren die Prototypen und Vorserienflugzeuge mit nach unten gerichteten Ausstiegsluken ausgestattet. Bei einem solchen Ausstieg in einer Höhe von 18.000 Metern (60.000 Fuß) bestand jedoch nur eine geringe Überlebenschance. *[© Airbus]*

Flight test engineer Henri Perrier in the French prototype's cabin with the test equipment. During the early test flights the crew had to wear pressure suits, oxygen masks and parachutes. For emergency bailouts the prototypes and preproduction aircraft featured downward escape hatches. Bailing out at Mach 2 at 60,000 feet, however, leaves any chance of survival at slim to zero.

Die Concorde-Prototypen 001 (rechts) und 002 (links) während einer gemeinsamen Veranstaltung 1971. Obwohl beide identisch waren, unterschied sich 001 (F-WTSS) von ihrer »Zwillingsschwester« 002 (G-BSST) durch eine andere Seitenleitwerkslackierung.

Concorde prototypes 001 (right) and 002 (left) together in 1971. Although identical, prototype 001 (F-WTSS) can be distinguished from her twin sister 002 (G-BSST) by the different paint scheme on her vertical stabilizer.

Das französische Test- und Vorserienflugzeug Sierra Alpha (F-WTSA) machte zahlreiche Rollversuche und diente zur Entwicklung der neuen Triebwerke sowie zur Zertifizierung der neuen Carbonbremsen, der Wasserabweiser und des Schubumkehrsystemes. Als Sierra Alpha 1973 an der Eröffnung des Flughafens Dallas-Fort Worth teilnahm, war sie die erste Concorde, die die Vereinigten Staaten besuchte. *[© Airbus]*

The French pre-production and test aircraft Sierra Alpha (F-WTSA) was used for the development of new engines, and in a considerable number of rolling runway tests for, amongst other things, the certification of the new carbon brakes, the water deflectors and thrust reversers. When Sierra Alpha attended the opening of the Dallas-Fort Worth Airport in 1973 she became the first Concorde to visit the United States.

Sierra Alpha (F-WTSA) bei der Durchführung von Kälteversuchen in Fairbanks, Alaska, 1974. Sie war das erste Flugzeug, das die endgültige Form und Abmessungen der späteren Serien-Concorde besaß. *[© Airbus]*

Sierra Alpha (F-WTSA) at Fairbanks, Alaska, for cold temperature trials, 1974. She was the first aircraft to have the final production shape and dimensions of Concorde.

Links: Auf späteren Testflügen verzichtete die Crew auf Druckanzüge, Sauerstoffmasken und Fallschirme, da sie bereits ein gesundes Vertrauen in ihr Flugzeug entwickelt hatten. *[© Airbus]*

Left: On later test flights crew members dispensed with pressure suits, oxygen masks and parachutes as they had developed a certain trust in their aircraft.

DER ENTWURF EINES WUNDERS

THE DESIGN OF A MARVEL

»Als ich die Concorde zum ersten Mal sah, hatte ich das Gefühl, mich an Bord einer rasenden Bestie zu begeben.«

– Patrick Sevestre, ehemaliger Flugzeugmechaniker bei Air France

»The first time I saw Concorde gave me the feeling that I was boarding a 'racing beast'«.

– Patrick Sevestre, former AF ground engineer

»Obwohl sie das Ergebnis der Anforderungen an die Überschallflug-Aerodynamik ist, besitzt die Concorde eine Ästhetik, die ein wahres Kunstwerk ist.«

– Philippe Gebarowski, Concorde-Passagier

»Concorde has an aesthetic that, although born from the necessities of supersonic flight aerodynamics, is a true work of art.«

– Philippe Gebarowski, Concorde passenger

[© British Airways]

Um ein Flugzeug zu entwerfen, das hundert Passagiere komfortabel bei Geschwindigkeiten befördern konnte, die zuvor nur von Jagdflugzeugen erreicht wurden, mussten die britisch-französischen Arbeitsgruppen zahlreiche technische Herausforderungen überwinden. Zur Entwicklung der besten aerodynamischen Form sowie eines Antriebes, der die geforderte Schnelligkeit unter den extremen Bedingungen des Überschallfluges erreichen konnte, war eine umfangreiche Forschungs- und Entwicklungsarbeit notwendig. Die hierfür erforderlichen Tätigkeiten und die anschließende Produktion waren über ganz Großbritannien und Frankreich verteilt. Die kombinierte Expertise der Firmen Sud Aviation France, British Aircraft Corporation, Bristol Siddeley Engines (Rolls-Royce) und SNECMA führte zu dem gewünschten Erfolg in Form des beeindruckenden Concorde-Entwurfes. Schließlich entstand in Filton und in Toulouse je ein Standort für die Endmontage. Ian Kirby, der 22 Jahre als Concorde-Flugingenieur für British Airways tätig war, fasst ihre einzigartigen Fähigkeiten zusammen, indem er sich an einen seiner Flüge erinnert:

»Die Concorde war eine Symbiose aus Theorie und Praxis, die eine Maschine hervorbrachte, die nicht nur schön anzusehen war, sondern auch dann noch funktionierte, wenn alle anderen Flugzeuge an ihre Grenzen stießen. Sie setzte ihre Nachbrenner ein, um von einer Geschwindigkeit von Mach 0,95 auf Mach 1,7 zu beschleunigen. Die Concorde war das einzige Flugzeug, das nach dem Abschalten seiner Nachbrenner bei Mach 1,7 weiterhin beschleunigte und stieg, bis es Mach 2 auf einer Höhe von 15.000 Metern erreichte und dann bei Mach 2 weiter stieg. Während eines Fluges saß ein Pilot des US Marine Corps neben mir auf dem Klappsitz. Als ich ihm sagte, dass ich jetzt die Nachbrenner abschalten würde, fragte er mich, ob wir in den Sinkflug gehen oder unsere Geschwindigkeit verringern müssten. Die Concorde zeigte ihm, dass beides nicht der Fall war. Er machte dann die Bemerkung, dass wenn er bei Mach 1,7 die Nachbrenner in seiner F-4 Phantom abstellen würde, sich dies so anfühlen würde, als würde wenn er gegen eine Wand stoßen.«

Obwohl die Concorde sehr filigran wirkt, erwies sie sich als eine sehr robuste Konstruktion. *[© Bob Ware]*

Despite her filigree look, Concorde proved to be a very robust construction.

In order to design an aircraft that could fly hundred passengers comfortably at speeds previously only achieved by military fighters, the Anglo-French teams had to overcome numerous technical challenges. To create the best aerodynamic shape and a powerplant capable to achieve the desired speed operating in the extreme conditions of supersonic flight, extensive research and development work was necessary. This work and the subsequent production were spread across Britain and France. It was the combination of the expertise of Sud Aviation France, the British Aircraft Corporation, Bristol Siddeley Engines (Rolls-Royce) and SNECMA which succeeded to produce the formidable Concorde design. Eventually, two final assembly lines were built, one in Filton and one in Toulouse.

Ian Kirby who worked as a flight engineer for twenty-two years on Concorde for British Airways, summarizes her unique capabilities by recalling one of his flights: »Concorde was the meeting of theory and practice to produce a machine that was beautiful to look at and did its unique job where all others failed. Concorde used reheat to increase thrust for the acceleration from Mach 0.95 to Mach 1.7. At Mach 1.7 the reheats were selected off and Concorde was the only aircraft that could continue to accelerate and climb to Mach 2 at 50,000 feet and then continue to climb at Mach 2. On one flight, a U. S. Marine pilot sat next to me in the jump seat. When I told him I was about to turn off the reheats he asked if we were going to slow down. Concorde showed him that was not the case. He remarked that had he cancelled reheat at Mach 1.7 in his Phantom F-4 it would have felt like he had hit a brick wall.«

Video: Flying Concorde

Siehe Anleitung auf Seite 2.
See instructions on page 2.

Die unverwechselbare und wunderschöne Formgebung der Concorde ist das Ergebnis der meisterhaften Arbeit ihrer Ingenieure sowie ausgiebiger Windkanalerprobungen. *[© Spencer Wilmot]*

Concorde's distinctive and beautiful shape is the result of the masterful work of her engineers and extensive wind tunnel testing.

Die Deltaflügel/The Ogee Delta Wing

Aufgrund ihrer unglaublichen Höchstgeschwindigkeit von Mach 2 entstanden der Rumpf und die Flügel der Concorde nach einem anderen Prinzip als die konventioneller Verkehrsflugzeuge. Daher war die Erprobung zahlreicher unterschiedlicher Modelle im Windkanal erforderlich, bevor die Konstrukteure ihre Entscheidung zugunsten der »ogivalen« (spitzbogenförmigen) Deltaflügel trafen, die der Concorde ihre so ikonische Form gaben. Zur Reibungsverringerung im Flug musste im Vergleich zu Unterschallverkehrsflugzeugen der Rumpf insgesamt schmaler sein und vorne sowie hinten spitzer zulaufen.

Die fast dreieckigen »ogivalen« Flügel mit ihrer nahezu S-förmigen Vorderkante ermöglichten der Concorde einen ausreichenden Auftrieb sowie einen noch akzeptablen Luftwiderstand bei allen Geschwindigkeiten einschließlich des Starts und der Landung. Zudem verfügten sie über einen großen Hohlraum für die Treibstofftanks.

Der frühere Concorde-Pilot Gérard Duval von Air France erklärt: »Wenn wir während des Landeanfluges die Geschwindigkeit verringerten, mussten wir den Anstellwinkel zur Aufrechterhaltung des Auftriebes erhöhen. Mit zunehmendem Anstellwinkel entstanden auf beiden Flügeln die auch als Vortex bezeichneten Wirbel, die sich verstärkten und so einen zusätzlichen Auftrieb erzeugten.«

Während des Überschallfluges verursachten die ausreichend langen, glatten und schlanken Flügel keinen übermäßigen Luftwiderstand. Die Concorde besaß keine separaten Höhenruder (engl.: Elevator) und Querruder (engl.: Aileron), sondern sogenannte »Elevons« (ein Kofferwort aus Aileron und Elevator). Diese waren eine Kombination von Höhen- und Querrudern und steuerten sowohl die Quer- als auch die Längsneigung des Flugzeuges. Die Treibstofftanks befanden sich in den Flügeln sowie im Rumpf. Um der Concorde bei hohen Geschwindigkeiten einen stabilen Horizontalflug zu ermöglichen, sorgte ein Kontrollsystem für die richtige Gewichtsverteilung des Treibstoffes, indem es ihn zwischen den einzelnen Tanks hin- und her pumpen und so je nach Bedarf den Schwerpunkt des Flugzeuges nach vorne oder hinten verlagern konnte.

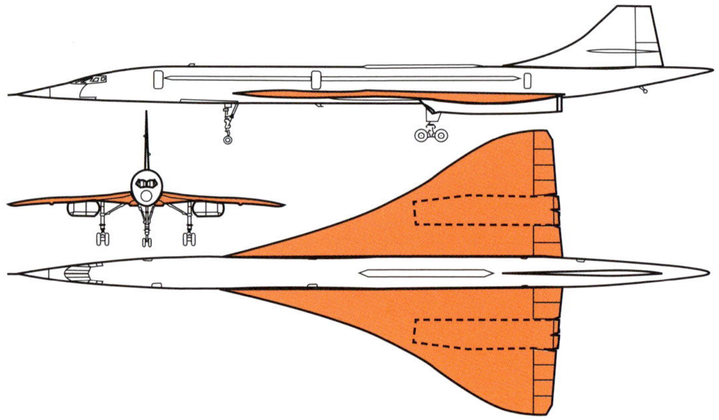

Die ogivalen (spitzbogenförmigen) Deltaflügel der Concorde mit ihrer nahezu S-förmigen Vorderkante. Ogivale Rundungen und Oberflächen lassen sich in verschiedenen technischen Bereichen sowie in der Architektur und im Holzbau finden. *[© Air France Museum]*

Concorde's ogee delta' wing, with its S-curved leading edge. Ogive curves and surfaces are used in engineering, architecture and woodworking.

Because of Concorde's incredibly top speed of Mach 2 (1,350 mph), her fuselage and wings were designed to a very different shape compared to traditional airliners. Numerous individual shapes had to be tested using various wind tunnel models before the designers made the decision in favour of the 'ogee delta' wing which gave Concorde her iconic shape. To minimize friction, the airframe had to be narrower and far more tapered at the front and back than subsonic airliners. The almost triangular 'ogee delta' wing, with its S-curved leading edge, gave acceptable lift and drag at all speeds, including take-off and landing, and provided a large internal volume for the fuel.

Former Air France Concorde pilot Gérard Duval explains: »When we reduced speed during the approach before landing we had to increase the pitch i.e. the angle of attack to maintain the lift. As the angle of attack increased the vortices appeared, got stronger and created additional lift.«

While flying at supersonic speeds, Concorde's wing design was long, sleek and narrow enough to prevent excessive drag. Concorde did not use separate ailerons and elevators but combined them in the form of six 'elevons' (a word that combines elevator and aileron) that worked together to control the pitch and roll of the aircraft. Fuel tanks were located throughout the wings and fuselage. To keep the aircraft levelled at high speeds, the fuel management system adjusted the weight distribution by pumping fuel between different tanks to move the centre of gravity forward or back.

Die Concorde besaß keine separaten Höhen- und Querruder, sondern sogenannte »Elevons« (ein Kofferwort aus Aileron und Elevator). Diese Kombination von Höhen- und Querrudern und steuerte die Quer- und Längsneigung des Flugzeuges. *[© British Airways]*

Concorde did not use separate ailerons and elevators but combined them in the form of six 'elevons' to control the aircraft's pitch and roll.

[© Vicentiu Ciorlaus]

Die Deltaflügel der Concorde verliefen fast entlang des gesamten Rumpfes. Sie besaßen eine gute Aerodynamik sowohl bei niedrigen als auch bei hohen Geschwindigkeiten.

Concorde's delta wing ran for most of the fuselage's length. It was capable of good aerodynamic performance at low and high speeds.

[© Bob Ware]

Die Triebwerke und Lufteinlässe/The Engines and Air Intakes

Die Concorde besaß vier Triebwerke des Typs Olympus 593, die paarweise unter den Flügeln angebracht waren. Jedes von ihnen hatte eine Schubleistung von 142 kN, die sich durch die Aktivierung des Nachbrenners auf 169 kN erhöhte. Philip Cairns, der 27 Jahre als lizensierter Flugzeugmechaniker für British Airways tätig war, erklärt: »Abgesehen von der sowjetischen Tupolew Tu-144 war die Concorde das erste Verkehrsflugzeug mit Nachbrennern. Diese zusätzliche Leistung diente zum Start und danach zur Durchbrechung der Schallmauer und Erreichung einer Geschwindigkeit von Mach 1,7. Danach beschleunigte sie (ohne Nachbrenner) weiter bis auf Mach 2.

Das Strahltriebwerk war jedoch nur eine von drei Komponenten, aus denen sich die Antriebseinheit zusammensetzte. Die beiden anderen waren der Lufteinlass und die Düsen. Während das Triebwerk 50 Prozent der Gesamtleistung lieferte, erzeugten der Einlass und die zweiteilige Düse jeweils 25 Prozent. Letztere bestand aus einer Primär- und einer Sekundärdüse. Die Sekundärdüse erzeugte auch den Umkehrschub, wenn ihr zweiteiliges Endstück ähnlich wie eine Muschel geschlossen wurde.

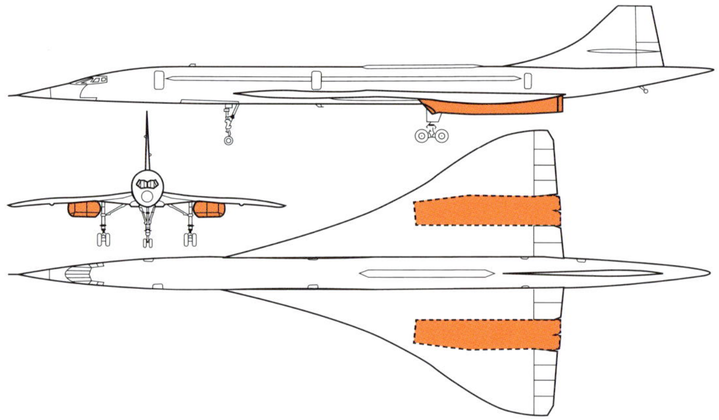

Das Triebwerk war hervorragend konstruiert und sehr robust. Während des gesamten Fluges war es mitunter extremen Belastungen ausgesetzt, die aus der hohen Fluggeschwindigkeit resultierten für welche die Lufteinlässe verantwortlich waren, da diese im Vergleich zu den Einlässen anderer Verkehrsflugzeuge einen relativ hohen Druck auf die Triebwerksvorderseite erzeugten.

Während des Fluges überwachte der Flugingenieur aufmerksam den Betrieb der insgesamt vier Triebwerke. Die Lufteinlässe hatten eine sehr wichtige Funktion, da das Olympus 593 als Turbinentriebwerk im Flug nur zu einer Luftaufnahme von Mach 0,5 (der halben Schallgeschwindigkeit) fähig war. Damit die vier Triebwerke also am besten funktionierten, musste die Luft bei einer Unterschallgeschwindigkeit von etwa 560 km/h in diese hineinströmen. Angesichts einer Höchstgeschwindigkeit von rund 2.200 km/h wäre die Luft jedoch viel zu schnell eingetreten, um einen effizienten Betrieb des Olympus-Turbojets zu ermöglichen.

Daher besaß jedes der vier Triebwerke zur Regulierung der Lufteintrittsgeschwindigkeit ein speziell entwickeltes Lufteinlasssystem. Dieses bestand aus einer komplexen Anordnung von Klappen (Rampen), die sich automatisch in die entsprechende Position verstellten, um die einströmende Luft auf 560 km/h zu begrenzen - und dies unabhängig von der Fluggeschwindigkeit der Concorde. Die Steuerung der Klappeneinstellungen erfolgte durch einen Computer, der sie laufend an die sich verändernden Fluggeschwindigkeiten und äußeren Bedingungen anpasste. Gérard Duval schlussfolgert: »Das Lufteinlasssystem der Concorde war eine revolutionäre Entwicklung und aufgrund seines sehr hohen Wirkungsgrades zudem ein streng gehütetes Geheimnis.«

Jedes Olympus-Triebwerk konnte eine Schubleistung von 142 kN erzeugen. Bei der Aktivierung des Nachbrenners erhöhte sich diese auf 169 kN.
[© Rolls-Royce]

Each Olympus engine was capable of producing 32,000-pound thrust, and with the use of reheat each could reach 38,000-pound thrust.

Diese Aufnahme zeigt die Form der Deltaflügel sowie die Platzierung der vier Olympus-Triebwerke mit ihren rechteckigen Lufteinlässen vorne. *[© Art Brett]*

Concorde's wing shape and the position of her Olympus engines and quadrangular air intakes.

Concorde was designed with four Olympus 593 engines, mounted in pairs. Each of these was capable of producing 32,000-pound thrust, and with the use of reheat each could reach 38,000-pound thrust. Philip Cairns, a former licensed ground engineer for twenty-seven years at British Airways, explains: »Besides the Soviet Tupolev Tu-144, Concorde was the first airliner to have reheat; this extra power was used on take-off and again to send the aircraft through the sound barrier and onwards up to Mach 1.7 from where Concorde would continue to accelerate up to Mach 2 (without reheat). The engine, however, was one of three components in the propulsion unit, the others being the intakes and the primary and secondary nozzle. The intake provided 25 percent of thrust, the engine 50 percent and the nozzles percent. The nozzles included a primary nozzle and a secondary nozzle. The secondary nozzle also provided reverse thrust when the shells (buckets as they were commonly called) were fully closed. The engine was extremely well designed and very tough in order to operate in an hostile environment. The four engines were closely monitored during flight by the flight engineer and the intakes played an important role in the flight of Concorde as turbine engines can only ever accept air at 0.5 Mach (half the speed of sound).«
For Concorde's four engines to work best, the air needed to enter them at a subsonic speed of around 350 mph. But given the aircraft's top speed of 1,350 mph, the air would have entered the engines too fast for them to work efficiently. In order to control the speed of the incoming air, each of the four engines was fitted with a specially designed air-intake system – a complex series of ramps that automatically moved to just the right position to keep the air travelling into the engine at 350 mph independently from Concorde's speed. The movements of these ramps were controlled by a digital computer system adjusting them constantly in order to adapt them to changes in speed and conditions. The intakes produced just over half the thrust of the powerplant when cruising at Mach 2 to 2.04. The engines ran faster in the cruise than they did on take-off. Gérard Duval points out: »Concorde's air-intake system was a revolutionary design and a closely guarded secret due to its very high efficiency.«

Das Lufteinlasssystem der Concorde steuerte nicht nur den Lufteintritt in die Triebwerke, sondern erzeugte auch einen Teil der Schubleistung zur Erreichung und Aufrechterhaltung ihrer unglaublichen Höchstgeschwindigkeit. *[© Gérard Duval]*

Concorde's air-intake system not only controlled the speed of the air entering her engines but also generated some of the thrust to reach and maintain its incredible top speed.

Links: Nahaufnahme der Triebwerke von Prototyp 001 mit dem »rundgezackten« Schubumkehrer. Rechts: Das Serienflugzeug F-BTSD mit der überarbeiteten Kombination aus variabler Düse und Schubumkehrer im »Augenlid«-Design.

Left: The prototype Concorde 001: close-up of engines, with the scalloped thrust reversers prominent. Right: Production aircraft F-BTSD with the revised design of 'eyelid' variable nozzle/thrust reverser.

Die vier kraftvollen Nachbrenner der Concorde leuchten auf, während sie nach ihrem Start in den Steigflug geht. Jeder von ihnen erzeugte eine zusätzliche Schubleistung von 27 kN. *[© Johnathan Safford]*

Concorde's four powerful reheats light up as she climbs after her take-off. Each produced an extra 6,000-pound thrust.

Das Treibstoffsystem/The Fuel System

Das weitläufige und komplexe Treibstoffsystem der Concorde erfüllte verschiedene Aufgaben, wie Philip Cairns erklärt: »Das System war riesig, es gab 13 Tanks, die aber nur von 1 bis 11 durchnummeriert waren. Der Grund hierfür war, dass die Tanks 5 und 7 jeweils einen Zusatztank mit den Bezeichnungen 5a und 7a besaßen, die jedoch nur ihre Stammtanks versorgten. Alle Tanks waren so angeordnet, dass sie die Trimmung des Flugzeuges unterstützten und zudem eine Verlagerung des Schwerpunktes nach vorne oder hinten ermöglichten. Während der Überschallreisefluggeschwindigkeit befand sich der Treibstoff weiter hinten, um auf diese Weise den Steigflug zu begünstigen. Während des Landeanfluges wurde der Treibstoff dann nach vorne gepumpt. Dies erfolgte durch ein automatisches System, dessen Einstellung vor dem Start erfolgte und während des Fluges laufend durch den Flugingenieur überwacht wurde. Die Tanks 1, 2, 3 und 4 versorgten ihre jeweiligen Triebwerke, das heißt, dass Triebwerk 1 seinen Treibstoff zum Beispiel von Tank 1 erhielt. Es war auch aber möglich, einen beliebigen Tank mit jedem der Triebwerke zu verbinden. Der Treibstoff diente auch zur Kühlung des Flugzeuges, des Hydrauliköls, der Kühlluft und kam u.a. auch für die Wärmetauscher zu verschieden Zwecken zum Einsatz. Die Betankung der Concorde war eine regelrechte Kunstform und die meisten Ingenieure hatten ihren Spaß daran. Eine volle Betankung hatte das Gewicht von 96 metrischen Tonnen. In der Regel betrug der Verbrauch während einer Atlantiküberquerung nach Westen etwas mehr als 90 Tonnen und auf dem Rückweg aufgrund der herrschenden Winde etwas weniger.«

Concorde's fuel system was huge and complex, thus fulfilling various tasks as Philip Cairns explains: »It was huge, there are thirteen fuel tanks numbered 1 to 11. The reason for this was that tanks 5 and 7 each had an extra tank numbered 5a and 7a, these tanks would then feed their parent tanks only. The tanks were arranged in a way that would help the aircraft's trim and also in a way that would move the centre of gravity rearwards and forward again. In supersonic cruise the fuel would be towards the rear, helping to trim the aircraft so it would always look to be climbing, which in fact it was. Coming back into land the fuel would be moved forwards.

This was done by an automatic system and was set up before flight, and was monitored throughout the flight by the flight engineer. Tanks 1, 2, 3 and 4 fed their respective engines, i.e. No. 1 engine would be fed by tank No. 1 and so on. You could cross-feed to the other engines as well. Fuel was used for cooling the aircraft, the hydraulic oil, the cooling air, and also used in the heat exchangers for various tasks. Refuelling Concorde was an art form and most engineers enjoyed doing it. A full fuel load on Concorde could be 96,000 kilograms or 96 tonnes. Most fuel loads to cross the Atlantic were usually over 90 tonnes with a lighter load coming back due to prevailing winds.«

Nach dem tragischen Absturz von Sierra Charlie (F-BTSC) im Jahre 2000 wurde die Concorde-Flotte zur Erhöhung ihrer Robustheit mit Kevlar-Auskleidungen in ihren Tanks ausgestattet. *[© British Airways]*

After the tragic crash of Sierra Charlie (F-BTSC) in 2000, the Concorde fleet was fitted with Kevlar liners inside their tanks to reinforce their robustness.

Die Concorde erforderte Ingenieure, die schlank genug waren, um sich für die Wartungs- und Reparaturarbeiten in die Treibstofftanks zwängen zu können. *[© British Airways]*

Concorde required engineers slender enough to squeeze inside the fuel tanks for maintenance and repair work.

Die absenkbare Nase/The Droop Nose

»Die absenkbare Nase war ein notwendiges Konstruktionsmerkmal der Concorde, damit der Pilot sehen konnte, wohin er sich bei der Landung und während des Rollens bewegte.«

– Philip Cairns, Concorde-Flugzeugmechaniker

»The droop nose a necessary piece of aircraft design for Concorde, so the pilot could see where he was going when landing and taxiing around the airfield.«

– Philip Cairns, Concorde ground engineer

Ein integraler Bestandteil der Concorde war ihre berühmte absenkbare Nase (Droop Nose). Ein Flugzeug wie sie erforderte eine lange, schlanke und stromlinienförmige Spitze, um während des Überschallfluges die Luft vor sich durchtrennen und so den Luftwiderstand verringern zu können. Bei ihren Starts und Landungen musste sich die Concorde mit einer relativ hoch angestellten Nase im Verhältnis zum Boden bewegen, damit ihre Flügel bei den dabei erforderlichen niedrigen Geschwindigkeiten einen ausreichenden Auftrieb erzeugen konnten. Damit die beiden Piloten im Cockpit während der Starts und Landungen die Rollbahn vor sich sehen konnten, ließ sich die Nase der Concorde absenken. In ihrer äußersten Spitze ganz vorne befand sich das bajonettartig eingesetzte Reservepitotrohr zur Geschwindigkeitsmessung. Das Hauptrohr befand sich an der Rumpfunterseite. Philip Cairns erklärt die verschiedenen Positionen der absenkbaren Nase:

»Dieses für ein Verkehrsflugzeug neue Merkmal war für die Concorde enorm wichtig, da bei ihrer Art zu landen ihre Nase nach oben zeigte und es deshalb notwendig war, sie komplett, also 12,5° abzusenken, um den Piloten den Blick auf die Rollbahn vor ihnen zu ermöglichen. Während des Rollens am Boden wurde die Nase dann von 12,5° auf 5° verstellt. Nach Erreichen der Parkposition wurde sie zusammen mit dem (ebenfalls absenkbaren) Visier wieder komplett nach oben, also auf 0°, bewegt. Während der Überschall-

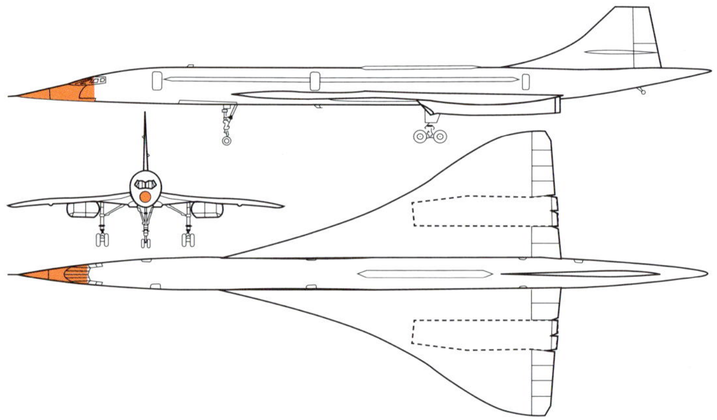

Für den Überschallflug waren Nase und Visier der Concorde komplett nach oben gefahren.
[© Vicentiu Ciorlaus]

Concorde's droop nose and visor fully up for supersonic flight.

An integral part of Concorde was her celebrated 'droop nose' appearance. The aircraft needed a long, thin and streamlined nose to cut through the air in front of it in order to reduce drag when flying at supersonic speeds. During takeoff and landing, Concorde needed to fly at a very steep angle in relation to the ground, thus ensuring that the wing could generate enough lift at the low speeds required. In order to enable the two pilots in the cockpit to see the runway in front of them during takeoff and landing, Concorde's nose could be lowered, or 'drooped' down. Inserted by the bayonet fitting into the nose was the reserve pitot tube which measured Concorde's speed through the air. The principal tubes were located on the underside of the aircraft's fuselage.

Philip Cairns explains the various positions of the droop nose: »This was a new feature for an airliner to have, but it was so essential for Concorde because the way she landed her nose would be pointing up, so to get a good view of the runway the nose would be lowered fully down to 12.5°; when taxiing the nose would be raised to 5°, and finally when she was on the stand the nose was brought up 0° and the retractable visor would be put back to fully up. The droop nose was fully up in 'super cruise' [supersonic flight] along with the retractable visor. Another feature which was good for the crew was when the aircraft took off and all the landing gear was retracted; the last piece of the nose to go up was the visor, and when this happened the flight deck became very quiet as all the wind noise was cut out.«

Former Air France Concorde pilot Pierre Grange adds: »During the approach the nose – and with it the visor – was lowered as late as possible to avoid the wind noise on the flight deck as long as possible.« The visor had a thin heated gold film between the layers of glass to help demist the windows and give the pilots a clear view, thus preventing dazzle and acting as a shield to harmful ultraviolet and infrared radiation.

Oben: Das Visier ist komplett nach oben gefahren. Unten: das Visier fast ganz unten. *[© Jean-Philippe Lemaire]*

Top: Concorde's visor up; bottom: Concorde's visor down.

Die Nase wurde mit ihrem integrierten Visier um 12,5° abgesenkt, um den Landeanflug und die Landung zu erleichtern. *[© David Apps]*

Concorde's nose and visor had to be lowered to 12.5° for approach and landing.

Rollen, Start und Unterschallflug (Nase 5° – Visier nach unten)

Taxiing, takeoff and subsonic flight (nose 5° – visor down)

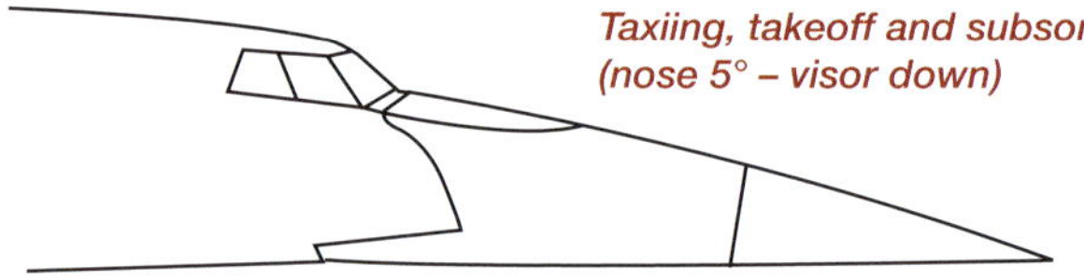

Unterschallflug (Nase oben – Visier unten)

Subsonic flight (nose up – visor down)

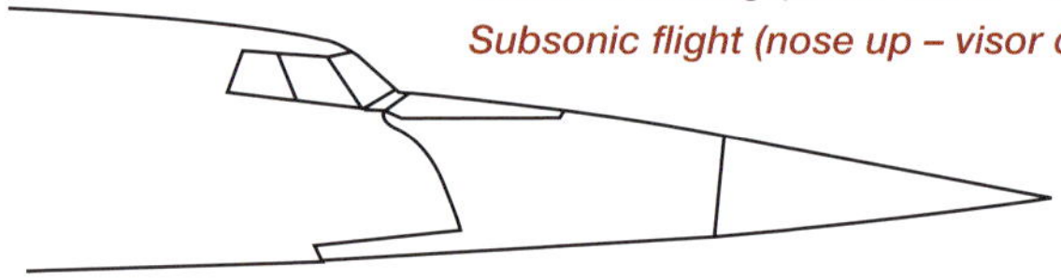

Überschallflug (Nase oben – Visier oben)

Supersonic flight (nose up – visor up)

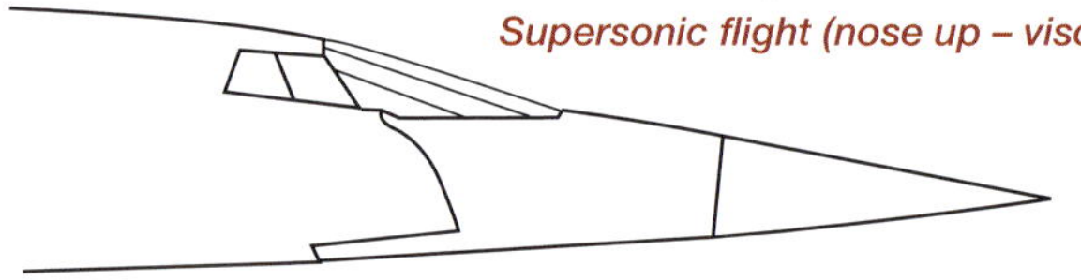

Landeanflug/Landung (Nase 12,5° nach unten – Visier nach unten)

Approach/landing (nose 12.5° down – visor down)

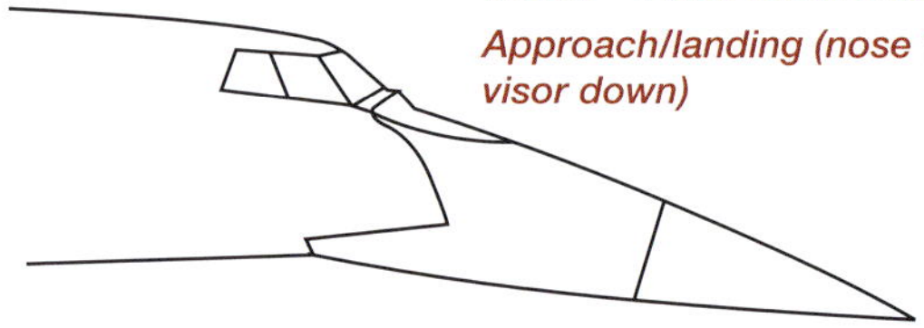

[© Marcus Linke]

reisegeschwindigkeit (Super Cruise) befanden sich die Nase und das Visier ebenfalls in der obersten 0°-Position. Ein weiteres Merkmal, das der Crew während des Starts und nach dem Einziehen des Fahrwerks zugute kam, war das Visier, wenn es komplett nach oben fuhr.« Pierre Grange, ein früherer Concorde-Pilot bei Air France, fügt hinzu: »Während des Landeanfluges erfolgte die Absenkung der Nase und des Visiers erst so spät wie möglich, um den Geräuschpegel im Cockpit möglichst lange niedrig zu halten.«

Das Visier besaß eine dünne Schicht aus Gold zwischen den einzelnen Glasschichten, um den feuchten Beschlag auf den Scheiben zu entfernen, sodass die Piloten nicht geblendet wurden und eine klare Sicht hatten. Zudem diente das Gold als Schutzschicht vor schädlicher ultravioletter und infraroter Strahlung.

Zur Verbesserung der Aerodynamik und zum Schutz der Frontscheibe ließ sich das davor befindliche Visier hochfahren. Das hochgefahrene Visier eliminierte auch die Windgeräusche im Cockpit. *[© Suzanne O'Donoghue]*

To enhance Concorde's aerodynamic profile and protect the windscreen, a visor was raised which also cut the wind noise on the flight deck.

Der Rumpf/The Fuselage

Bei hohen Geschwindigkeiten erhitzte sich die Flugzeugzelle der Concorde sehr stark. Dies geschah als Folge der Kompression der Luft, die am Flugzeug vorbeiströmte. Durch die Erhitzung dehnte sich die Zelle um bis zu 25,5 cm aus. Alle Flächen, einschließlich der Fenster, fühlten sich während des Fluges und auch nach der Landung warm an, wenn man diese mit der Hand berührte. Die Concorde-Konstrukteure standen daher vor der Herausforderung, eine Flugzeugzelle sowie Flügel zu entwickeln, die den extremen Temperatur- und Druckbelastungen des Überschallfluges gewachsen waren. Da sich die Flugzeugzellenstruktur aufgrund der im Flug auftretenden Temperaturunterschiede ausdehnte und schrumpfte, war sie an verschiedenen Stellen mit Spalten und Aussparungen konstruiert worden, damit diese sich in einem bestimmten Verhältnis zueinander bewegen konnten. Selbst die Außenlackierung war elastisch, damit sie nicht abplatzen konnte. Im Vergleich zu Unterschallverkehrsflugzeugen besaß die Concorde eine dickere Außenhaut sowie zusätzliche strukturelle Verstärkungen. Dank ihrer Konstruktion aus einer hochwertigen Aluminiumlegierung war sie in der Lage, die hohen Temperaturen während des Fluges zu überstehen. Darüber hinaus musste sichergestellt werden, dass auch die Bordfenster der Hitze sowie den weiteren Überschallbelastungen, unter denen normales Glas zerbrochen wäre, standhielten. Die Fenster der Concorde waren beträchtlich kleiner als die in Unterschallflugzeugen: Im Falle eines Fensterbruches mit entweichender Luft hätte ein Druckabfall im Innenraum somit länger gedauert als bei einem größeren Fenster, sodass die Flugcrew mehr Zeit hatte, um einen Notfallsinkflug auf 4.600 Meter durchzuführen. Die Belastbarkeitserprobung des Cockpit- und Kabinenfensterglases musste unter derart extremen Bedingungen erfolgen, die keinem anderen zivilen Flugzeug je zugemutet wurden.

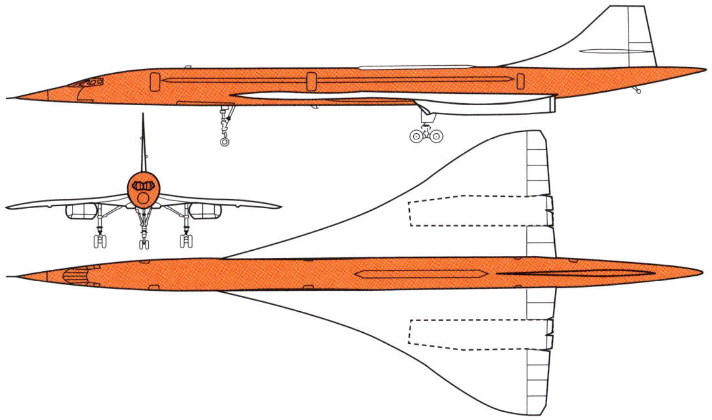

Zur Verringerung der Reibung beim Flug musste die Concorde-Flugzeugzelle insgesamt schmaler sowie vorne und hinten spitzer als Unterschallverkehrsflugzeuge geformt sein. *[© Adrian Meredith]*

To minimize friction, Concorde's airframe had to be narrower and far more tapered at the front and back than subsonic airliners.

At high speeds, Concorde's airframe got very hot. This heating was the result of compression of air over the skin of the fast-moving aircraft. This caused the fuselage's metal to expand, thus allowing the aircraft to 'grow' by up to ten inches (25.5 cm). Every surface, even the windows, was warm to the touch even after landing. Therefore, it was a challenge for Concorde's designers to develop a fuselage and wings that were able to withstand the temperatures and pressures created by this high-speed environment. The changes in temperature caused the airframe's structures to expand and contract, so they were designed with intentional gaps and ways for various parts to move in relation to each other. Even the paint on the outside was flexible so that it could not flake off . Compared to subsonic airliners, Concorde had a thicker skin and extra reinforcements. The aircraft was built from a type of advanced aluminium alloy, enabling it to survive high temperatures. Another challenge was how to ensure that windows could stand up to the heat and potential hazards of travelling at supersonic speeds when ordinary glazing would have shattered. Concorde's cabin windows are significantly smaller compared to the windows of subsonic aircraft. This would have reduced the speed of decompression in the event of a complete window failure while the flight crew could have made an emergency descent down to 15,000 feet (4,600 m). The glass for the cockpit and cabin (passenger) windows had to be tested at extremes that no civilian aircraft had ever experienced.

Das Fahrwerk/The Landing Gear

Philip Cairns, der einst am Fahrwerk der Concorde arbeitete, erinnert sich, warum es sich von den Fahrwerken von Unterschallverkehrsflugzeugen unterschied: »Es bestand aus vier ausfahrbaren Bestandteilen - dem Bugfahrwerk, dem zweiteiligen Hauptfahrwerk mit je vier Rädern sowie einem Spornrad unter dem Heck. Der Betrieb erfolgte durch die Hydraulik. Jedes Rad hatte seine eigene Bremse mit hydraulischer Betätigung und elektrischer Ansteuerung.«

Patrick Sevestre, ein früherer Concorde-Flugzeugmechaniker bei Air France, erklärt weiter: »Die beiden Hauptfahrwerke ließen sich nach innen in ihre Schächte einfahren. Während des Einfahrvorganges verkürzten sich die beiden Fahrwerke, indem ihre Stoßdämpfer in die Hauptfahrwerksstreben hineingezogen wurden. Philip Cairns ergänzt: »Das Bugfahrwerk bestand aus zwei Rädern und wurde nach vorne in seinen Schacht hochgeklappt. Wenn die Fahrwerke komplett eingefahren waren, schlossen sich deren Schachtklappen.«

Der frühere Flugingenieur Ian Kirby: »Die Concorde erforderte ein hohes Fahrwerk, damit die Triebwerke beim Aufsetzen auf der Landebahn aufgrund der hoch angestellten Flugzeugspitze nicht versehentlich den Boden berührten. Aus diesem Grund besaß sie unter dem Heck zusätzlich auch ein Spornrad.«

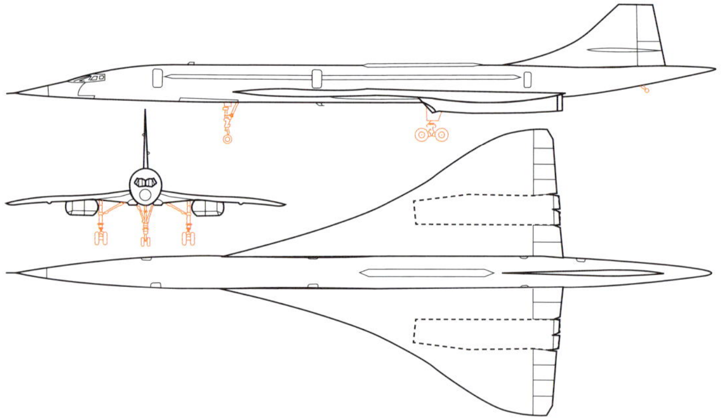

Das ausfahrbare Spornrad unter dem Heckkonus. *[© Bob Ware]*

The retractable tail gear under the tail cone.

Philip Cairns who had been working on Concorde's landing gear, remembers what made set it apart from those of subsonic airliners: »It consisted of four retractable pieces of undercarriage: the nose landing gear, two main landing gears and a tail bumper gear, all operated by the hydraulic system … Each of the two main landing gears had four wheels on their respective bogies. Each wheel had its own brake unit which was hydraulically operated and electrically controlled.«

Patrick Sevestre, a former Air France Concorde ground engineer, further explains: »Both main gears retracted inwards into their bays and would be shortened by pulling the shock absorber up into their main bodies during the retraction process.« Philip Cairns: »The nose landing gear consisted of two wheels and would retract forward into its bay. Once all the gears were up and locked, the landing gear doors would shut.« Former flight engineer Ian Kirby adds: »The landing gear had to be long so that at touchdown, with the nose at high attitude, the backsides of the engines did not touch the ground. That was also the reason for the small tail bumper gear.«

Eine Concorde mit voll ausgefahre-nem Fahrwerk.
[© John Powell / johnnypowell.net]

Concorde with fully extended landing gear.

Links: Eines des beiden Hauptfahrwerke mit je vier Rädern. Beim Einfahren wurden die Stoßdämpfer in die Hauptfahrwerksstreben eingezogen. *[© Dre Peijmen]*

Left: One of the two main undercarriages with four wheels each. During retraction, the shock absorbers were pulled into the main landing gear struts.

Das Cockpit/The Flight Deck

Obwohl das Cockpit der Concorde dem von Unterschallverkehrsflugzeugen ihrer Zeit stark ähnelte, verfügte sie über einige Innovationen, wie Philip Cairns erklärt: »Die Flugsteuerung war so konstruiert, dass sie sehr präzise und dennoch robust war. Wenn die Piloten ihre Steuerung bestätigten, wurden diese Steuerbefehle elektronisch an ein Leistungssteuergerät weitergeleitet, das die Elevons (Höhen- und Querruder) und Seitenruder hydraulisch bewegte. Es gab zwei elektrische Signalanlagen mit den Bezeichnungen »Blau« und »Grün« (besser bekannt als »Fly-by-wire«) sowie ein drittes mechanisches System mit Stangen, Drahtseilen und Steuerhebeln. Meines Wissens nach war die Concorde das erste zivile Verkehrsflugzeug mit diesem System. Diese drei Signalsysteme konnten alle bei Autopilotbetrieb eingesetzt werden. Im Cockpit informierte eine Anzeige die Piloten, welches System aktiv war und wie die Position der Elevons und des Seitenruders war.

So lässt sich die Flugsteuerung zusammenfassen, die für die Bewegungen des Flugzeuges in der Luft (Roll-Nick-Gier-Winkel) dienten. Das System arbeitete hervorragend und galt als sehr zuverlässig bei der Leistung, die es zum Betrieb der Concorde erbringen musste.«

Pilot Pierre Grange fügt hinzu: »Das Flugsteuerungssystem erlaubte es uns, bei allen Geschwindigkeiten bis zu Mach 2 manuell auf angenehme Weise zu fliegen. Während eines Fluges befand sich André Turcat an Bord und erzählte uns, dass er und sein Team viel Zeit in diese Anlage investiert hatten.«

Ian Kirby beschreibt das »Fly-by-wire«-System weiter im Detail: »Die Übertragung der Steuerbewegungen des Piloten am Steuerhorn an die Steuerungssysteme erfolgte durch elektrische Signale und einen Computer. Letzterer ermöglichte die automatische Stabilisierung aller drei Flugachsen und arbeitete in Kombination mit dem Querbeschleunigungssensor, um so automatisch einen Triebwerksausfall bei hoher Geschwindigkeit auszugleichen. Der Computer prüfte die Aktionen des Piloten, die anschließende Reaktion des Flugzeuges sowie die Positionen der einzelnen Steuerflächen, um dann zu entscheiden, inwiefern und wie stark der Computer selbst die Flächen bewegen sollte. Das Cockpit der Concorde war klein und besaß wahrscheinlich mehr Anzeigen und Schalter als jedes andere Flugzeug. Zudem waren viele dieser Bedienelemente multifunktional. Das automatische Landesystem war so hervorragend, dass wir wussten, dass es uns selbst bei ungünstigen Wetterbedingungen sicher und mittig auf die Landebahn aufsetzen lassen konnte. Der Flugsimulator vermittelte eine recht brauchbare Vorstellung davon, wie sich das Flugzeug verhielt. Er war zwar in keinster Weise perfekt, aber er leistete uns gute Dienste während der Ausbildung sowie bei unseren regelmäßigen Flugtauglichkeitsüberprüfungen. Letztendlich kann selbst der beste Simulator am Boden nicht das komplette Gefühl eines echten Fluges vermitteln und schon gar nicht die Beschleunigung einer Concorde bei deren Start.«

Philip Cairns beschreibt das Layout des Cockpits: »Das Cockpit bot den beiden Piloten einen hervorragenden Blick nach vorne. Die Sitze ließen sich elektrisch hoch und runter sowie nach vorne und hinten bewegen. Ihr Betrieb war aus dem Grund elektrisch, um sie in einem Notfall leicht aus dem Weg bewegen zu können. Der Flugingenieur besaß ebenfalls einen elektrischen Sitz, den er so bewegen konnte, um ihn an alle erdenklichen Bedingungen, die während eines Fluges auftreten konnten, anzupassen. Zum Beispiel konnte er ihn um 90° drehen, um in Flugrichtung zu sitzen. Das Cockpit verfügte über vier Sitze sowie über einen zusätzlichen Klappsitz am Eingang.

Das Cockpit der Concorde mit ihren analogen Instrumenten. Der Kapitän saß links, der Kopilot (Erster Offizier) rechts. *[© Bob Ware]*

Concorde's flight deck with its analogue instruments. The captain's seat is at left, the co-pilot's (first officer) at right.

Ein interessantes Merkmal war das hintere Ende der Konsole mit all den Schaltern und Anzeigen, wo der Flugingenieur arbeitete. Dies war die Stelle, an der man etwas Bemerkenswertes beobachten konnte. Da sich die Concorde bei Mach 2 stark aufheizte, konnte sie sich bis zu 25 cm ausdehnen. Am Ende der Konsole vergrößerte sich dann die dortige Lücke, in die man dann seinen Finger hineinstecken konnte. Wenn das Flugzeug gelandet war und sich wieder abgekühlt hatte, passte der Finger nicht mehr in diese Lücke. Als es einem Flugingenieur auf einem Flug einmal zu warm wurde, nahm er seine Kopfbedeckung ab und steckte sie in diese praktische Lücke. Nach der Landung in New York wollte er sie wieder aus der Lücke ziehen, doch dies gelang ihm nicht, da sich das Flugzeug wieder zusammengezogen hatte und die Lücke nun geschlossen war.«

Der hintere Cockpitabschnitt mit dem Sitz des Flugingenieurs im Vordergrund. Rechts ist seine Konsole mit all ihren Schaltern und Anzeigen. Der Klappsitz für einen Cockpitgast ist links. *[© Air France Museum]*

The rear part of the flight deck with the flight engineer's seat in the foreground. His console with all its switches and instruments is at right. The jump seat for a guest is at left.

Although Concorde's flight deck (cockpit) looked very similar to those in subsonic airliners of the day, she featured several innovations as Philip Cairns explains: »The flight controls were designed to be very accurate and robust. The elevons and rudders were moved hydraulically, the pilots' required demand was sent electronically to the power control unit that moved the surfaces. There were two electrical signalling systems which were named »Blue« and »Green« (more commonly called »fly-by-wire«) a third mechanical system used rods, cables, levers, bellcranks and a mixing chassis. I believe Concorde was the first civil airliner to have this system. These three signalling systems could all be used in auto pilot, there was an instrument on the flight deck that showed the system being used and position of the elevons and rudders. This in a nutshell was the control system that provided movement around the roll, yaw and pitch axis. It generally worked extremely well and was deemed a very reliable system for the performance that Concorde required.« Pilot Pierre Grange adds: »The flight control system allowed us to fly pleasantly manually all all speeds up to Mach 2. On one flight, André Turcat was on board and told us that he and his team had well taken care of this.«

Ian Kirby describes the fly-by-wire more in detail: »The signal from the pilot to the controls was by electrical signalling and a computer. The computer provided automatic stabilization about all three axis and lateral accelerometers to automatically correct for engine failure at high speed. The computer looked at what the pilot was requesting, looked at what the aircraft was doing, looked at where the flying controls were positioned and then decided how much to move each flying control surface. Concorde's flight deck was small and probably had more controls and dials than any other aircraft and many of the controls were multifunctional. The automatic landing system was superb and gave us confidence that even in very adverse conditions it would put us safely on the ground in the middle of the runway. The flight simulator, or stimulator as it was often called, gave a reasonable representation of how the aircraft worked. It was nowhere near perfect but served us well for training and recurrent checks. There is no way a ground-based simulator can give the full feel of flight and definitely not the acceleration of a Concorde on take-off.«

Philip Cairns describes the flight deck's layout: »It provided the pilots with brilliant forward views and seats that were powered up and down and forward and aft. They were powered because of emergencies and could be moved out of the way if necessary. The flight engineer also had a powered seat, and could move it to suit all inflight conditions, i.e. take-off or working his panel. He could also turn his seat through 90° to face forward. The flight deck had four seats available with another seat that could be used in the entrance to the flight deck, making a total of five seats. An interesting feature was the rearmost end of the engineer's panel; this is the place to be able to view and touch something remarkable. At Mach 2, Concorde is quite a warm aircraft and she can grow up to ten inches in length. At the end of the engineer's panel you can put your fingers in the gap there and move them back and forth. When the aircraft has landed and cooled down you cannot get your fingertips in the gap. The flight engineer on one trip found that he was too hot during the flight, so he took his hat off and tucked it in this handy gap at the end of his panel. When Concorde landed in New York, he went to retrieve his hat but could not remove it as the aircraft had contracted and closed the gap.«

DAS ZEITALTER DER CONCORDE

THE AGE OF CONCORDE

»Es ist ein großartiger Erfolg, dass British Airways heute ihren ersten Concorde-Linienflug durchführt. Es ist das Resultat einer engen 14-jährigen Zusammenarbeit zwischen der britischen und französischen Luftfahrtindustrie in den Bereichen Entwurf, Produktion und Erprobung. Ich gratuliere all denen, die zu dem heutigen Erfolg ihren Beitrag geleistet haben, und wünsche diesem schönen Flugzeug, das jetzt seinen Betrieb aufnimmt, allen Erfolg.«

– I.M. Königin Elisabeth II.

»It is a magnificent achievement that today British Airways are starting their first Concorde service. It is the outcome of fourteen years' close collaboration on design, production and testing between the British and French aircraft industries. I congratulate all those who have contributed to today's achievement and I wish every success to this beautiful aircraft now going into service.«

– HM Queen Elizabeth II

G-BOAA

Namensgebung/Naming

Um die britisch-französische Zusammenarbeit, die ein Überschallverkehrsflugzeug überhaupt erst möglich gemacht hatte, zu honorieren, schlug Timothy Clarke, der Sohn des Pressechefs von BAC Filton vor, das Flugzeug »*Concorde*« zu nennen. Dieser Name basierte auf dem französischen Wort »*concorde*«, das ein englisches Äquivalent - »*concord*« - hat.

Die Bedeutung beider Wörter ist *Übereinkunft, Vereinigung* oder *Harmonie*. Nachdem die Briten das Flugzeug in »*Concord*« umbenannt hatten, fügten die Franzosen das »*e*« wieder an. Dies führte zu einem Aufschrei in Großbritannien. Während des Rollouts des Prototypen 001 in Toulouse 1969 verkündete der britische Minister für Technologie, Tony Benn, dass die Entscheidung gefallen war, »*Concorde*« als den offiziellen Namen zu akzeptieren, das »*e*« jedoch für *Exzellenz, England, Europa* und *Entente* stand. Somit konnte er die Kritiker beschwichtigen, die das französische »*e*« nicht auf dem Flugzeug sehen wollten.

Obwohl die Konstrukteure und Ingenieure im Laufe der Concorde-Entwicklung zahlreiche technologische Herausforderungen meistern konnten, stiegen die Kosten auf etwa das Fünffache der anfänglichen Schätzung. Während der frühen 1970er-Jahre, als die Öffentlichkeit in Frankreich und Großbritannien noch immer ein großes Interesse am »Verkehrsflugzeug der Zukunft« zeigte, begann das britische Parlament, seine Bedenken bezüglich der Kostenexplosion zu äußeren und zog sogar eine Einstellung des gesamten Projektes in Betracht. Das britisch-französische Abkommen schloss jedoch eine Klausel ein, die besagte, dass wenn einer der beiden Vertragspartner das Projekt stornieren wollte, der andere Partner das Recht auf Schadenersatz geltend machen konnte. Aus diesem Grund gab es Spekulationen, ob die finanzielle Belastung durch eine mögliche Projekteinstellung nicht sogar größer war als der Preis für die Projektfortführung. Trotz der ausufernden Kosten beschlossen beide Nationen, ihre Differenzen zu bereinigen, und setzten das Projekt fort.

Eine Flugbegleiterin von Air France wirbt für das Zeitalter des Überschallflugverkehrs. *[© Air France]*

An Air France flight attendant advertises the age of supersonic air travel.

In order to honour the Anglo-French cooperation which made a supersonic airliner possible in the first place, Timothy Clarke, the son of BAC Filton's publicity manager, suggested naming the aircraft '*Concorde*', based on the French word *concorde* which has an English equivalent, *concord*. The meaning of both words is *agreement, union,* or *harmony*. After the British had changed it into '*Concord*', the French put the '*e*' back on, which resulted in an uproar in Britain. Finally, during the rollout of the Concorde prototype 001 in Toulouse in 1969, Tony Benn, Britain's Minister of Technology, made the announcement that the decision had been made to accept '*Concorde*' as the official name but that the 'e' stood for *Excellence, England, Europe* and *Entente*, thus able to pacify the critics who did not want to see the French 'e' on the aircraft. During her development Concorde's designers and engineers overcame numerous technological challenges but costs spiralled to about five times the initial estimate. During the early 1970s, while the general public in France and Britain was still showing keen interest in the 'airliner of the future', the British parliament began expressing concerns over the project's soaring expense, and even began considering a cancellation of the entire project. However, the Anglo-French agreement included a clause that if either side wanted to cancel the programme this gave the other party the right to claim damages. Therefore, it was speculated that the possible financial burden of cancelling could have been bigger than the costs of continuing. Despite the escalating costs the two nations decided to resolve their differences and carry on.

Verkaufstouren/ Sales Tours

Noch während ihrer Flugerprobung schickten sowohl Frankreich als auch Großbritannien ihre Prototypen auf Demonstrations- und Verkaufstouren rund um den Welt, um zusätzliche mögliche Käufer zu gewinnen. 1971 überquerte die französische Concorde 001 zum ersten Mal den Atlantik und traf nach Zwischenlandungen auf den Kapverdischen Inseln, Cayenne und Sao Paulo schließlich in Rio de Janeiro ein, wo sie herzlich empfangen wurde und einige Demonstrationsflüge durchführte. Im folgenden Jahr nahm der spätere Concorde-Flugzeugmechaniker Philip Cairns an der britischen Verkaufstour in den Iran sowie nach Indien, Singapur, Japan und Australien teil: »Ich hatte großes Glück, für diese fantastische Reise ausgewählt zu werden. Ich durfte viele Glanzlichter erleben, zu denen meine ersten beiden Concorde-Flüge zählten. Der erste war von Teheran nach Bahrain und der zweite von Beirut nach Toulouse. Der Prototyp 002 war der wirkliche Star dieser wundervollen Reise, da er der Welt endlich zeigen konnte, zu was er imstande war. Überall, wo wir eintrafen, zeigte sich die Öffentlichkeit sehr aufgeschlossen. Die Presseberichte waren verständlicherweise gemischt, da die Reporter versuchten, die richten Worte für diese neue »Königin der Lüfte« zu finden.«

Obwohl die Concorde die britisch-französischen Unstimmigkeiten bezüglich der Finanzierung

While still being used for test flights, both France and Britain sent their prototypes on demonstration and sales tours around the world in order to attract more potential buyers. In 1971 the French-built Concorde 001 made her first transatlantic flight via the Cape Verde islands, Cayenne and Sao Paulo, finally arriving in Rio de Janeiro where she received a warm welcome and made several demonstration flights. During the following year, Philip Cairns, who would later become a Concorde ground engineer at British Airways, participated in the British sales tour of Iran, India, Singapore, Japan and Australia: »I was very fortunate to be chosen to go on this fantastic trip. There were many highlights for me including my first and second flight on Concorde, the first one from Tehran to Bahrain and the second from Beirut to Toulouse in France. Prototype 002 was the real star of this wonderful trip as she showed the world what she could do. Everywhere we went the public were very receptive; the press

Der Prototyp 002 überfliegt Singapur während der Verkaufstour 1972. *[© British Airways]*

Prototype 002 overflies Singapore during the 1972 sales tour.

meistern konnte und von Menschen auf der ganzen Welt bewundert wurde, erlitt das Projekt mehrere Rückschläge. Ihr Überschallknall (»Sonic Boom«) machte Überschallflüge über Land praktisch unmöglich und ruinierte somit ihr einzigartiges Verkaufsargument - vor allem in den Vereinigten Staaten. Darüber hinaus schmälerten verschiedene weitere Ereignisse ihre Verkaufschancen. Eine von diesen war die Ölkrise im Jahre 1973, die zu einem enormen Anstieg der Ölpreise führte.

Viele Fluggesellschaften, die zuvor ihr Interesse an der Concorde bekundet hatten, zeigten nun eine spürbare Zurückhaltung gegenüber Flugzeugen mit einem beträchtlich höheren Treibstoffverbrauch im Vergleich zu Unterschallverkehrsflugzeugen. Ein weiteres verheerendes Ereignis war die Einführung neuer Großraumflugzeuge, vor allem der Boeing 747, die ihren Linienbetrieb im Jahre 1970 aufnahm. Verkehrsflugzeuge wie sie machten die kommerzielle Unterschallpassagierluftfahrt für die Fluggesellschaften weitaus kosteneffizienter: Die Boeing 747 konnte drei Mal so viele Passagiere wie die Concorde befördern, hatte einen sehr viel geringeren Treibstoffverbrauch sowie eine bedeutend größere Reichweite, sodass sie fast jedes Ziel auf der Welt erreichen und zudem über Land fliegen konnte. Aus diesem Grund stornierte eine Fluggesellschaft nach der anderen die zuvor gemachten (unverbindlichen) Concorde-Bestellungen.

Während sich bereits einige Serienflugzeuge im Bau befanden, aber noch keine Käufer in Sicht waren, sah die Zukunft der Concorde düster aus. Sowohl Großbritannien als auch Frankreich, die beide in ein Projekt investiert hatten, dessen Ambition seinerzeit nur vom amerikanischen und sowjetischen Raumfahrtprogramm übertroffen wurde, wandten sich nun an ihre nationalen Fluggesellschaften. British Airways und Air France, damals noch jeweils Staatseigentum, schienen daher als die beiden einzigen möglichen Concorde-Betreiber übrigzubleiben. Daher entschlossen sich die Regierungen Großbritanniens und Frankreichs, die im Bau befindlichen Concordes an beide Airlines zu »verkaufen«, doch in Wirklichkeit erhielten British Airways und Air France die Flugzeuge praktisch kostenfrei. Aus diesem Grund trugen letztendlich die britischen und französischen Steuerzahler die Kosten für die Entwicklung und den Bau des Flugzeuges. Insgesamt erhielt jede der beiden Fluggesellschaften je sieben Concordes.

Der Überschallknall / Sonic Boom

Ein Flugzeug erzeugt bei seinem Flug durch die Luft Schallwellen. Wenn es langsamer als die Schallgeschwindigkeit (Mach 1) fliegt, können sich Schallwellen vor dem Flugzeug ausbreiten. Durchbricht das Flugzeug die Schallmauer und fliegt somit schneller als der Schall, erzeugt es einen Überschallknall (Sonic Boom). Dieser Knall ist eine Art »Anhäufung« der Schallwellen des Flugzeuges. Alle Schallwellen, die sich normalerweise vor dem Flugzeug ausgebreitet hätten, werden zu einer Schockwelle komprimiert. Daher hört man zunächst nichts und erst später den von den Schallwellen erzeugten Knall. Die Concorde verursachte einen doppelten Knall: Der vordere Druckkegel erzeugte den ersten Knall, und während das Flugzeugheck diesen Druckkegel passierte, normalisierten sich die Schockwellen wieder und erzeugten den zweiten Knall. Somit entstand der doppelte Überschallknall, der sich akustisch in zwei kurz aufeinander folgenden Knallgeräuschen zeigte.

An aircraft travelling through the air produces sound waves. If it is travelling slower than the speed of sound (Mach 1), then sound waves can propagate ahead of the aircraft. If the vehicle breaks the sound barrier, thus flying faster than the speed of sound, it produces a sonic boom. This boom is the 'wake' of the aircraft's sound waves. All of the sound waves that would have normally propagated ahead of the plane are compressed to form one shockwave so at first you hear nothing, and then you hear the boom they create. Concorde produces a double boom: the front pressure cone produces the first boom, and then as the aircraft tail passes through this pressure cone the air shockwaves go back to normal, which produces the second boom. You then get the double boom, which sounds like *boom boom*.

Die offizielle Übergabe der ersten Concorde an British Airways am 15. Januar 1976 am Heathrow Airport. *[© Steven Fitzgerald]*

The official handover of the first Concorde to British Airways on 15 January 1976 at Heathrow Airport.

reports were understandably mixed as they tried to find the right words to describe this new 'Queen of the Skies'.« Although Concorde had overcome the Anglo-French budgetary disagreements and was admired by people from around the world, the project suffered several blows. Concorde's sonic boom made supersonic air travel overland practically impossible without causing complaints from people, thus ruining her unique selling point, particularly in the United States. Moreover, various events further dampened Concorde sales prospects. One of them was the 1973 oil crisis that resulted in soaring fuel prices. Many airlines which had previously shown interest in operating Concorde now become very cautious about aircraft types with a significantly higher fuel consumption than subsonic airliners. Another devastating event was the introduction of new wide-body aircraft, most notably the Boeing 747 which began her operational service in 1970. Airliners like her made subsonic commercial air travel far more cost-efficient for the airlines. The Boeing 747 could transport three times more passengers than Concorde, was much more fuel-efficient, and had a much wider range, being capable of flying to nearly every destination across the globe including overland routes. In such times of economic uncertainty, the 747 looked like a significantly less risky investment. Therefore, one airline after another which had placed (non-binding) orders for Concorde cancelled them. With several production aircraft already under construction and no buyers in sight, Concorde's future looked bleak. Both Britain and France, which had invested in a project whose ambition at the time was second only to the American and Soviet space programmes, now looked at their national airlines. British Airways and Air France, then still state-owned, appeared to be the only two potential operators for Concorde. Therefore, the British and French governments decided to 'sell' the Concordes then under construction to both airlines, which actually meant that British Airways and Air France got their aircraft basically for free. Therefore, the price to develop and build Concorde was completely paid for by British and French taxpayers. Eventually, both airlines would each operate a fleet of seven Concordes.

Rivalen des Überschalls/ Supersonic Rivals

Nigel Ferris, der als Redakteur am britischen *Mach 2 Concorde Magazine* mitwirkt, wirft einen Blick auf die Konkurrenten der Concorde aus den Vereinigten Staaten und der Sowjetunion: »Die Unterzeichnung des britisch-französischen Vertrages zum Bau eines Überschallverkehrsflugzeuges (SST - Supersonic Transport) erfolgte am 29. November 1962. Etwa zur gleichen Zeit fassten auch die Amerikaner und Sowjets den Beschluss, ihre eigenen SST-Projekte voranzutreiben. Als Folge erhielten verschiedene Luftfahrtunternehmen Konstruktionsverträge für ihre eingereichten Entwürfe. In der Sowjetunion war dies der Hersteller Tupolew, in den Vereinigten Staaten die Firmen Boeing und Lockheed, die umgehend mit ihren Projektstudien namens Boeing 2707 und Lockheed L-2000 begannen.«

Nigel Ferris, contributing editor to the *Mach 2 Concorde magazine*, takes a look at Concorde's competitors from both the United States and the Soviet Union: »The Anglo-French government agreement to build a supersonic transport (SST) was signed on the 29th November 1962. At about the same time, the Soviets and Americans both decided to proceed with their own SSTs, and design contracts were issued for these proposals. In the Soviet Union Tupolev gained this authority, while in the United States Boeing and Lockheed began their studies, namely the Boeing 2707 and Lockheed L-2000.«

Boeing 2707

»In den USA war Boeing der Sieger. Dessen ursprünglicher Entwurf sah ein Flugzeug mit Schwenkflügeln für 250 bis 300 Passagiere und einer Höchstgeschwindigkeit von Mach 3 vor. Die Boeing 2707 war wesentlich größer als die Concorde und wäre das längste jemals gebaute Flugzeug geworden. Zur Erreichung der geplanten Reisefluggeschwindigkeit hätte das Flugzeug hauptsächlich aus Titan gebaut werden müssen, um die hohen Temperaturen an der Flugzeugzelle zu überstehen, die durch die Komprimierung der vorbeiströmenden Luft entstehen. Im Gegensatz dazu durfte die zulässige Temperatur für die Concorde bei einer Geschwindigkeit von Mach 2 nicht mehr als 127° Celsius an ihrem Pitotrohr in der Spitze betragen. Titan lässt sich jedoch viel schwieriger verarbeiten als die Aluminiumlegierung der Concorde und ist zudem weitaus teurer. Beim Bau der Concorde fand dennoch etwas Titan Verwendung, beispielsweise als Hitzeschutz in jedem Triebwerksgehäuse zwischen den paarweise angeordneten Turbojets.

Die komplexe Entwurfsarbeit, der Bau sowie die Kosten des Schwenkmechanismus für überschallfähige Schwenkflügel führte bei Boeing schließlich zu der Entscheidung, auf einen konventionellen Entwurf mit starren Flügeln zurückzugreifen. Aufgrund der enormen Kosten und anderer Faktoren erfolgte schließlich 1971 die Einstellung des Projektes. Das Schwenkflügelkonzept ist jedoch nichts Ungewöhnliches. Beispiele für Überschallflugzeuge mit Schwenkflügeln schließen das europäische Mehrzweckkampfflugzeug Panavia Tornado, die amerikanischen Bomber Rockwell B1A und B1B Lancer sowie den sowjetischen Bomber Tupolew Tu-160 ein.«

Die Cockpitsektion und absenkbare Nase der Attrappe der Boeing 2707 sind heute Exponate im Museum of Flight im amerikanischen Seattle. *[© Ted Huetter, Museum of Flight]*

Cockpit section and droop nose of the Boeing 2707 mock-up on display at the Museum of Flight, Seattle.

Boeing 2707

»The American victor was Boeing. Their original design was for a Mach 3 swing-wing aircraft, for 250–300 passengers. This was considerably bigger than Concorde, and would have been the longest aircraft ever produced, and as envisaged would have been able to supercruise at Mach 3. In order to achieve such a feat, the aircraft would have had to have been made primarily of titanium, able to withstand the high temperatures over the airframe – as a result of the airflow over the structure undergoing compression. By contrast, the maximum temperature allowed for Concorde at Mach 2 at the pitot tube on the nose was 127°C. Titanium, however, is more difficult to machine than Concorde's aluminium alloy, and much more expensive.

Concorde, however, did use some titanium, as a firewall in each nacelle between the paired engines. The complexity of designing and manufacturing hinge and pivot points for the swing wings, their ability to withstand supersonic cruise, and their strength (and cost) led Boeing to revert to a more conventional fixed-wing design. However, due to cost and other factors, the project was cancelled in 1971.

The swing-wing concept is not uncommon. Examples of supersonic aircraft with swing-wings include the European multirole aircraft Panavia Tornado, the American bombers Rockwell B1A and B1B Lancer, as well as the former Soviet bomber Tupolev Tu-160.«

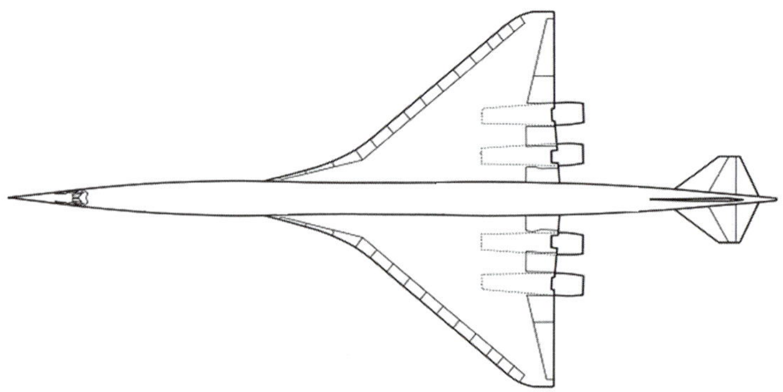

Drawing of the Boeing 2707

Drawing of the Boeing 2707

Die Tupolew Tu-144

»Die Tu-144 (NATO-Codename: Charger) absolvierte ihren Jungfernflug am 31. Dezember 1968 und kam somit der Concorde zuvor, die erst am 2. März 1969 erstmalig abhob. Es ist ausreichend dokumentiert, dass die Tu-144 einen weniger ausgefeilten Entwurf als die Concorde darstellte. Nichtsdestotrotz kursierten zur damaligen Zeit Gerüchte von Industriespionage, in deren Rahmen die Briten und Franzosen es absichtlich zuließen, dass (von ihnen zuvor manipulierte) Baupläne in sowjetische Hände gelangten, die ihren Beitrag zum mangelbehafteten Entwurf der Tu-144 leisteten. Verschiedene Unterschiede zwischen ihr und der Concorde waren leicht erkennbar. Ihre Flügel besaßen nicht die komplexen Rundungen der Concorde. Ihr zweiteiliges Hauptfahrwerk bestand aus zwei Streben und zwei Fahrwerksschlitten, die je sechs Räder besaßen, während die Concorde nur je vier Räder hatte. Letztere kam mit weniger Rädern aus, da Großbritannien und Frankreich über eine bessere Reifen- und Bremstechnologie verfügten.

Der Prototyp der Tu-144 war mit vier Turbofan-Triebwerken mit Nachbrennern ausgestattet, die aufgrund ihrer größeren Abmessungen auch größere Triebwerksgehäuse erforderten, die einen stärken Luftwiderstand erzeugten. Spätere Varianten der Tu-144 besaßen - nach einer aufwändigen Umkonstruktion - wirksame Canards (»Entenflügel«) auf beiden Seiten hinter dem Cockpit. Diese kleinen Flügel dienten zur Erhöhung der Manövrierfähigkeit bei niedrigen Geschwindigkeiten. Eine weitere Neuerung war die Umplatzierung der Triebwerksgehäuse und der Fahrwerkseinfahrmechanik. Zudem musste die Tu-144 auch zeitweilig ihre Nachbrenner zur Aufrechterhaltung der Überschallreisegeschwindigkeit zum Einsatz bringen.

Die Concorde hingegen besaß vier Zweiwellen-Turbojets mit computergesteuerten Lufteinlässen sowie eine primäre und eine sekundäre Düse, sodass sie auf keinen dauerhaften Nachbrennerbetrieb angewiesen war.

Die schließlich in Dienst gestellte Tu-144 absolvierte insgesamt nur 102 Flüge - 55 zur Passagierbeförderung und die übrigen zum Transport von Fracht. Es wird niemals völlige Klarheit darüber herrschen, ob Konstruktionsschwächen, mangelnde Profitabilität oder »Industriespionage« der Grund für ihren Misserfolg waren. Dennoch nimmt die Tu-144 einen besonderen Platz in der Luftfahrtgeschichte ein. Dies gilt auch für die Boeing 2707, obwohl sie nie mehr als eine Attrappe war.

Sowohl die Concorde als auch die Tu-144 machten während der Pariser Luftfahrtausstellung 1973 Flugvorführungen. Als sich Letztere in der Luft befand, ließ die französische Luftwaffe eines ihrer Jagdflugzeuge starten, damit dieses die Canards der Tu-144 im Flug fotografierte. Als es der Tupolew zu nahe kam, musste der sowjetische Pilot ein sturzflugartiges Notfallausweichmanöver fliegen, um eine Kollision zu vermeiden. Dies verursachte einen Strömungsabriss in

The Tupolev Tu-144

»The Tu-144 (NATO codename 'Charger') first flew on 31 December 1968 – beating Concorde's first flight on 2 March 1969. It is well documented that this was a lesser design than Concorde, however; at the time there were stories of industrial espionage whereby the British and French allowed 'doctored' blueprints to be passed on, resulting in this flawed design. Various differences from Concorde were readily observable. The wing shape did not include the complex curves and cambers of Concorde's design. The main undercarriage had six main wheels per bogie, as opposed to just four on Concorde – this was due to superior tyre and brake technology on the part of Britain and France. The Tu-144 prototypes utilized afterburning turbofans, which meant, due to the size, higher induced nacelle aerodynamic drag. Later models – after much redesign – featured efficient 'canards' on the nose behind the cockpit to improve low-speed handling characteristics, repositioned engine nacelles and undercarriage retraction. The Tu-144 had to employ partial reheat to maintain supersonic cruise Concorde employed axial flow turbojets, with computer-controlled intakes and primary and secondary nozzles, without the need for continued reheat. The aircraft went into service, but only completed 102 flights in total: fifty-five as passenger-carrying, the rest as cargo. Whether her non-success was due to design, lack of profitability, or 'espionage' will never be fully known. The Tu-144 occupies a special place in aviation, as does the Boeing design – although the latter was only ever seen as a wooden mock-up. At the Paris Air Show in 1973, both Concorde and the Tu-144 were on show. The French Air Force sent up one of their fighters to photograph the aircraft showing the 'canards'. As a result of the French fighter flying too close to the Tu-144, the Soviet pilot had to take emergency action to avoid collision, putting the aircraft into a pitch-down attitude. This resulted in a surge in all four engines, leading to flame-out, so the pilot initiated a further downward

Obwohl die Tu-144 (rechts) wie die Concorde (links) eine absenkbare Nase für eine bessere Sicht nach vorne besaß, befand sich in dieser kein bewegliches Visier.
[© Tu-144: Jim Ross, NASA / Concorde: © British Airways]

Although the Tu-144 (right) had a droop nose like Concorde (left), it did not have a retractable visor.

allen vier Triebwerken und somit einen Flammabriss. Der Pilot musste in einen noch steileren Sinkflug gehen, um diese durch eine starke Lufteinströmung neu zu starten. Als dies nicht klappte, geriet die Tu-144 in einen negativen Sturzflug von 1 g. Diese Belastung war zu viel für die strukturelle Integrität des Flugzeuges. Als der äußere Teil seines linken Flügels abbrach, stürzte es ab.«

pitch attitude in an attempt to windmill-start the engines. This failed, and as a result the Tu-144 went into a 1g negative dive. This overloaded the structural integrity of the aircraft, and the left outer wing broke off , causing the aircraft to crash.«

Während die Concorde ihre Flugvorführung in Paris 1973 macht, befindet sich die Tu-144 noch am Boden. Als Letztere wenig später bei ihrem Flug abstürzt, gibt es keine Überlebenden. *[© Aris Pappas]*

Concorde on display at the Paris Air Show in 1973 with the Tupolev Tu-144 still on the ground. When the latter performed later that day it crashed without any survivors.

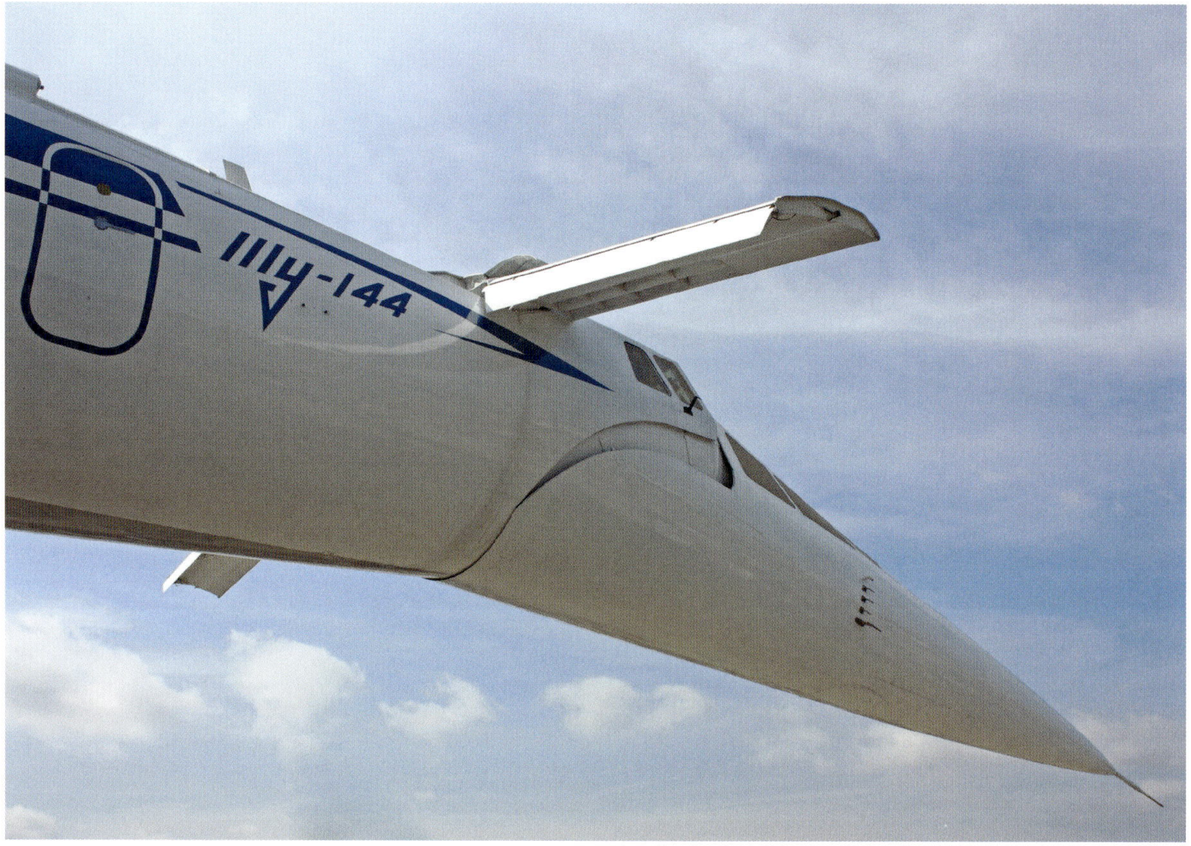

Spätere Varianten der Tu-144 erhielten auf beiden Seiten hinter dem Cockpit Canards (»Entenflügel«) zur Erhöhung der Manövrierfähigkeit bei niedrigen Geschwindigkeiten. *[© Doomych]*

Later Tu-144 models featured 'canards' on the nose behind the cockpit to improve low-speed handling characteristics.

Rechts: Um dem Erstflug der Concorde zuvorzukommen, erfolgte die Entwurfsarbeit an der Tupolew Tu-144 mit regelrechter Hetze. Nichtsdestotrotz absolvierte sie ihren Jungfernflug drei Monate vor der Concorde. Bis heute hält sie den Rekord als schnellstes Überschallverkehrsflugzeug mit einer Höchstgeschwindigkeit von Mach 2,35 (2.901 km/h). *[© Aris Pappas]*

Right: In order to beat Concorde, the Tupolev Tu-144's design was rushed. However, she flew three months before Concorde. To this day, she holds the speed record as the fastest supersonic airliner with a top speed of Mach 2.35.

Die kommerziellen Erstflüge/The Inaugural Commercial Flights

Um 11:40 Uhr am 21. Januar 1976 machte die Luftfahrt einen gewaltigen Schritt nach vorne, als Concorde Fox Alpha (F-BVFA) von Air France und Concorde Alpha Alpha (G-BOAA) von British Airways gleichzeitig zu ihren ersten Linienflügen starteten. Diese markierten den Beginn der kommerziellen Laufbahn des Flugzeuges. Es hatte mehr als 20 Jahre gedauert, um diesen unvergesslichen Tag möglich zu machen. Beide Flugzeuge waren die jeweils ersten ihrer Flotte, die vollständig für Linienflüge vorbereitet worden waren. Fox Alpha hatte ihren Erstflug am 27. Oktober 1975 absolviert und war sechs Wochen darauf an Air France übergeben worden. Alpha Alpha war erstmals am 5. November 1975 geflogen und wurde im Januar 1976 an British Airways ausgeliefert. Noch vor ihrem ersten kommerziellen Flug hatte die Concorde von verschiedenen Seiten Lob erhalten:

At 11:40 on 21 January 1976 aviation saw a giant leap forward when Air France Concorde Fox Alpha (F-BVFA) and British Airways Concorde Alpha Alpha (G-BOAA) lifted off at the same instant, thus inaugurating Concorde's commercial service life. It had taken more than twenty years to make this memorable day happen. Both aircraft were the first of their fleets to be fully prepared for commercial service. Fox Alpha had made her maiden flight on 27 October 1975 and had been delivered to Air France six weeks later. Alpha Alpha had first flown on 5 November 1975 and was delivered to British Airways in January 1976. Prior to her maiden commercial flight, Concorde had received praise from various people:

BRITISH AIRWAYS and AIR FRANCE

request the pleasure of your company at a
reception in the Tavern in the Sky restaurant,
Terminal Three, Heathrow Airport, London,
before the departure of Concorde
on its first commercial service.
Wednesday, 21st January 1976.

RSVP
Chief of Information Services
Public Relations · British Airways
Victoria Terminal
Buckingham Palace Road, SW1

RECEPTION 10 a.m. · PLEASE BRING THIS CARD WITH YOU

Einladung zur Feier des ersten kommerziellen Fluges der Concorde. *[© British Airways]*
Invitation to Concorde's inaugural commercial flight.

»Bald wird es nur noch zwei Arten von Fluggesellschaften geben – solche, die die Concorde besitzen, und solche, die sie nicht haben. Wir sind zuversichtlich, dass wir unsere Concordes mit Passagieren füllen werden.«

– M. Pierre Giraudet, Präsident von Air France

»Soon there will only be two breeds of airlines – those who have Concorde and those who have not ... We are confident of filling up our Concordes.«

– M. Pierre Giraudet, President of Air France

»Ich freue mich darauf, die Concorde in Betrieb zu nehmen und zu einem Erfolg zu machen. Und ich bin sicher, dass es so sein wird.«

– David Nicolson, Vorsitzender von British Airways

»I look forward to introducing the Concorde into service and making a success of it, and I am sure it will be.«

– David Nicolson, Chairman of British Airways

British airways

Die Mitarbeiter der Concorde-Flotten beider Fluggesellschaften arbeiteten eng zusammen, um die Abflüge so zu koordinieren, damit beide Flugzeuge gleichzeitig starten konnten. Zudem gab eine ständige Telefonverbindung zwischen den Kontrolltürmen auf den Flughäfen Paris Charles de Gaulle und London Heathrow. Die Fluglotsen vereinbarten einen 30-sekündigen Countdown über eine spezielle Frequenz. Während Kapitän Norman Todd die britische Alpha Alpha (Flug BA300) befehligte, hatte der angehende Kapitän Pierre Chanoine die Verantwortung über die französische Fox Alpha (Flug AF085). Beide Piloten standen ebenfalls in Verbindung miteinander, um gleichzeitig ihre Bremsen lösen und zur Startbahn rollen zu können.

Während beide Concorde-Besatzungen ihre Vorflugkontrollen durchführten, trafen die ersten Fluggäste, darunter zahlende Passagiere, Pressevertreter und VIPs, in der Abflug-Lounge ein. Beobachtet von rund 200 Millionen Fernsehzuschauern weltweit setzten sich beide Concordes schließlich in Bewegung, untermalt von der unverwechselbaren Geräuschkulisse ihrer vier Olympus-Triebwerke. Als sie ohne jeden Makel abhoben und ihre Fahrwerke einzogen, wurde das Zeitalter des Überschallpassagierfluges Wirklichkeit.

Ian Kirby, ein späterer Concorde-Flugingenieur, wurde Augenzeuge des Starts von Alpha Alpha von einem Parkplatz in Heathrow aus:

»Ich sah, wie sie anfing zu beschleunigen. Zunächst war dies noch leise, denn es dauerte einige Sekunden, bis die von den mächtigen Olympus-Triebwerken erzeugten Schallwellen meinen Standort erreichten. Als sie ankamen, war dies ein Sound, den kein anderes Flugzeug erzeugen konnte.

Dann schnellte Alpha Alpha mit einem satten Dröhnen und einem gelbbraunen Abgasschleier an mir vorbei. Es sah aus, als würde sie nur langsam abheben, als sie aber dann in der Luft war, stieg sie mit enormer Geschwindigkeit und in einem immer steiler werdenden Winkel in den Himmel. Ich sah dann, wie nach dem Abschalten der Nachbrenner und der damit verbundenen Reduzierung der Triebwerksleistung sich die Farbe der Abgasschleier wesentlich verdunkelte und das Leuchten der Nachbrenner schwächer wurde. Gleichzeitig verringerten sich auch ihr Steigwinkel und ihre Steigrate. Es dauerte einen Moment, bis die Lautstärke der Triebwerksgeräusche auf dem Parkplatz nachließ. Plötzlich war alles so gut wie vorüber, da Alpha Alpha langsam in der Ferne verschwand. Das Flugzeug drehte nach Süden und schließlich nach Osten in Richtung Bahrain. Als ich dann zuhause war, sah ich all dies erneut in den Abendnachrichten.«

Kathy Rhodes, die als Senior Purser (Chefflugbegleiterin) für einen Pan-Am-Flug von London bis Boston eingeteilt war, erlebte den ersten Start von Alpha Alpha von ihrer Boeing 707 in Heathrow aus: »Es war ein routinemäßiger Morgen mit regulärem Transfer zum Flughafen, Briefing und Boarding. Als wir zur Startbahn rollten, stoppte unser Flugzeug auf einmal. Ich wollte gerade nach dem Grund für die Verzögerung fragen, als der Kapitän über die Bordlautsprecher mitteilte, dass wir nach der Concorde als zweites Flugzeug für den Start an der Reihe waren und auf die Startfreigabe warten mussten. Es war geplant, dass die französische Concorde zum gleichen Zeitpunkt in Paris starten sollte wie die britische von London Heathrow aus. Die Franzosen hatten sich aber etwas verspätet. Ich stand von meinem Klappsitz auf und schaute auf beiden Seiten aus den Fenstern unserer Boeing 707.

Obwohl die Concorde nirgendwo zu sehen war, konnte ich die Königliche Familie erkennen, die sich am Rollfeld eingefunden hatte, um Zeuge dieses historischen Starts zu werden. Dann begab ich mich zu unserem Cockpit, von dem ich einen wunderbaren Blick auf diesen schlanken und modernen Überschalljet hatte, welcher der Welt neue Horizonte bescheren sollte. Ich fragte unseren Kapitän, ob er unser Flugzeug in eine Position bringen konnte, von der aus unsere Passagiere die Concorde sehen konnten. Er tat mir den Gefallen und drehte das Flugzeug

Die Concorde Alpha Alpha (G-BOAA) von British Airways startet zu ihrem ersten kommerziellen Flug nach Bahrain. Kathy Rhodes war an Bord der im Hintergrund sichtbaren Pan Am Boeing 707. Sie teilte später mit, wie sie diesen bedeutenden Moment in der Luftfahrtgeschichte erlebte.
[© Adrian Meredith]

Alpha Alpha (G-BOAA) taking off for her inaugural commercial flight to Bahrain. Note the Pan Am Boeing 707 in the background – carrying Kathy Rhodes who later shared how she experienced this significant moment in aviation history.

Concorde personnel from both airlines worked closely together to coordinate the departures so that the two aircraft could take off simultaneously. A telephone link was set up between the control towers at Charles de Gaulle and Heathrow airports, where the air traffic controllers would give a thirty-second countdown over a special frequency. Norman Todd, captain of Alpha Alpha (flight BA300), and Pierre Chanoine, commanding Fox Alpha (flight AF085) and soon-to-be captain, would release their aircraft's brakes at exactly the same instant to begin their takeoff roll and would stay in touch as their aircraft were being pushed back. While the Concorde crews carried out their pre-departure checks, the first passengers, including fee-paying passengers, press and VIPs, assembled in the departure lounge. Watched by more than 200 million television viewers around the world, both Concordes began to roll, accompanied by the distinctive sound of the four powerful Olympus engines. As both aircraft flawlessly took off and began retracting their undercarriages, the age of supersonic air travel became a reality.

Ian Kirby, who later became a flight engineer on board Concorde, experienced Alpha Alpha's take-off from a car park at Heathrow: »I watched as she started to accelerate, initially in near silence. It took a few seconds for the sound to travel from those powerful Olympus engines to my location. When the sound did arrive it was like no other aircraft. Alpha Alpha came past with a very satisfying roar and a faint yellow/brown haze from the exhaust. The rotation seemed fairly slow but she was soon airborne, initially at a fairly gentle angle and then at a much increased angle and a very rapid rate of climb. I noticed the haze of the exhaust change to a much darker colour and saw the glow of the reheats subside as they were selected off and power reduced. At the same time the aircraft reduced its pitch attitude and continued at a reduced rate of climb. It took a while for the sound reduction to be evident in the car park. Suddenly it was nearly all over as Alpha Alpha merged into the distance. The aircraft turned south and then east as it was bound for Bahrain. So it was back home to watch it all again on the evening news.«

Kathy Rhodes, who worked as a senior purser on a Pan Am flight from London to Boston, witnessed Alpha Alpha's take-off for Concorde's inaugural flight from her Boeing 707 at Heathrow: »It was a routine morning: standard transport to the airport, briefing, boarding, and taxiing for take-off. Near the end of our taxi we halted. We sat for a while. I was about to check with the cockpit when the captain came on the PA and announced the reason for the delay. We were second behind Concorde for take-off and had to wait for clearance. The plan was for the French Concorde to take off from Paris at the same time the British were to take off from London's Heathrow airport. The French were running late. I left my jump seat and looked out both sides of our 707. There wasn't any view of the Concorde from either side, but I could see the Royal Family lined up along the tarmac to witness this historic take-off . I went up to the cockpit and from there had a wonderful view of this sleek, modern supersonic jet that was bringing new horizons to the world. I asked the captain if he could manoeuvre our plane so that our passengers could see Concorde. He obliged, angling the aircraft so Concorde was visible out the right side. We let our passengers roam the cabin to get a good view, before we had to buckle in for take-off. We could not see Concorde take off from the cabin, but the roar of those mighty engines could be felt throughout. What an exhilarating experience – and our passengers were all thrilled to be part of it.«

British Airways Alpha Alpha (G-BOAA) went supersonic 1 hour and 20 minutes after her take-off, as she flew out over the Adriatic Sea, before reaching Mach 2. She passed over Lebanon, Syria and Saudi Arabia, then down the Gulf to land at Bahrain at 15:17 GMT – just 3 hours and 37 minutes after beginning her take-off roll at Heathrow. Ali Janahi recalls her arrival: »I remember the

Kapitän Norman Todd (Mitte), Kapitän Brian Calvert (rechts) und Flugingenieur John Lidiard während des ersten kommerziellen Fluges von Concorde Alpha Alpha (G-BOAA) nach Bahrain am 21. Januar 1976. Die Flugbesatzung des ersten französischen Concorde-Fluges am gleichen Tag bestand aus Kapitän Pierre Dudal, dem Concorde-Chefpiloten bei Air France, dem angehenden Kapitän Pierre Chanoine und dem Flugingenieur André Blanc. *[© British Airways]*

Captain Norman Todd (centre), Captain Brian Calvert (right) and Senior Engineer Officer John Lidiard on G-BOAA's maiden British Airways flight to Bahrain on 21 January 1976. Air France's inaugural flight crew consisted of Captain Pierre Dudal, the airline's chief Concorde pilot, soon-to-be Captain Pierre Chanoine and Chief Flight Engineer André Blanc.

soweit zur Seite, bis sie rechts in Sicht kam. Wir ließen unsere Passagiere in der Kabine hin und her laufen, damit sie einen guten Blick auf die Concorde werfen konnten, bevor wir uns alle hinsetzen und anschnallen mussten. Wir konnten den Start der Concorde zwar nicht sehen, spürten aber das Brüllen ihrer mächtigen Triebwerke. Was für eine berauschende Erfahrung. Und unsere Passagiere waren alle begeistert, daran teilgehabt zu haben.«

Alpha Alpha von British Airways erreichte 1 Stunde und 20 Minuten nach ihrem Start über der Adria Überschallgeschwindigkeit. Sie überflog den Libanon, Saudi-Arabien und landete schließlich in Bahrain um 15:17 Uhr GMT (18:17 Uhr Ortszeit) - nur 3 Stunden und 37 Minuten nach ihrem Start in Heathrow.

Ali Janahi erinnert sich an ihre Ankunft: »Ich weiß noch, dass der erste Concorde-Flug nach Bahrain ging und unser Land so in der ganzen Welt bekannt wurde. Wann immer ich mit Leuten in Europa, Asien oder anderswo sprach, fragten sie mich, woher ich stammte. Als ich dann Bahrain sagte, wussten sie sofort, dass dieses das Land war, in das die Concorde zuerst flog, obwohl sie keine Ahnung hatten, wo es eigentlich lag. Auf eine gewisse Weise war dies somit eine tolle Werbung für Bahrain.«

Als die britische Concorde in Bahrain landete, befand sich Kathy Rhodes noch in ihrer Pan Am Boeing 707 auf halbem Weg über dem Atlantik nach Boston: »Unser Flugingenieur bemerkte, dass wenn wir an Bord einer Concorde gewesen wären, wir unser Ziel nun erreicht hätten.«

Inzwischen war auch die Concorde Fox Alpha von Air France auf ihrem wesentlich längeren Flug von Paris nach Dakar (Senegal) und von dort über den Atlantik nach Rio de Janeiro in Brasilien geflogen, wo sie um 19:00 Uhr landete. Als es Abend wurde, war die Welt in ein neues Zeitalter aus Geschwindigkeit und Stil eingetreten, das zivilen Reisenden ermöglichte, schneller und höher als die meisten Militärpiloten zu fliegen und dabei den luxuriösesten Service zu genießen, den beide Fluggesellschaften zu bieten hatten.

Faisal al Mutawa, der kuwaitische Botschafter in Frankreich, lobte die Concorde mit den folgenden Worten: »Sie ist zweifellos ein sehr beeindruckendes Flugzeug, das die sich perfekt in eine multinationale arabische Airline einfügen würde. Die wegen ihrer Sicherheit und Schnelligkeit so bemerkenswerte Concorde ist wirklich ein Ausdruck der Genialität Frankreichs und Großbritanniens.«

British airways

welcome you aboard

their

first Concorde service

Bahrain — London

22nd January, 1976

Aperitifs & Cocktails

Sweet and Dry Vermouth
Campari Soda
Americano . Negroni
Medium Dry Sherry
Dry Martini . Gin . Vodka
Bloody Mary . Old Fashioned . Manhattan
Sours – Whisky . Gin . Brandy
Gin Fizz

Highballs – Whisky . Brandy . Gin . Rum

Champagne Cocktail

Spirits

Whisky – Scotch . Bourbon . Rye
Gin
Vodka

Beers

Ale . Lager

Selection of Soft Drinks

Wines

Champagne
Dom Perignon 1969
Bordeaux
Château Brane Cantenac 1970
Burgundy
Chablis-Laroche et fils 1973

Aperitifs — Champagne

Caviar and smoked salmon canapés

Lunch

Cold breast of chicken with foie gras
and asparagus spears

*

Mixed green salad with
vinaigrette dressing

*

Assorted cheeses

*

Poached orange in grand marnier

*

Coffee

*

Remy Martin Napoleon brandy
Drambuie . Cointreau

*

Havana cigars

Die Menükarte für den ersten Flug von Bahrain zurück nach London am 22. Januar 1976. *[© British Airways]*

Menu for the first flight from Bahrain back to London on 22 January 1976.

first Concorde flight was to Bahrain, and that made Bahrain well known to the world. Whenever I spoke to people in Europe, Asia or anywhere else, they asked me where I was from. When I said Bahrain, even though most people had no clue where Bahrain was, they immediately recognized the name as the first country where Concorde flew. So in a sense it was great PR for Bahrain.«

When the British Airways Concorde landed at Bahrain, Kathy Rhodes was midway across the Atlantic on her flight to Boston in her Pan Am Boeing 707: »The flight engineer noted that if we'd been on Concorde, we'd be there by now.«

Meanwhile, Air France Concorde Fox Alpha (F-BVFA) completed her much longer flight, from Paris to Dakar in Senegal and then across the Atlantic to Rio de Janeiro in Brazil, finally arriving at 19:00. As evening fell, the world passed into a new era of speed and style, allowing ordinary people to fly faster and higher than most military pilots, while enjoying the best luxury service both airlines could provide. His Excellency Faisal al Mutawa, Kuwait's ambassador to France, praised Concorde with the following words: »She is undoubtedly a very impressive aircraft which could perfectly fit in a multinational Arab airline. Remarkable by its safety and speed, Concorde is indeed the expression of the genius of France and Great Britain.«

Linienflüge/ Scheduled Flights

Nachdem die Concorde ihr Lufttüchtigkeitszeugnis im Jahre 1975 erhalten hatte, richteten British Airways und Air France ihren Blick auf die amerikanische Ostküste, besonders auf New York, da diese Metropole als das wichtigste Flugziel für die zukünftigen Concorde-Geschäftsreisenden galt. Da der amerikanische Kongress jedoch Landungen der Concorde in den USA - offiziell wegen der Bürgerproteste gegen den Überschallknall - untersagt hatte, konnte diese begehrte Route über den Atlantik nicht in Betrieb genommen werden. Aus dem gleichen Grund weigerten sich große Länder wie Indien und Australien, der Concorde das Überflugsrecht zu gewähren. Außer New York es gab nicht allzu viele lukrative Destinationen. Darüber hinaus dämonisierten viele Amerikaner das Flugzeug nicht nur wegen seines Überschallknalles, sondern auch aus ökologischen Gründen: Die in den frühen 1970er-Jahren erstarkende Umweltschutz-Lobby brachte ihre Besorgnis zum Ausdruck, dass die Abgase einer weltweit aktiven Flotte mit Hunderten von Überschallflugzeugen, die in einer Höhe von 18.000 Metern flogen, extrem schädlich für die Ozonschicht sein konnten.

Während British Airways am 21. Januar 1976 den Concorde-Linienflugbetrieb von London nach Bahrain aufnahm, startete Air France gleichzeitig mit den Flügen von Paris über Dakar nach Rio de Janeiro. Die Route von Paris nach Caracas in Venezuela (über die Azoren) folgte im April. Während New York der Concorde als Flugziel noch immer verwehrt war, gestattete der US-Verkehrsminister William Coleman ihr immerhin, zum Washingtoner Dulles International Airport zu fliegen. Daraufhin starteten beide Fluggesellschaften mit drei Flügen

Eine Werbeanzeige von Air France kündigt den Linienflugbetrieb der Concorde an. *[© Air France Museum]*

Advertisement announcing Air France's commercial Concorde service.

After Concorde had received her certificate of airworthiness in 1975, British Airways and Air France set their sights on the US east coast, in particular New York as it was considered the number one destination for Concorde's future business travellers. However, the US Congress had just banned Concorde landings in the United States, officially due to citizen protest over sonic booms, so preventing Concorde flying the most coveted route across the Atlantic. Moreover, large countries such as India and Australia refused to grant Concorde overflying rights because of Concorde's sonic boom. Without New York, there weren't too many lucrative destinations left to which Concorde could fly. Also, many New Yorkers demonised Concorde not only for her sonic boom, her noisy engines but also for environmental issues. During the early 1970s the environmental lobby was becoming increasingly vocal, expressing the concern that the exhausts of a global fleet of hundreds of supersonic airliners flying at 60,000 feet could do extreme damage to the ozone layer.

On 21 January 1976 British Airways began its commercial service on the London–Bahrain route and Air France on its Paris–Rio de Janeiro (via Dakar) route. The Paris–Caracas route (via the Azores) began in April. With New York still closed to Concorde, the US Secretary of Transportation, William Coleman, gave her permission to fl y to Washington Dulles International Airport. Both airlines simultaneously began a thrice-weekly service to Dulles in May 1976. However, due to low demand, Air France cancelled its Washington service in October 1982, while British Airways continued it until November 1994.

In February 1977 Secretary Coleman lifted the US ban of New York's John F. Kennedy Airport: »I have decided for the reasons set forth in detail in the opinion to permit British Airways and Air France to conduct limited schedule commercial flights into the United States.« Although New York had banned Concorde locally, that ban came to an end on 17 October 1977 when the US Supreme Court finally decided in favour of Concorde. Despite numerous noise complaints, the noise report concluded that several subsonic aircraft, including the US President's Air Force One, then a Boeing 707, was actually louder than Concorde during

Flugbegleiterin Nicole Méneveux verlässt die Concorde Fox Delta (F-BVFD) nach deren historischem Flug nach New York am 22. November 1977. *[© Nicole Méneveux]*

Flight attendant Nicole Méneveux disembarking Concorde Fox Delta (F-BVFD) after the historic flight to New York on 22 November 1977.

Rechts: Concordes von British Airways und Air France nach ihrer Landung auf dem Washingtoner Dulles International Airport im Mai 1976. *[© Adrian Meredith]*

Right: British Airways und Air France Concordes am Washington Dulles International Airport im Mai 1976.

AIR FRANCE

Werbeplakat von Air France für den Flugbetrieb von Paris nach Rio de Janeiro. *[© Air France Museum]*

Advertisement for Air France's service from Paris to Rio de Janeiro.

Werbeplakat von British Airways für den Flugbetrieb von London nach Singapur. *[© British Airways]*

Advertisement for British Airways' service from London to Singapore.

in der Woche ihren Linienbetrieb dorthin. Während Air France diese Flüge jedoch bereits im Oktober 1982 einstellte, setzte British Airways sie bis November 1994 fort.

Im Februar 1977 hob Verkehrsminister Coleman das Landeverbot für den New Yorker John F. Kennedy Airport mit folgenden Worten auf: »Ich habe beschlossen [...], British Airways und Air France die Erlaubnis zur Durchführung eines eingeschränkten Linienflugbetriebes in die Vereinigten Staaten zu geben.« Als Reaktion auf diese Entscheidung verhängte die Stadt New York ihr eigenes Landeverbot für die Concorde. Am 17. Oktober 1977 erfolgte jedoch auch dessen Aufhebung, nachdem der Oberste Gerichtshof in den USA ein Urteil im Sinne der Concorde gefällt hatte: Trotz zahlreicher Beschwerden wegen Fluglärmbelästigung kam der Untersuchungsbericht zu dem Schluss, dass einige Unterschallflugzeuge, darunter die Air Force One des US-Präsidenten, bei Start und Landung sowie im Unterschallflug sogar lauter als die Concorde waren. Der Linienbetrieb von London und Paris nach New York begann am 22. November 1977. Mit nur wenigen Minuten Abstand landeten die britische und französische Concorde auf dem John F. Kennedy Airport. 15 Jahre nach der Unterzeichnung der britisch-französischen »Entente Concordiale« hatte die Concorde schließlich über einen ihrer größten Widerstände triumphiert.

Nicole Méneveux war von 1976 bis 1992 als Concorde-Flugbegleiterin bei Air France tätig. Da sie bis heute diese 16 Jahre als die wundervollste Zeit ihrer Laufbahn schätzt, erinnert sie sich gerne an den ersten Linienflug von Paris nach New York: »Dies war ein unvergesslicher Tag in der Geschichte der kommerziellen Luftfahrt, und ich hatte die Gelegenheit, an diesem Ereignis teilzunehmen. Obwohl ich vor dem Start vor Freude sehr aufgeregt war, mussten wir alle konzentriert bleiben, um einen perfekten Service während des Fluges zu bieten, da wir schließlich den französischen Verkehrsminister, den Hauptgeschäftsführer von Air France, führende Geschäftsleute und zudem rund 30 Passagiere an Bord hatten, die alle ihren Traum in Form eines Concorde-Fluges verwirklichen wollten.

Wir waren alle sehr beeindruckt, dass ein 81 Jahre alter Herr ebenfalls an Bord war: Es handelte sich um den Luftfahrtpionier Maurice Bellonte, der 1930 als Erster den Nordatlantik von Paris nach New York in einer Breguet XIX überquert hatte. Monsieur Bellonte hatte seit seinem denkwürdigen Flug die enormen Fortschritte in der Luftfahrttechnologie miterlebt.

Unser Start war sehr ergreifend und wir hefteten buchstäblich an unseren Sitzen. Um 11:22 Uhr hatten wir eine Flughöhe von 8.500 Metern erreicht. Als wir die Küste der Normandie überflogen, genossen wir die atemberaubende Aussicht auf die Klippen von Étretat auf der einen Seite und den Blick auf Pointe du Hoc auf der anderen, wo die US-Rangers während der alliierten Invasion am 6. Juni 1944 gelandet waren. Wenig später beschleunigten wir auf Mach 2 und servierten die von Meisterköchen zubereiteten Speisen.

Nachdem wir in den Sinkflug gegangen waren, landeten wir drei Minuten später als geplant, da wir im exakt gleichen Moment wie die aus London eintreffende Concorde der British Airways aufsetzen sollten. Es war ein erhabener Augenblick, als die beiden weißen Vögel nach ihrer Landung majestätisch aufeinander zurollten und sich ihre Nasen fast berührten, so als ob sie sich vor dem Big Apple küssen wollten. Ich

Die britische Concorde Alpha Delta (G-BOAD) trug die Lackierung von Singapore Airlines auf ihrer Backbordseite und die von British Airways auf ihrer Steuerbordseite. *[© Aris Pappas]*

British Airways Concorde Alpha Delta (G-BOAD) painted in Singapore Airlines livery on her port side and in British Airways livery on her starboard side.

Concorde Check-in im Jahre 1978. Der britische Geschäftsmann Fred Finn erhält sein Flugticket. Mit 718 Flügen ist er der meistgereiste Concorde-Passagier aller Zeiten. Der französische Geschäftsmann Pascal Le Borgne ist mit mehr als 400 Concorde-Flügen der meistgereiste Concorde-Passagier bei Air France. *[© British Airways]*

Concorde check-in in 1978. British businessman Fred Finn receives his ticket. With 718 flights, he is the most-travelled Concorde passenger. Pascal Le Borgne, a French businessman, logged more than 400 trips to become Air France's most frequent Concorde flyer.

take-off and landing and at subsonic speeds.

Scheduled service from Paris and London to New York began on 22 November 1977. Within minutes of each other, French and British Concordes landed at John F. Kennedy Airport. Fifteen years after signing the Anglo-French 'Entente Concordiale', Concorde had finally triumphed over one of her major odds.

Nicole Méneveux worked as a Concorde flight attendant for Air France from 1976 to 1992. Cherishing these sixteen years as the best time of her career, she recalls the first commercial Concorde flight from Paris to New York: »This day was a memorable day in the history of commercial aviation, and I had the opportunity to participate in the event. Before take-off, I was very excited but we had to stay focused to offer a perfect service as we were carrying our minister of transport, Air France's general manager, business leaders, the press, and about thirty passengers realizing their dreams of flying Concorde. We were very impressed by the presence of a grand eighty-one-year-old gentleman: aviation pioneer Maurice Bellonte who had performed the first westbound crossing of the North Atlantic, from Paris to New York, in a Breguet XIX in 1930. Monsieur Bellonte had wit-

hatte Tränen in meinen Augen und war nicht die einzige. Wir hatten endlich den Kampf gegen all jene gewonnen, die gegen die Concorde protestiert hatten. Erfreulicherweise waren keine dieser Concorde-Gegner erschienen, die vielleicht Tomaten auf uns geworfen hätten, obwohl uns dies vorher angekündigt worden war und wir dies auch befürchtet hatten. War dies also ein Routinetag für die Concorde? Nein, dies war der erste Linienflug von Paris nach New York.«

Obwohl die Concordes beider Fluggesellschaften identisch waren, gab es einen anderen bedeutenden Unterschied, wie Frank Debouck erklärt: »Dieser bestand in der kürzeren Distanz zwischen London und New York im Vergleich zu der Strecke Paris-New York. Daher war der Flug für die Briten etwas einfacher als für uns Franzosen, da jeder Flug über den Atlantik als »knapp an Treibstoff« galt. Während British Airways zwei Flüge pro Tag anbot, gab es nur einen mit Air France.«

Im Jahre 1977 nutzten British Airways und Singapore Airlines die Concorde Alpha Delta (G-BOAD) für Linienflüge zwischen London und Singapur (über Bahrain). Diese Route war eine Erweiterung der bestehenden Strecke London-Bahrain. Alpha Delta erhielt dahert die Lackierung von Singapore Airlines auf ihrer Backbordseite und die von British Airways auf ihrer Steuerbordseite. Nach einem Disput mit der indischen Regierung, der damit endete, dass die Concorde den indischen Luftraum nicht mit Überschallgeschwindigkeit durchfliegen durfte, wurde diese Route für unwirtschaftlich erklärt und daher 1980 eingestellt.

Zwischen 1978 und 1982 bot Air France zwei Concorde-Flüge pro Woche nach Mexiko-Stadt über Washington D.C. oder New York an. Die damalige weltweite Wirtschaftskrise führte jedoch auch zur Einstellung dieser Route, da die letzten Flüge fast leer waren. Der Flug von Washington oder New York nach Mexiko-Stadt erfolgte mit einer Verringerung der Fluggeschwindigkeit von Mach 2,02 auf Mach 0,95, um so unterwegs Florida mit Unterschallgeschwindigkeit und somit ohne den (verbotenen) Überschallknall überfliegen zu können. Wenn das Flugzeug das offene Wasser erreichte, um den Golf von Mexiko zu überqueren, konnte es wieder auf Überschallgeschwindigkeit beschleunigen. 1978 leaste die amerikanische Fluggesellschaft Braniff International Airways einige Concordes für Unterschallflüge zwischen Dallas Fort Worth und Washington Dulles International Airport. Im Cockpit saßen Crews von Braniff. Air France und British Airways übernahmen dann das Flugzeug für den Weiterflug nach Paris oder London mit Überschallgeschwindigkeit über den Atlantik.

Da sich diese Flüge als nicht wirtschaftlich erwiesen, war Braniff, der einzige US-Betreiber der Concorde, 1980 schließlich gezwungen, seinen Concorde-Betrieb einzustellen. Von 1984 bis 1991 verkehrten Concordes von British Airways drei Mal pro Woche zwischen London und Miami (via Washington). Von 1987 bis 2003 flogen britische Concordes während der Urlaubszeit im Sommer und Winter zum Grantley Adams International Airport auf Barbados in der Karibik.

nessed such vast progress in aviation technology since his memorable flight. The take-off was very emotional and we were literally glued to our seats. By 11:22 we had reached a height of 28,000 feet [8,500m] and as we passed the Normandy coast we enjoyed a breathtaking view of the cliffs at Étretat on one side and La Pointe du Hoc, where the U.S. Rangers had landed during the Allied invasion on 6 June 1944, on the other. We then accelerated to Mach 2 and served the meals prepared by the master chefs. »After going into our descent we landed three minutes later than scheduled in order to land exactly in the same moment as the British Airways Concorde which was making its first flight from London to New York that day. It was a sublime moment when the two white birds majestically rolled toward each other on the tarmac and met nose to nose, as if kissing, in front of the Big Apple. I had tears in my eyes and I wasn't the only one. We finally had won the battle against all the noise protesters and contrary to what had been announced - and what we feared - there were no Concorde opponents waiting to throw tomatoes at us. So, was this just another routine day for Concorde? No, it was the first commercial flight from Paris to New York.«

Although the Concordes of both airlines were identical, there was one other critical distinction as Frank Debouck points out: »The essential difference was the shorter distance between London and New York than between Paris and New York. Therefore, the flight for the British was a little bit easier than for the French as each transatlantic Concorde flight was considered 'short on fuel'. British Airways had two daily flights to New York, Air France had only one.« In 1977, British Airways and Singapore Airlines shared Concorde Alpha Delta (G-BOAD) for commercial flights between London and Singapore via Bahrain. This route was an extension of the existing London–Bahrain route. Alpha Delta was painted in British Airways livery on her starboard side and in Singapore Airlines livery on her port side. After a dispute with the Indian government in which Concorde was not allowed to fly at supersonic speeds in Indian airspace, the route was eventually declared not lucrative and therefore discontinued in 1980. Between 1978 and 1982 Air France operated a Concorde service twice weekly to Mexico City via Washington, DC, or New York City. The worldwide economic crisis during that period, however, resulted in the discontinuation of this route as the last flights were almost empty. The flight from Washington or New York to Mexico City included a deceleration (from Mach 2.02 to Mach 0.95) in order to enable Concorde to overfly Florida subsonically and avoid creating the (prohibited) sonic boom. When the aircraft reached the open water to cross the Gulf of Mexico it could re-accelerate back to supersonic speeds.

In 1978 the US airline Braniff International Airways began leasing various Concordes for subsonic flights between Dallas Fort Worth and Washington Dulles International Airport, flown by Braniff flight crews. Air France and British Airways crews then took over for the continuing supersonic transatlantic flights to London and Paris. With these flights generating no profit Braniff was forced to end its operation as the only US Concorde operator in 1980. From 1984 to 1991 British Airways Concordes operated a thrice-weekly service between London and Miami via Washington Dulles. From 1987 to 2003, during the summer and winter holiday season, British Airways flew once a week to Grantley Adams International Airport in Barbados in the Caribbean.

Am 18. Oktober 1982 landeten eine Concorde von Air France und eine von British Airways gleichzeitig auf dem Orlando International Airport in Florida. Diese öffentlichkeitswirksame Landung war von Disney World organisiert worden. Sie sollte der Ankunft der Sponsoren, die den britischen und französischen Ausstellungspavillon in Disneys neueröffnetem Epcot Center ermöglicht hatten, eine größere Aufmerksamkeit bescheren. *[© Adrian Meredith]*

On 18 October 1982, two Concordes, one from Air France, and the other from British Airways, made a dual simultaneous landing at Orlando International Airport, Florida. This was a publicity stunt organized by Disney World to hype the arrival of the sponsors of exhibits at Disney's newly opened Epcot Center's British and French pavilions.

Musiker begrüßen die Passagiere einer Concorde von Air France in Mexiko-Stadt. *[© Air France Museum]*
Musicians welcome the passengers of an Air France Concorde in Mexico City.

Charterflüge/ Charter Flights

In den 1980er-Jahren mussten British Airways und Air France nach neuen Möglichkeiten suchen, um ihre Concordes profitabler zu machen und so deren Betrieb für die Zukunft zu sichern, da ihre ersten Jahre sich nicht als wirtschaftlich erwiesen hatten. Die einzige regelmäßige Strecke, auf der die Concorde erfolgreich fliegen konnte, war die über den Atlantik von London/Paris nach New York oder Washington und zurück. Um das Potenzial dieser Route bestmöglich auszuschöpfen, entschieden die Concorde-Marketingabteilungen, das Flugzeug als sehr exklusiv anzupreisen und erhöhten zur Erwirtschaftung nachhaltiger Gewinne entsprechend die Ticketpreise.

Da einige Concordes häufig ohne Verwendung in London oder Paris geparkt waren, wurde es möglich, diese zu chartern - jetzt konnte sich jeder mit ausreichend Geld eine ganze Concorde praktisch mieten und mit ihr an einen Ort seiner Wahl fliegen.

Aber auch für viele Normalbürger in Frankreich und Großbritannien, deren Steuergelder den Bau der Concorde überhaupt erst ermöglicht hatten, wurde nun auch der Traum eines Fluges mit ihr wahr: Beispielsweise kostete ein einstündiger Überschallrundflug (»Supersonic Loop«) über dem Meer nur den Bruchteil eines regulären Tickets für den Hin- und Rückflug über den Atlantik. Der internationale Chartermarkt explodierte förmlich, als Unternehmer, Concorde-Fanclubs und Reisebüros aus dieser Möglichkeit Kapital schlugen. Die Charterflüge brachten die Concorde zu mehr als 350 Zielen auf der ganzen Welt, sodass sie nun auch zum Garanten für traumhafte Reiseerlebnisse wurde.

Frank Debouck erinnert sich: »Zusätzlich zu den Linienflügen nach New York organisierte ich zahlreiche Charterflüge. Zu diesen zählten Überschallrundflüge ab Paris, eine schnelle Weltumrundung im Jahre 1999, diverse Werbeveranstaltungen (auch für Pepsi Cola), prestigeträchtige Weltreisen sowie Flüge zu exotischen Zielen wie dem Polarkreis, Ushuaia, der Osterinsel oder Santiago de Chile. Insgesamt flogen wir zu mehr als 150 verschiedenen Destinationen mit den gecharterten Concordes von Air France. Die zahlreichen persönlichen Begegnungen während dieser Flüge hinterließen einen nachhaltigen Eindruck bei mir. Hierzu gehörte ein wirklich einmaliger Flug mit 50 Kindern und ihren 50 Großmüttern aus Großbritannien, um den Weihnachtsmann in Nordfinnland zu treffen. Während Air France und British Airways häufig Charterflüge für dieselben Kunden durchführten, behandelten wir uns gegenseitig mit großem Respekt.«

Für viele Enthusiasten wurde die Concorde selbst zum Ziel. Die innovative und lukrative Nutzung des Flugzeuges wurde zu einem wichtigen Marketinginstrument beider Fluggesellschaften. Der ehemalige Concorde-Pilot Pierre Grange erinnert sich an seine Charterflüge: »Ich flog die Concorde von 1984

During the 1980s, British Airways and Air France had to look for new ways to make Concorde more profitable and to secure her operational future as her early years had not proven economically viable. The only regular route she could fly successfully was the transatlantic route from either London or Paris to New York or Washington and back. To make the best out of this route, Concorde's marketing teams decided to make her very exclusive and put up the prices in order to generate sustainable profits. With some of the aircraft often sitting idle in London or Paris, it became possible to charter Concorde – now anyone with the money could hire a whole Concorde and take her wherever they wanted. For many ordinary people in France and Britain, whose tax money had helped to build Concorde, flying with her became a reality as the ticket prices for an one-hour supersonic flight experience ('supersonic loops') only cost a fraction of the transatlantic round ticket. The charter market exploded as entrepreneurs, Concorde fan clubs, and travel agents cashed in on the new demand. Those charter flights took Concorde to over 350 destinations around the world, thus enabling Concorde to be used for the trip of a lifetime. Frank Debouck remembers: »In addition to the regular flights to New York, I developed numerous charter flights – these included supersonic loops taking off from Paris, the 1999 speed world tour, promotional events including the Pepsi flight, many prestigious

Zertifikate von British Airways und Air France, die den Passagieren die Teilnahme an einem Überschallflug an Bord der Concorde bescheinigten. *[© British Airways / Air France Museum]*

British Airways and Air France certificates confirming a supersonic flight aboard Concorde.

Während des 27-jährigen kommerziellen Concorde-Betriebes gab es nur zwei Pilotinnen – Barbara Harmer (links) von British Airways und Béatrice Vialle (rechts) von Air France.
[Links: © British Airways / Rechts: © Béatrice Vialle]

During Concorde's twenty-seven years of commercial service, there were only two female pilots – Barbara Harmer (left) for British Airways, and Béatrice Vialle (right) for Air France.

bis 1989, zu einer Zeit, als viele und auch sehr unterschiedliche Charterflüge stattfanden. Diese reichten von kurzen Überschallrundflügen bis hin zu 21-tägigen Touren mit einer wohlhabenden Klientel. In jenen Jahren erfolgten auch Präsidentenflüge, da François Mitterrand die Concorde stets für seine Staatsbesuche nutzte. Im Vergleich zu unseren regulären Linienflügen waren all diese Charterflüge etwas Besonderes, da unsere Passagiere sehr enthusiastisch waren und wir zu Destinationen wie beispielsweise Bali, Sydney, Las Vegas oder Kathmandu flogen, die allesamt ungewöhnlich für Air France waren.«

around-the-world tours as well as exotic destinations such as the Arctic Circle, Ushuaia, Easter Island, or Santiago de Chile. All in all we flew to more than 150 destinations on charter flights with Air France Concordes. During these flights, many personal encounters left quite an impression on me, including a very unique flight with fifty British children and their fifty grandmothers to meet Santa Claus in northern Finland. Both Air France and British Airways often made numerous charter flights for the same customers and we were very respectful of each other.«

For many enthusiasts, Concorde herself become the destination. This innovative and lucrative use of Concorde became a major marketing tool for both Air France and British Airways. Pierre Grange, a former Air France Concorde co-pilot remembers his charter flights: »I flew Concorde from 1984 and 1989, at a time when charter flights were numerous and very different. They ranged from the 'supersonic loops' to 21-day world tours with a wealthy clientele. At the time there were also the presidential flights as François Mitterrand always used Concorde for his state visits. All these charter flights were very special compared to regular flights as the passengers were extremely enthusiastic and we flew to unusual places for Air France such as Bali, Sydney, Las Vegas, or Kathmandu.«

Spezielle Flüge/ Special Flights

Neben der Beförderung von Staatsoberhäuptern und Wirtschaftsführern machte die Concorde auch Spezialflüge bei Vorführungen und Flugshows in Farnborough, Paris-Le Bourget sowie bei der Oshkosh AirVenture in den USA. Darüber hinaus kam sie bei nationalen Paraden sowie bei Feierlichkeiten in Frankreich und Großbritannien zum Einsatz. Das Flugzeug diente auch für Werbeaktionen, dem Transport der Olympischen Fackel im Rahmen der XVI. Winterspiele im französischen Albertville 1992 sowie zur Beobachtung von Sonnenfinsternissen (u.a. 1973 und 1999).

Besides carrying heads of state and business leaders, Concorde sometimes made special flights for demonstrations, and air shows such as the Farnborough, Paris-Le Bourget, and Oshkosh AirVenture, as well as national parades and celebrations in France and Britain. The aircraft were also used for advertising purposes, for Olympic torch relays (XVI. Winter Olympic Games in Albertville, France, 1992) and for observing solar eclipses (including 1973 and 1999).

Rekorde/ Records

Die Concorde sah nicht nur wie ein rekordfähiges und ungeheuer schnelles Flugzeug aus, sondern stellte auch zahlreiche Rekorde in der zivilen Luftfahrt auf. Am 13. Februar 1985 flog eine gecharterte Concorde von London Heathrow nach Sydney in Australien einschließlich ihrer Betankungsstopps in nur 17 Stunden, 3 Minuten und 45 Sekunden. Sie stellte auch die offiziellen Fluggeschwindigkeitsweltrekorde in beide Richtungen mit den offiziellen Bezeichnungen »Westbound Around the World« und »Eastbound Around the World« auf.

Anlässlich der Feierlichkeiten zum 500. Jahrestag von Kolumbus' Landung in der Neuen Welt charterte die amerikanische Charterfirma Spirit Tours Sierra Delta (F-BTSD) von Air France und umrundete vom 12. auf den 13. Oktober 1992 von Lissabon aus den Erdball in 32 Stunden, 49 Minuten und 3 Sekunden. Dieser in westlicher Richtung durchgeführte Rekordflug schloss sechs Betankungsstopps in Santo Domingo, Acapulco, Honolulu,

Concorde not only looked like a record-breaking aircraft promising speed, she also delivered numerous records in civil aviation. On 13 February 1985, a Concorde charter flight flew from London Heathrow to Sydney, Australia, in 17 hours, 3 minutes and 45 seconds, including refuelling stops. Concorde also set the official 'Westbound Around the World' as well as the 'Eastbound Around the World' world air speed records. On 12–13 October 1992, commemorating the 500th anniversary of Columbus' landing in the New World, the US-based charter firm Concorde Spirit Tours chartered Air France's Sierra Delta (F-BTSD) and circumnavigated the world in 32 hours, 49 minutes and 3 seconds, from Lisbon, Portugal. This westbound record flight included six refuelling stops at Santo Domingo, Acapulco, Honolulu, Guam, Bangkok, and Bahrain.

Die Concorde während des Fluges mit doppelter Schallgeschwindigkeit – Mach 2. *[© Gérard Duval]*

Concorde flying at twice the speed of sound – Mach 2.

Zum Vergleich: Die erste Mach-Anzeige von British Airways aus den 1970er Jahren (links) sowie die modernste, die bis 2003 in Gebrauch war (rechts). *[Links: © Adrian Meredith / Rechts: © Johnathan Safford]*

In comparison: the early 1970s British Airways Mach meter (left), and the latest Mach meter in use until 2003 (right).

Guam, Bangkok und Bahrain ein. Vom 15. auf den 16. August 1995 stellte Sierra Delta auch den ostwärtigen Geschwindigkeitsrekord während eines Charterfluges für Spirit Tours auf: Diese vom New Yorker John F. Kennedy International Airport ausgehende werbewirksame Erdumrundung gelang in 31 Stunden, 27 Minuten und 49 Sekunden. Sie schloss sechs Betankungen in Toulouse, Dubai, Bangkok, Guam (Andersen Air Force Base) Honolulu und Acapulco ein.

Am 7. Februar 1996 machte die britische Concorde Alpha-Delta (G-BOAD) den schnellsten Transatlantikflug eines Verkehrsflugzeuges von New York JFK nach London Heathrow in nur 2 Stunden, 52 Minuten und 59 Minuten vom Start bis zum Aufsetzen am Zielort (unterstützt durch einen Rückenwind von 282 km/h).

Am 2. März 1999, genau 30 Jahre nach ihrem Jungfernflug 1969, hatte es die Concorde auf insgesamt 920.000 Flugstunden gebracht, von denen sie mehr als 600.000 Stunden mit Überschallgeschwindigkeit geflogen war - viele mehr als alle Überschallflugzeuge in der westlichen Welt zusammen. Während ihres letzten Fluges zum Museum of Flight im amerikanischen Seattle im November 2003 stellte die Concorde Alpha Golf (G-BOAG) von British Airways von New York nach Seattle den Geschwindigkeitsrekord von 3 Stunden, 55 Minuten und 12 Sekunden auf. Aufgrund der Beschränkungen bei Überschallflügen über amerikanischem Territorium erteilten die kanadischen Behörden der Concorde die Erlaubnis, fast während des gesamten Fluges mit Überschallgeschwindigkeit über dünn besiedelte Gebiete in Kanada zu fliegen.

On 15–16 August 1995, Sierra Delta also set the eastbound record under Concorde Spirit Tours charter. This promotional flight circumnavigated the world from New York John F. Kennedy International Airport in 31 hours, 27 minutes 49 seconds. This flight included six refuelling stops at Toulouse, Dubai, Bangkok, Andersen Air Force Base on Guam, Honolulu, and Acapulco.

On 7 February 1996 British Airways' Alpha Delta (G-BOAD) made the fastest transatlantic airliner flight from New York JFK to London Heathrow in just 2 hours, 52 minutes and 59 seconds from take-off to touchdown (aided by a 175 mph or 282 kph tailwind). On 2 March 1999, exactly thirty years after her maiden flight in 1969, Concorde had flown 920,000 hours, with more than 600,000 supersonic – many more than all of the other supersonic aircraft in the Western world combined. On her final flight to the Museum of Flight in November 2003, British Airways' Alpha Golf (G-BOAG) set a New York City–Seattle speed record of 3 hours, 55 minutes and 12 seconds. Due to the restrictions on supersonic flights over US territory, the Canadian authorities granted Concorde permission to overfly sparsely populated Canadian territory for the majority of the journey.

Aus der Sicht des Kapitäns/The Captain's Eye View

»Ob Pilot eines Leichtflugzeuges oder Kapitän des fortschrittlichsten Linienjets – wer hat nicht schon einmal davon geträumt, eines Tages die Concorde zu fliegen? Einige von uns haben diesen Traum verwirklicht.«

– Pierre Dudal, ehemaliger Concorde-Chefpilot bei Air France

»What pilot – from the flyer of a light aircraft to the most braid-decked jetliner captain – has not dreamed of one day piloting Concorde? Some of us have realized this dream.«

– Pierre Dudal, former AF Concorde chief pilot

Kapitän Andrew von British Airways beschreibt einen Überschallflug von London nach New York aus der Sicht der Concorde-Cockpitcrew im Jahre 1977: »Rund 90 Minuten vor dem Start überprüft der Kapitän mit seiner Crew die vorgesehene Flugstrecke im Besprechungsraum. Am Zielort New York ist es laut Wettervorhersage bewölkt mit einer schlechten Sicht von nur einer Meile für den Anflug. Dank unseres Autopiloten ist dies jedoch kein Problem, da er das Flugzeug sogar bei ungünstigeren Wetterbindungen sicher landen könnte. Das Wetter in Montreal, dem Ausweichflughafen für den Notfall, ist hingegen gut.

An unserem Abflugsort London Heathrow herrscht ein nach Westen wehender Wind. Die Startbahn 28 links ist für den Start vorgesehen. Die Crew geht die Schritte für das Lärmminderungsverfahren durch, um eine unnötige Lärmbelastung für die umliegende Region beim Start zu vermeiden. Dann überprüft der Kapitän erneut die geplante Flugroute: Die Concorde soll erst mit Unterschallgeschwin-

digkeit bis zu Hartland Point an der südwestenglischen Küste steigen, dann über dem offen Meer beschleunigen und weiter auf 15.000 Meter auf der Route »Alpha« steigen. Diese Route verläuft südlich von Irland und Neufundland nach Westen und sieht 350 Meilen vor New York die Geschwindigkeitsverringerung vor.

Nach der Bestätigung der erforderlichen Treibstoffmenge begibt sich die Crew zum Flugzeug zur Durchführung der Vorflugkontrolle. Während der Flugingenieur draußen die Betankung überwacht, beginnt der Kopilot eine systematische Überprüfung der einzelnen Systeme. Nach der Betankung führt der Flugingenieur seinen Teil der Checks im Cockpit durch. In der Zwischenzeit hat der Kapitän die Wegpunkte für die Flugroute in die drei Trägheitsnavigationssysteme (INS) eingegeben. Jedes dieser Systeme besitzt ein eigenes, sehr präzise arbeitendes Gyroskop (Kreiselstabilisator) sowie Beschleunigungssensoren, die jede Bewegung des Flugzeuges erfassen. Diese Bewegungen werden als Signale in die drei INS-Computer eingespeist, welche daraufhin automatisch die Fluggeschwindigkeit, den Kurs, die Windwirkung sowie die Flugzeugposition mit der Genauigkeit von einer Zehntel Meile berechnen.

Wenn der Kapitän die Längen- und Breitengrade der einzelnen Wegpunkte entlang der Flugroute in die INS-Computer eingibt, berechnen diese umgehend den erforderlichen Kurs sowie die Entfernung und Flugdauer von einem Punkt zum nächsten. Während des Fluges informieren die Computer die Piloten durch Signale auf ihren Instrumenten, ob das Flugzeug sich zu weit rechts oder links vom Flugkurs befindet. Der Autopilot erhält diese Informationen ebenfalls, um das Flugzeug automatisch von einem Wegpunkt zum nächsten steuern zu können. Für den ersten Abschnitt der Flugstrecke richtet

Die Concorde zeigt ihre anmutige Linienführung. Fotos wie dieses dienten u.a. als Hintergrundbilder in Werbeanzeigen für exklusive Automobile wie z.B. dem BMW M1 im Jahre 1978. *[© Air France]*

Concorde showing her graceful lines. Photos like this were used as a backdrop for advertising images promoting exclusive automobiles such as the BMW M1 in 1978.

A supersonic journey between London and New York, as seen from a Concorde flight deck, was described by Captain Andrew, general manager, flight technical services, British Airways, in 1977: »About ninety minutes before take-off , the captain and crew check the proposed routing in the briefing room. The weather at destination – say New York – is forecast to be cloudy, with a lowish ceiling of 300 feet and poor visibility of one mile for arrival. This is no problem at all with the autopilot that will land the aircraft safely in much worse conditions. Weather at Montreal is good.

London has a westerly wind and Runway 28 left will be used for take-off. The noise abatement procedure is studied and the captain looks again at the route. Climb at subsonic speed to Hartland Point, then accelerate and climb to 51,000 feet on route 'Alpha', which runs south of Ireland and Newfoundland, and then reduce speed some 350 miles from New York. The fuel figure is confirmed and the crew leaves for the aircraft to begin the checks. While the flight engineer supervises fuelling, the co-pilot begins a systematic check of the aircraft systems. Soon the engineer returns to the flight deck to carry out his part of the check. Meanwhile the captain has loaded the en-route waypoints into the three inertial navigation systems (INSs). Each inertial system has its own very accurate gyros and accelerometers that detect any movement of the aircraft. These movements are passed as signals to the three INS computers that calculate automatically speed and track, wind effect, and the aircraft's position to a tenth of a mile. When the captain loads into each INS computer the latitude and longitude of the various points along the route, the computers calculate swiftly the required track and the distance and time to that point. They provide a signal to the pilots' instruments which show whether the aircraft is right or left of track, and to the autopilot, so that the aircraft flies automatically from one waypoint to the next.

The captain will also set up conventional radio aids for the first part of his departure.

The passengers are boarding and the weight and balance sheet is brought to the captain. Doors are closed and the first engine is started. It is 11 a.m. in London and you are due in New York in three hours forty minutes – at 9.40 a.m. New York time. Once all checks are completed and cleared for take-off on the runway, the captain opens the throttles and releases the brakes. Four green lights tell the crew that reheat is operating. This provides extra power. Your feel the tremendous thrust as the four powerful engines accelerate the aircraft swiftly and smoothly down the runway. At 200 mph [320 kph] the captain begins to raise the nose and at 230 mph [370 kph] the aircraft leaves the ground and climbs away. Acceleration is rapid and the initial noise abatement speed of 290 mph [465 kph] is reached as soon as the co-pilot has raised the wheels. Climbing rapidly at this speed, the captain calls for climb power before the first houses are reached. This reduces community noise effectively while providing an adequate and safe climb. Over Woodley radio beacon at 4,000 feet, the air traffic controller clears the aircraft to climb to 26,000 feet to Hartland Point. The visor is raised. There is an amazing noise cut-off when this is done and the flight

Bei 320 km/h hebt der Kapitän langsam die Nase der Concorde. Bei 370 km/h verlässt sie den Boden und steigt mit enormer Beschleunigung in den Himmel. *[© Art Brett]*

At 200 mph [320 kph] the captain begins to raise the nose and at 230 mph [370 kph] Concorde leaves the ground and climbs away with rapid acceleration.

der Kapitän zusätzlich auch seinen Funkkompass zur konventionellen Funknavigation ein.

Während die Passagiere einsteigen, erhält der Kapitän das sog. »Weight and Balance Sheet«, um das genaue Gesamtgewicht des Flugzeuges zu erfahren. Dann schließen sich alle Türen und die Triebwerke werden nacheinander gestartet. Es ist nun 11:00 Uhr morgens in London. Die Landung in New York wird nach einer Flugzeit von 3 Stunden und 40 Minuten um 9:40 Uhr New Yorker Ortszeit erwartet. Sobald alle Checks abgeschlossen sind und das Flugzeug zu seinem Startpunkt gerollt ist, erfolgt die Startfreigabe. Der Kapitän gibt nun Schub und löst die Bremsen. Vier grüne Leuchten signalisieren der Crew, dass die Nachbrenner aktiv sind und zusätzlichen Schub erzeugen.

Während das Flugzeug dank seiner vier kraftvollen Triebwerke stark auf der Startbahn beschleunigt, kann man den ungeheuren Schub spüren. Bei einer Geschwindigkeit von 320 km/h hebt der Kapitän langsam die Nase der Concorde. Bei 370 km/h verlässt sie den Boden und steigt in den Himmel. Die Beschleunigung ist enorm. Der Kopilot fährt das Fahrwerk ein. Nun erreicht die Concorde bei 465 km/h die Geschwindigkeit für das Lärmminderungsverfahren und reduziert ihren Schub, bevor sie die ersten Häuser erreicht. Diese Maßnahme senkt wirksam die Lärmbelastung auf die umliegende Gemeinde, während sich der Steigflug angemessen und sicher fortsetzen lässt. Als die Concorde in einer Höhe von 1.200 Metern das Funkfeuer Woodly überfliegt, erteilen die Fluglotsen ihr die Freigabe, um auf 8.000 Meter in Richtung Hartland Point zu steigen.

Als die Crew das Visier vor dem Cockpit hochfährt, verschwinden die äußeren Windgeräusche und es wird ganz ruhig im Cockpit. Der Kapitän erhöht die Fluggeschwindigkeit auf 735 km/h, um weiter zu steigen. Schließlich aktiviert er den Autopiloten, indem er die Flughöhe auf 26.000 Fuß (8.000 Meter) und die Geschwindigkeit auf 400 Knoten (740 km/h) festlegt und die INS-Navigation einschaltet. Die Concorde ist nun mit vollautomatischer Steuerung, aber stets unter den wachsamen Augen ihrer Crew, auf ihrem Weg nach New York.

Nachdem das Flugzeug die Küste überflogen hat, erfolgt die Freigabe zur Beschleunigung und zum Steigflug auf 15.000 Meter (51.000 Fuß). Der Flugingenieur hat inzwischen begonnen, etwas Treibstoff in den achteren Trimmtank zu pumpen, um die Verlagerung des Schwerpunktes während der Beschleunigung auszugleichen. Bei 8.000 Metern und einer Fluggeschwindigkeit von Mach 0,93 (1.150 km/h) erhöht der Kapitän die Schubleistung. Die Concorde erreicht fast sofort Mach 1 (Schallgeschwindigkeit) und steigt weiter. In der Passagierkabine macht sich die Durchbrechung der Schallgeschwindigkeit nicht bemerkbar. Das Flugzeug erreicht diese Geschwindigkeit, für die es schließlich konstruiert wurde, scheinbar mühelos und fliegt einfach wunderbar.

Sobald sich die Concorde im Überschallflug befindet, bewegt sie sich sehr stabil. Sie kann nun sämtliche atmosphärische Störungen hinter sich lassen, während sie weit über die Wolken hinaus in die Stratosphäre steigt. Der Himmel nimmt nun den dunkleren Farbton an, der Astronauten vertraut ist. In einer weitaus niedrigeren Flughöhe sind verschiedene Unterschallverkehrsflugzeuge ebenfalls auf ihrem Flug nach New York - mit dem Unterschied, dass diese acht Stunden für die Strecke benötigen. Die Concorde überholt eines nach dem anderen und steigt weiter, um ihre Reisehöhe bei Mach 2 zu erreichen. Durch die enorm hohe Geschwindigkeit hat sich die Flugzeugspitze auf 125° Celsius erwärmt.

Während des weiteren Steigfluges reduziert sich aufgrund der Treibstoffverbrennung das Flugzeuggewicht. Die Concorde erreicht nun bei einer maximalen Flughöhe von 18.000 Metern (50.000 Fuß) den Punkt 350 Meilen vor New York, ab dem sie ihre Fluggeschwindigkeit verringern muss.

Obwohl das Wetter in New York noch immer recht neblig ist, stellte dies kein Problem dar. Der Kapitän reduziert den Schub und geht in den Sinkflug in Richtung Funkfeuer Deer Park, von wo die Einweisung für den letzten Flugabschnitt nach New York beginnt. 15 Minuten später weist der New Yorker Fluglotse die Concorde an, den Luftraum von Deer Park zu verlassen und auf einen Kurs in Richtung Landebahn 4 rechts zu gehen.

Nach Aktivierung und Überprüfung der Funknavigation für diesen letzten Flugabschnitt wird der Autopilot auf »Land« (Landung) ge-

stellt. Während sich das Flugzeug auf den Funkleitstrahl für das Instrumentenlandesystem (ILS) einstellt, gibt der Kapitän die Anweisung, das Fahrwerk auszufahren und die Landecheckliste durchzugehen. Dann erfolgt die Absenkung der Nase und des Visiers für eine bessere Sicht während des Landeanfluges. Unter den wachsamen Augen der Crew steuert der Autopilot das Flugzeug entlang des Funkleitstrahls präzise in den Sinkflug.

Sobald die Concorde über der Landebahn ist, verringert sich der Schub für die vollautomatische Landung. Die behutsame Aktivierung der Schubumkehr und der Bremsen bringen sie schließlich zum Stehen. Zu guter Letzt rollt sie zum British Airways Terminal – und dies nur 3 Stunden und 40 Minuten nach ihrem Abflug aus London.«

Concorde-Piloten während ihres regelmäßigen Trainings im Flugsimulator in den 1970er-Jahren. Seitdem hat sich die Simulatortechnologie enorm weiterentwickelt.
[© Air France Museum]

Concorde pilots during their regular simulator training, 1970s. Over time, these machines have become more sophisticated.

deck becomes very quiet. Speed is increased to 460 mph [735 kph] for the climb. The captain selects the autopilot – 26,000 feet on the automatic height capture – 400 knots on the airspeed hold – INS guidance – and Concorde is on its way with fully automatic control, but always under the watchful eye of the crew.

Passing the coast, clearance is received to accelerate and climb to 51,000 feet. The flight engineer has already begun to transfer some fuel to the rear trim tank to compensate for the movement of the centre of lift as speed increases. At 26,000 feet and cruising at Mach 0.93, the captain increases power. Almost immediately you are through Mach 1 – the speed of sound – and beginning the climb. In the cabin the passengers will notice nothing as Concorde passes Mach 1. Concorde moves effortlessly into supersonic speed, to the mode of flight for which it was designed and where it performs so beautifully. Once supersonic, the flight becomes rock steady. Disturbances are left behind as you climb well above the clouds into the stratosphere. The sky takes on that darker hue familiar to astronauts.

Far below, the subsonic airliners are moving out on their eight-hour flight to New York. Concorde swiftly passes each one and is soon 500 miles from London, starting the climbing cruise at Mach 2. The high speed has heated the nose and leading edges of the wings to 125°C. Climbing slowly as weight reduces, the aircraft reaches the deceleration point 350 miles from New York and now at a height of 58,000 feet.

New York weather is still fairly misty, but this presents no problem. Throttle back and the Concorde descends towards the Deer Park radio facility, where all New York procedures begin. Fifteen minutes later the New York controller has instructed the aircraft to leave Deer Park, heading for a landing on Runway 4 right.

The final radios are set and checked. 'Land' mode is selected on the autopilot. As you join the ILS [instrument landing system] radio beam, the captain calls: »Gear down – landing check.« The nose and visor have been lowered to give good vision during the approach and the autopilot steers the aircraft accurately down the beam, watched carefully by the crew.

Over the threshold, throttles close for a fully automatic landing. Gently select reverse thrust and brakes, then taxi in to the BA terminal only three hours forty minutes after leaving London.«

Ein Concorde-Kapitän und ein Mitglied des Bodenpersonals unterhalten sich nach der Landung des Flugzeuges. Die Beziehung zwischen Besatzung und Bodenpersonal war sehr eng.
[© British Airways]

A Concorde captain and a member of the ground staff chat after the aircraft's arrival. The relationship between Concorde's crew and the ground staff was very close.

Passagier bei Mach 2/Mach 2 Passenger

von Ben Wang, Vereinigte Staaten

by Ben Wang, United States

»Wir flogen schneller als die Sonne und ich erhielt eine zusätzliche Stunde in meinem Leben«

»We flew faster than the sun and I gained an extra hour in my life!«

BRITISH AIRWAYS DUPLICATE CPN 01 OF 01
E-TICKET RECEIPT / ITINERARY DATE:08MAY04
ENDORSEMENTS:NO CASH REF ISSUED BY:33993466
TBA
BRITISH AIRWAYS

NAME:WANG/BEN MR
BOOKING REF:YFMZ6K

FROM		TO		FLIGHT	CL	DATE	TIME	ST	BAG
NEW YORK	JFK	LONDON	LHR	BA 174	M	17JUN	1900	OK	2PC
LONDON	LHR	NEW YORK	JFK	BA 1	A	01JUL	1830	OK	2PC

FARE:USD 3991.00 FORM OF PAYMENT CONDITIONS OF
TAXES/FEES/CHARGES: CC VI4313******003709 CARRIAGE MAY BE
YC 5.00 INSPECTED ON
US 13.40 XT 84.07 E-TICKET NUMBER: APPLICATION TO
TOTAL:USD 4093.47 125 240 9483299 BRITISH AIRWAYS

Der E-Ticket-Beleg für Ben Wangs Flug mit der Concorde. Zum Vergleich: Im Jahre 1977 kostete ein einfacher Flug von London nach New York £430. Im Jahre 2003 waren es £4,600. *[Alle Fotos: © Ben Wang]*

The e-ticket receipt for Ben Wang's flight on Concorde. In comparison: in 1977, the one-way fare from London to New York was £430, in 2003 it was £4,600.

Als ein Kind der 1970er-Jahre mit der Begeisterung für Flugzeuge war es schwer, die Concorde zu übersehen. Wer wollte nicht mit ihr fliegen? Ich jedenfalls hatte stets diesen Wunsch. Als im April 2003 die Ankündigung ihrer baldigen Außerdienststellung erfolgte, sagte ich mir: jetzt oder nie. Anfang Mai erwarb ich dann ein spezielles Ticket für einen einfachen Concorde-Flug (World Traveller Economy). Der Flug sollte am 1. Juli als Rückflug von London nach New York stattfinden. Nach meiner Ankunft in London Heathrow begab ich mich zum British Airways Lounge Pavillon, um für meinen bevorstehenden Rückflug einzuchecken. Von dort ging ich zum Molton Brown Spa hinunter, wo sofort ein Duschraum war mich verfügbar war. Auf die Dusche folgte eine Rückenmassage (mit Pam), die so entspannend war, dass ich dachte, ich würde bald einschlafen.

In der Bar im Concorde Room bestellte ich einen chinesischen Garnelensalat und nahm an einem der Tische Platz. Unser Flugzeug Alpha Golf (G-BOAG) traf um 16:50 Uhr ein. Nun herrschte eine große Begeisterung im Concorde Room, in dem sich die mit Kameras ausgerüsteten Touristen mit erfahrenen Geschäftsleuten vermischten, welche nur kurz ein Auge zumachen oder noch etwas Arbeit auf ihren Laptops erledigen wollten.

Being a child of the 1970s and interested in aviation, it was hard not to notice Concorde. Who wouldn't want to fl y on her? I always wanted to. When Concorde's retirement was announced in April 2003, I told myself I had to fl y on her … it was now or never. In early May, I booked the special one-way World Traveller economy Concorde ticket for 1 July. After arriving at London Heathrow Airport I entered the British Airways Lounge Pavilion to check in for my flight. I then went downstairs to the Molton Brown Spa. A shower room was instantly available and after a shower, a back massage (with Pam) followed; it was so relaxing that I thought I was going to fall asleep. At Concorde Room's the bar I ordered a Chinese prawn salad and then grabbed a table. When our aircraft, Alpha Golf (G-BOAG), arrived at 16:50, there was a definite air of excitement in the Concorde Room. Enthusiastic, camera-laden tourists mingled with seasoned businesspeople who just wanted to catch a few winks or get some work done on their laptops. I just stood at the window and stared at my ride of a lifetime. The boarding announce-

Der Concorde Room im Lounge Pavillon.

The Concorde Room at the Lounge Pavilion.

Der große Sitz- und Aufenthaltsbereich im Concorde Room kurz vor dem Abflug.

The main seating area inside the Concorde Room shortly before departure.

Ich stand einfach vor dem Fenster und starrte auf die Concorde in Erwartung des tollsten Fluges meines Lebens. Schließlich kam die Ankündigung zum Boarding des Concorde-Fluges BA 001. Ich ging zu meinem Sitz mit der Nummer 12D, nahm meine Kamera und sagte zu meinem Sitznachbarn, dass ich einige Fotos von der Kabine machten würde. Manche Passagiere ließen sich in ihrem Sitz, auf dem Gang oder neben der Geschwindigkeitsanzeige in der Kabine, auf der die Worte »Welcome to Concorde« zu lesen waren, fotografieren. Ich schaute mir das kleine zweiteilige Fenster an. Während dessen Innenteil ungefähr so groß wie ein normales Flugzeugfenster war, ist der äußere Teil kaum größer als ein Reisepass. Wie mein Nachbar anmerkte, waren die Sitze zwar neu, doch gab es viele Anhaltspunkte dafür, dass wir in einem Flugzeug aus den 1970er-Jahren saßen. Zum Beispiel sahen die Leselampe und der Servicerufschalter über unseren Köpfen schon recht betagt und vergilbt aus. Der Lautstärkeregler für das Audiosystem bestand aus einem Drehknopf.

Kapitän Andy Mills kündigte an, dass wir von Startbahn 27R abheben würden und erläuterte das Lärmminderungssverfahren (das uns zu guten »Nachbarn« machen sollte). Dann nahmen wir unsere vorgesehene Position auf der Startbahn ein - die in mir aufgestaute Vorfreude brachte mich fast um. Als wir um 18:53 Uhr losrollten, hörten sich die Triebwerke genauso an wie bei den Starts der Concorde, die ich zuvor in Heathrow beobachtet hatte - wie ein Kampfjet mit ungeheurer Kraft. Und laut! Ich richtete mich in meinem Sitz auf, um besser sehen zu können, wie wir die Startbahn entlangrasten. Als wir abhoben, bildete sich die Kondensation über dem Flügel. Cool! Fast unmittelbar danach erfolgte die Verringerung der Leistung, sodass sich die Flugzeugnase wieder leicht nach unten neigte.

Kurz darauf begann das Kabinenpersonal fleißig hin und her zu laufen, um das Abendessen zu servieren. Während eine Flugbegleiterin Champagner kredenzte, schenkte eine Kollegin Mineralwasser aus. Als Nächstes folgten Canapés. Dann meldete sich der Kapitän und erklärte, dass er nun die Nachbrenner erneut zur Durchbrechung der Schallmauer aktivieren würde. Nun kam der tollste Teil des ganzen Fluges. Als die ersten beiden der vier

ment for BA 001 Concorde finally came. I took my seat 12D, grabbed my camera and told my seatmate I was going to get photos of the cabin. People were getting photos taken in their seats, in the aisles, and of the cabin speed displays showing 'Welcome to Concorde'. I looked at the small double-layered window. The inside window was about the size of a normal airliner window, but the outside one was only a bit larger than a passport. As my seatmate pointed out, even though the seats were new, there were many clues we were in an aircraft from the 1970s. For example, on the overhead service units the reading lamp and the flight-attendant-call push buttons just looked old and yellowed. The audio adjustment knobs were rotary style. Captain Andy Mills announced we would be taking off on Runway 27R and explained the noise abatement procedures (»to make us more neighbourly«). We took position on the runway and held for a while … the anticipation was killing me. During our takeoff roll at 18:53, the engines sounded exactly as I'd heard when watching Concorde take off at New York JFK: like a fighter jet … pure power. And loud, too! I sat up in my seat for a better look outside to see us speeding down the runway. We rotated and condensation appeared over the wing. Cool! The power was very quickly cut back and we pitched down significantly. Shortly thereafter, cabin service started. The menu was passed out and the cabin staff went into overdrive, running around with our dinner service. One flight attendant served champagne while another served mineral water. Canapés followed. The captain came on and explained the reheats would be coming on again as we went through the transonic region. I thought this was the coolest part of the entire flight. The first pair of reheats came on, and I got a feeling of being pushed from behind. Then the next pair came on, got another kick from behind, and with it a feeling of acceleration. Within seconds, we are through the sound barrier and over Mach 1. The ride was very smooth and there was

Nachbrenner angingen, hatte ich das Gefühl, als würde mich etwas von hinten anschieben. Auch bei der Aktivierung der anderen beiden Nachbrenner spürte ich einen leichten »Kick« von hinten, der von einem Gefühl der Beschleunigung begleitet wurde. Innerhalb weniger Sekunden hatten wir die Schallmauer durchbrochen und flogen nun schneller als Mach 1. Der Flug war angenehm ruhig und in der Kabine war der Überschallknall nicht hörbar. Wir erreichten Mach 1 dermaßen schnell, dass ich den exakten Moment sogar verpasste, weil ich auf die falsche Seite der Anzeige schaute - nämlich auf die Stelle mit der Temperatur und der Geschwindigkeit in Meilen pro Stunde.

Als ich dann die Blitzlichter mehrerer Kameras bemerkte, sah ich rüber zur anderen Anzeige und realisierte, dass wir bereits die Schallmauer durchbrochen hatten. Als Nächstes servierte das Kabinenpersonal Hummer und Taboulé-Salat.

Nach dem Erreichen einer Flughöhe von rund 13.000 Metern um 19:25 Uhr erfolgte, so glaube ich, die Abschaltung der Nachbrenner bei Mach 1,69, weil ich ein leichtes Nachlassen des Schubes spürte. Eine Flugbegleiterin nahm dann meine Bestellung für die Hauptspeise entgegen - ich wählte das Lamm. Um 19:50 Uhr, fast eine Stunde nach dem Start, erreichten wir schließlich Mach 2. Alle unterbrachen kurz ihr Essen und griffen zu ihren Kameras, um Fotos von den Geschwindigkeitsanzeigen zu machen. Als wir uns um 20:02 Uhr noch immer im Steigflug befanden, hatten wir die Wahl zwischen verschiedenen Käsesorten und einem Dessert. Ich entschied mich für Letzteres und wählte Crème brûlée mit Vanille und weißer Schokolade zusammen mit einer Tasse Tee.

Als der Trolley mit den Duty-free-Waren den Gang entlang kam, kaufte ein Passagier von jedem angebotenen Artikel praktisch ein oder zwei Stück. Dies schloss einen begehrten Schottischen Whisky ein, der 1976 speziell für Concorde-Kunden in limitierter Menge abgefüllt worden war. Um 21:39 Uhr meldete sich Kapitän Mills bei einer Flughöhe von 17.000 Metern und erklärte uns, dass wir nun unsere maximale Flughöhe erreichen und unsere Fluggeschwindigkeit verringern würden. Da sich die Erdkrümmung aus einem Fenster nicht allzu gut wahrnehmen ließ, lehnte ich mich zurück, um sie durch zwei Fenster besser erkennen zu können, und nutzte dabei die unteren Fensterrahmen als gerade Referenzlinien.

Während des recht steilen Sinkfluges verringerte sich unsere Geschwindigkeit recht schnell wieder auf Mach 1. Irgendwann nach 22:00 Uhr zeigten die digitalen Geschwindigkeitsdisplays nur noch die Worte »Thank you for flying Concorde« an. Um 22:18 Uhr kam das Fahrwerke raus und wir setzten vier Minuten später auf der Landebahn auf. Die gesamte Flugdauer hatte 3 Stunden und 29 Minuten betragen. Während die Schubumkehr sehr laut war, machte das Flugzeug eine recht starke Bremsbewegung, sodass ich nach meiner Kamera und meinem Notepad greifen musste, damit beide nicht wegrutschten. Dann rollten wir zum Gate bei Terminal 7, wo wir um 22:37 Uhr eintrafen - die Ortszeit in New York war 17:27 Uhr.

no sonic boom to be heard in the cabin (but I already knew that). In fact, we went to Mach 1 so quickly that I had missed the exact moment because I was looking at the wrong side of the display – the side showing temperature and speed in miles per hour. When I saw cameras flashing I looked over to the other display and realized we were through the sound barrier. Now cold appetizers – lobster and tabbouleh salad – were served. After reaching 42,000 feet at 19:25, I think the reheats went off at Mach 1.69, because I felt a bump. Another flight attendant took my order for the entrée. I chose the lamb. At 19:50, almost an hour after takeoff, we finally reached Mach 2. Everyone took a quick break from their meal and grabbed their cameras for photos of the speed displays. At 20:02, we were still climbing when we made our choice of cheese or dessert. I went with dessert – vanilla and white chocolate créme brulée, cassis compote and brandy snap – with a cup of tea. As the duty-free cart moved up the aisle, one man bought pretty much one or two of everything on offer, including the coveted 1976 Concorde limited edition Scotch whisky. At 21:39 and at 57,000 feet, Captain Mills came on and explained we were beginning our deceleration and reaching our highest altitude. The curvature of the earth was not readily visible from one window. It was more apparent when I sat back and looked through both my windows using the bottom frame as a point of reference.

The descent was very steep and we were quickly back down to Mach 1. Sometime after 22:00, the speed displays went off, replaced with, 'Thank you for flying Concorde'. At 22:18, the gears came down and we touched down four minutes later. Total flying time elapsed was 3 hours 29 minutes. The thrust reversers were very loud and there was a lot of braking motion. I had to grab my notepad and camera from the seat next to me so they wouldn't slide off. We made a short taxi to the gate at Terminal 7 where we arrived at 22:27 (local time in New York was 17:27). I had left London at 18:30 and I was now in New York at 17:30. We had flown faster than the sun and I had gained an extra hour in my life! Later I asked Captain Mills what he

Concorde Alpha Golf (G-BOAG) am Gate. Heute ist sie im Museum of Flight im amerikanischen Seattle ausgestellt.

Alpha Golf (G-BOAG) at the gate. Today, she is on display at the Museum of Flight, Seattle, United States.

Eine Concorde setzt nach einem Transatlantikflug auf der Landebahn auf. Dank ihrer geschossähnlichen Schnelligkeit schaffte sie die Überquerung mehr als doppelt so schnell wie ihre Unterschallzeitgenossen. *[© Adrian Meredith]*

Concorde touches down after an transatlantic flight. With her bullet speed, she could cross the Atlantic in less than half the time that her subsonic contemporaries could.

Ich hatte London gegen 18:30 Uhr verlassen und war nun in New York um 17:30 Uhr. Wir waren schneller als die Sonne und ich hatte eine zusätzliche Stunde für mein Leben hinzugewonnen! Später fragte ich Kapitän Mills, welches Flugzeug er nach der Concorde fliegen würde. Er erwiderte trocken: »Die da oben wollen, dass ich einen Bus fliege.« Wir alle kicherten. Ein anderer Fluggast fragte: »Ist das nicht eine Herabstufung?« Der Kapitän antwortete: »Man sollte mich einfach auf die Weide zum Grasen stellen, da ich in sechs Monaten sowie in den Ruhestand gehe.«

Natürlich vergaß ich nicht, mir mein Überschallflugzertifikat abzuholen. Mein Heimflug von New York zum San José Airport in Kalifornien in einer Boeing 757 dauerte fünfeinhalb Stunden. Ich brauche nicht zu erwähnen, dass sich dies wie eine Ewigkeit anfühlte.

Die Vorspeise: Hummer und Taboulé-Salat.

Appetizers: Lobster and tabbouleh salad.

Die Hauptspeise: Lammkotelett mit Thymian und in Brioche gehüllter Kräuterpfannkuchen, serviert mit Ingwer und Johannisbeer-Kompott.

Entrée (main course): New season lamb cutlets with thyme and herb pancake wrapped in brioche, served with ginger and redcurrant compote.

Ben Wang posiert bei doppelter Schallgeschwindigkeit neben der Mach-Anzeige.

Ben Wang poses next to the Mach meter at twice the speed of sound.

was going to fly after Concorde. He responded dryly: »They want me to fly a 'bus'.« We all chuckled. Another person asked: »Isn't that a bit of a downgrade?« The captain replied: »They should just put me out to grass, as I only have six months to go to retirement.« Of course I did not forget to pick up my flight certificate.

The flight back home from New York to San José Airport, California, on a Boeing 757 was five and a half hours' long. Needless to say, it felt like an eternity.

Als Gast im Cockpit/ A Guest in the Cockpit

»Wenn man sich konzentriert, kann man angeblich ein leichtes Ruckeln spüren, wenn das Flugzeug die Schallmauer bei Mach 1 durchbricht, was durch ein Signal auf den Cockpitanzeigen bestätigt wird.«

»They say if you concentrate you can just feel a tiny lurch – matched in the cockpit by a blip on the instruments – as the aircraft punches its way through the sound barrier at Mach 1.«

Für die meisten Menschen ist ein Flug mit der Concorde der Inbegriff von Luxus und Schnelligkeit. Paul Jeffries nimmt all jene, die nie mit ihr fliegen konnten, auf ein Überschallabenteuer mit: »Ein Flug mit diesem Flugzeug war für die meisten Menschen ein einmaliges Erlebnis und eine unvergessliche Erfahrung - nämlich etwas, was sich sonst nur einige wenige Privilegierte erlauben konnten. Seien wir doch ehrlich: Die einzige andere Möglichkeit, um mit doppelter Schallgeschwindigkeit durch den Himmel zu jagen, bot sich nur, wenn man Kampfpilot wurde. Der Unterschied war aber dann, dass man keinen Champagner trinken und sich nicht dabei im Luxus entspannen konnte.

Als ich vor einigen Jahren als Kurier von British Airways World Cargo einige Dokumente nach New York bringen sollte, erhielt ich als Gegenleistung einen Concorde-Flug zum Schnäppchenpreis: Für einen Gesamtflugpreis von gerade einmal £200 konnte ich zusammen mit Topmanagern, Prominenten und gut betuchten Passagieren an Bord des Überschallflaggschiffes von British Airways zum Big Apple fliegen, um dann mit einer Boeing 747 im Unterschallflug zurückzukehren.

Zum Glück konnte ich es arrangieren, den Flug BA003 ausnahmsweise vom Cockpit aus zu erleben. Zusammen mit Kapitän Stuart Bates, dem Ersten Offizier Paul Bandall und dem Flugingenieur Alex Jones saß ich nun also dort, wo sich alles Wichtige abspielte. Dies war selbstverständlich vor dem 11. September 2001. Was für ein Blick das war: Ich saß auf dem Klappsitz und war von zahllosen Zifferblättern, Schaltern, Lampen und Hebeln umgeben, die praktisch alle Flächen im Cockpit bedeckten. Aus Angst, versehentlich gegen einen Schalter zu stoßen und so möglicherweise einen Alarm auszulösen, der zu meinem Rauswurf aus dem Cockpit geführt hätte, machte ich mich so klein wie möglich.

Während Stuart und Paul ihre letzten Vorflugkontrollen durchführten und die temperamentvollen Olympus-Triebwerke nacheinander hochfuhren, blickte ich nach vorne aus dem Cockpitfenster und sah vor der abgesenkten Concorde-Nase in einiger Entfernung die Rollbahn.

»Die Concorde ist zwar ein herrliches Flugzeug, aber sie hält dich ganz schön auf Trab«, teilte Alex mir mit, während er die zahlreichen Instrumente vor sich überprüfte.

Die meisten modernen Flugzeuge verfügen inzwischen über Computer zur Überwachung der zahlreichen technischen Abläufe. Da die Concorde jedoch aus den 1960er-Jahren stammt, mussten alle Einstellungen bei ihr manuell erfolgen. »Im Grunde läuft sie wie ein Uhrwerk«, fügte Alex hinzu, »mit gelegentlichen Ausnahmen.«

Leider ereignete sich an diesem Abend eine solche Ausnahme, da die Überhitzungsanzeige von einem der vier Triebwerke anging. Für einen solchen (äußerst seltenen) Fall hatte die Fluggesellschaft eine Standby-Concorde bereitgestellt.

Nach dem Umsteigen schnallte ich mich erneut auf dem Klappsitz an und setzte meine Kopfhörer auf: Dies war mein Ticket in die sonderbare Welt der Fachsprache zwischen Fluglotsen und Flugcrew. Da wir sehr weit vorne im Flugzeug saßen, war der Geräuschpegel der Triebwerke recht gering. Als die Piloten jedoch die Bremsen lösten,

For most people a trip on Concorde was the epitome of luxury and speed. For those who never got the opportunity of flying on her, Paul Jeffries takes you through the supersonic adventure. »Flying on Concorde was for most people who did so a once-in-a-lifetime thrill, an unforgettable experience, something that a few were privileged to do. Let's face it, the only other way to tear through the skies at twice the speed of sound was to become a fighter pilot - except you wouldn't be able to sup champagne as you relaxed in luxury. I took my opportunity a few years back as a courier for British Airways World Cargo, carrying documents to New York in return for a Concorde ticket at a snip. For just £200 I would join hot-shot executives, celebrities and the generally well-heeled and fl y British Airways' supersonic flagship to the Big Apple, returning by subsonic Boeing 747. The supersonic transatlantic dash is a story told many times before, so I'd arranged to ride up front at the business end of Concorde flight BA003, squeezed into the tiny cockpit – this was before September 11, of course – with Captain Stuart Bates, First Officer Paul Bandall and Senior Flight Engineer Alex Jones, to get a different view.

And what a view it was - at least, what I could see of it. Perched on the jump seat I was surrounded by a myriad of dials, switches, lights and levers that covered virtually every surface of the cockpit. I tried to make myself even smaller for fear of accidentally brushing against one of the controls and perhaps setting off alarm bells that would trigger my expulsion from the cockpit faster than an ejector seat. Looking ahead, between Stuart and Paul as they ticked through the last of their pre-flight checks and fired up the feisty Olympus engines one by one, I could just see the taxiway in the grey distance before Concorde's drooped nose.

»Concorde is a lovely aircraft but it keeps you on your toes,« Alex told me as he checked the plethora of instruments before him. Most modern aircraft have computers to monitor the multitude of technical goings-on but Concorde's 1960s design meant everything was strictly manual. »Generally, it runs like clockwork,« Alex added, »with the occasional exception.« Unfortunately, the occasional exception would be that evening when an overheat light for one of the four engines illuminated during taxiing. The crew decided to call the standby aircraft (a second Concorde ready to be used in case the scheduled one suffered technical problems).

Concorde Alpha Bravo (G-BOAB) took over her sister's duties. I strapped myself into the jump seat and put on a set of headphones - my ticket into the strange world of air-traffic-control-and-flight-crew-tech talk. Sitting so far forward there was relatively little noise from the engines. But releasing the brakes was like letting go of a furious cat and we thundered down the runway at over 200 mph, eating up the tarmac at a dizzying rate, the terminal buildings

erinnerte mich dies an das Freilassen einer wildgewordenen Katze. Wir donnerten nun die Startbahn mit mehr als 320 km/h hinunter, sodass die Terminal-Gebäude und Hotels auf beiden Seiten unscharf wurden. Mein Magen rutschte zuerst in meinem Mund und dann in meine Stiefel, als wir wie eine Rakete in den nächtlichen Himmel aufstiegen.

Während ihres steilen Steigfluges schwenkte die Nase der Concorde nach oben, gefolgt vom Visier, das mit einem surrenden Geräusch einrastete. Wir waren nun bereit für den Überschallflug. Während die erneut aktivierten Nachbrenner uns in Richtung Schallgeschwindigkeit katapultierten, erhielten sie ihre Leistung durch die Einspritzung von Treibstoff in ihre Ausströmdüsen - ähnlich wie die Apollo-Raketen. Wenn man sich konzentriert, kann man angeblich ein leichtes Ruckeln spüren, wenn das Flugzeug die Schallmauer bei Mach 1 (ca. 1.250 km/h) durchbricht, was durch ein Signal auf den Cockpitanzeigen bestätigt wird. Die Nachbrenner blieben solange aktiviert, bis die Concorde eine Geschwindigkeit zwischen Mach 1,4 und Mach 1,7 erreichte. Danach beschleunigte sie langsam weiter auf Mach 2 (ca. 2.500 km/h).

Je höher das Flugzeug flog, desto dünner wurde die Luft und daher der Luftwiderstand geringer. Die Concorde flog in einer Höhe zwischen 16.000 und knapp 18.000 Metern, wo die Temperatur auf bis -70° sinken konnte.

Interessanterweise verbrauchte die Concorde 10,7 metrische Tonnen Treibstoff zur Erreichung von Mach 1,65. Bei dieser Geschwindigkeit erfolgte die Abschaltung der Nachbrenner, um ohne diese weiter zu beschleunigen. Mit dieser Treibstoffmenge konnte eine Boeing 757 laut Alex gut nach Europa fliegen. Nichtsdestotrotz waren sich die meisten Concorde-Passagiere nicht bewusst, dass sie von einer Technik umgeben waren, die eine Ingenieurshöchstleistung darstellte und die sie sicher beförderte. Stattdessen entspannten die Fluggäste sich und ließen sich vom erstklassigen Bordservice verwöhnen.

Auf dem Höhepunkt des Concorde-Zeitalters tranken die Passagiere jedes Jahr rund 1.800 Kisten Champagner, zu denen Unmengen von Kaviar und Räucherlachs gereicht wurden. Es war jedoch nicht der Luxus, der einen Flug mit der Concorde so besonders machte, sondern die Technologie, die es ermöglichte, mit hundert Passagieren schneller als ein Kampfjet über den Atlantik zu fliegen. Es waren auch die Piloten, die das Flugzeug steuerten sowie die Techniker, die es instand hielten. Nicht zuletzt war es die atemberaubende Erfahrung, mit einer der größten Errungenschaften der zivilen Luftfahrt zu reisen und sagen zu können: »Ja, ich bin mit der Concorde geflogen.«

and hotels either side disappearing into a bumpy blur. My stomach was in my mouth and then in my boots as we rocketed into the night sky. Climbing sharply, Concorde's drooping nose was raised and the aircraft's visor whirred upward and snapped into position. We were ready to go supersonic.

The reheats were on, pumping gallons of fuel into the fiery exhaust nozzles on each engine, moon rocket-style, tearing the air with a roar like an Apollo space launch and thrusting us on towards the speed of sound. They say if you concentrated you could just feel a tiny lurch - matched in the cockpit by a blip on the instruments - as the aircraft punched its way through the sound barrier at Mach 1, around 675 mph. The afterburners stayed on until Concorde had reached between Mach 1.4 and 1.7; from there the speeds built slowly to Mach 2 - around 1,350 mph. The higher the altitude, the thinner the air and the less resistance it produces. Concorde flew at between 53,000 and 58,000 feet where the temperature could drop to minus 70°C.

Interestingly, it took 10.7 tonnes of fuel for Concorde to reach Mach 1.65 when the reheats were switched off - enough to carry a Boeing 757 well into Europe, explained Alex. Yet most of Concorde's passengers were sublimely unaware of such a feat of aviation engineering being played out, quite routinely, around them. Instead they were relaxing and soaking up the first-rate inflight service. At the height of its career, Concorde's passengers would sip their way through some 1,800 cases of champagne each year, accompanied by heaps of caviar and smoked salmon. But it's not the luxury that made flying on Concorde so special. It was the technology that made it possible to carry a hundred passengers across the Atlantic faster than a jet fighter, it was the pilots who flew it and the engineers who looked after it. It was the thrill of experiencing one of civil aviation's greatest achievements, and it was the satisfaction of being able to say: »Yes, I flew on Concorde.«

Der exklusivste Platz an Bord der Concorde war ihr Cockpit. *[© Adrian Meredith]*
The most exclusive place on board Concorde was her cockpit.

Eine Unterschallerfahrung/ A Subsonic Experience

von Aris Pappas, Vereinigte Staaten

by Aris Pappas, United States

Während ihre Nachbrenner angingen und sich die Passagiere auf einen kurzen Flug freuten, schnellte die Concorde mit ihrem gewaltigen Brüllen die Startbahn entlang. Die wunderschöne weiße Lackierung auf dem Flugzeug ließ vermuten, dass es sich um eine Concorde von Air France handelte, die die meisten ihrer Fluggäste nach Paris bringen würde. Doch war dieser im Mai 1979 stattfindende Flug keine Beförderung im Namen von Air France, sondern der Flug 54 der US-Fluglinie Braniff International, der am frühen Morgen vom texanischen Dallas in Richtung Dulles Airport bei Washington D.C. abhob. Die Flugcrew und das Kabinenpersonal standen in den Diensten von Braniff, während das Flugzeug die amerikanische Registrierung N94FD trug.

Wie kam es dazu? Braniff wusste, dass die britischen und französischen Concordes nach ihren letzten Flügen des Tages in Dulles »übernachteten«, weil es zu spät für einen Rückflug nach Europa war und die Flugzeuge am nächsten Morgen sowieso in Dulles für ihre Flüge nach London und Paris sein mussten. Nichtsdestotrotz blieb an diesem Tag noch genügend Zeit für einen Flug nach Dallas, wo die Concordes ebenfalls über Nacht bleiben konnten, um dann früh am nächsten Morgen zu starten, um rechtzeitig in Dulles für ihre ersten Transatlantikflüge zu sein. Daher vereinbarten die drei Fluglinien, dass an jedem Abend entweder eine britische oder französische Concorde mit einer voll qualifizierten Braniff-Crew einen Anschlussflug nach Texas durchführte. Der Flug 54 war der Braniff-Flug, der für seinen bevorstehenden Linienbetrieb nach Dulles zurückflog.

Hierzu bedurfte es jedoch der Lösung eines Problems: Die Auflagen der US-Bundesluftfahrtbehörde zwangen die amerikanischen Fluglinien ausschließlich zum Betrieb von Flugzeugen, die in den USA registriert waren. Daher erfolgte jeden Abend in Dulles die formelle Umregistrierung der britischen und französischen Concordes auf Braniff und am folgenden Morgen die erneute Umregistrierung auf British Airways bzw. Air France. Da dieses Arrangement eine veränderte äußere Registrierung an den Flugzeugen erforderte, wurden das »G« oder das »F« mit einem »N« überklebt. Voilà! Aus F94FD wurde somit N94FD.

Die Ticketpreise waren für den kurzen Flug angemessen. Laut der New York Times kostete die einfache Strecke nach Paris $1.038 und $987 nach London, der Flug von Dallas nach Dulles jedoch nur $169. Dank dieses Schnäppchens konnte ich mir ein Upgrade von einem Flug mit einer Boeing 727 auf einen mit der Concorde leisten.

Da Braniff versuchte, hochkarätige Geschäftsleute anzuziehen, die sich auf ihrem Weg nach London oder Paris befanden, sparte man nicht am Service. Die Concorde-Passagiere hatten ihre eigene Lounge in Dallas, wo sie sich an Feingebäck und Champagner erfreuen konnten.

Nun erfolgte unser Transfer zum Flugzeug, welches mich mit seiner Enge überraschte. Bei der Begrüßung sagte uns der Kapitän, dass wir wegen der Geschwindigkeitsbeschränkungen durch die US-Bundesluftfahrtbehörde nicht mit Überschallgeschwindigkeit fliegen durften, aber ungefähr 180 km/h schneller als die Boeing 727 unterwegs sein würden. Daher war unser Flug eine halbe Stunde kürzer als der von anderen Jets auf dieser Route, welche zweieinhalb Stunden benötigten.

Der Menüservice war außergewöhnlich gut. Ich weiß zwar nicht mehr unsere Reiseflughöhe, aber wir konnten sehen, wie wir mehrere Jets des Typs Boeing 727 unter uns überholten. Die Mach-Anzeige in der Kabine kletterte auf Mach 0,97 - und blieb somit nur kurz vor der Schallgeschwindigkeit stehen.

Ich war etwas verlegen, da ich der einzige Passagier war, der in Dulles ausstieg. So viel zu meinen Erfahrungen mit den hochkarätigen Geschäftsreisenden!

With a mighty roar Concorde streaked down the runway, her reheats lit and passengers comfortably anticipating a short flight. The beautiful white livery on the airplane identified it as an Air France airliner, and it would eventually carry most of its passengers to Paris.

But this May 1979 flight wasn't an Air France flight. It was Braniff International Flight 54, an early morning departure from Dallas, Texas to Dulles Airport, Washington DC. The flight and cabin crew were both Braniff , and Concorde was sporting a U.S. registration number, N94FD.

How did this come about? Braniff had noticed that the final flights of the day, by the British and French Concordes, were remaining overnight at Dulles because it was too late for a return trip to Europe and the planes needed to be in place for morning departures to London and Paris. But, there was enough time left in the day for a flight to Dallas, where Concorde could overnight, make an early departure, and be in place for the first morning flights across the Atlantic.

An agreement was reached between the three airlines for either a French or a British Concorde to continue on to Texas every evening, with a fully qualified Braniff crew. Flight 54 was the Braniff flight that would return the aircraft to Dulles in time for its daily labors. One problem had to be overcome: Federal Aviation Authority restrictions required U.S. airlines to fly only U.S.-registered aircraft. As a result, the French and British Concordes were formally re-registered to Braniff every evening at Dulles and then brought back to British and French registry every morning. This arrangement required a change in the outside registration on the aircraft, where a stick-on 'N' covered the 'G' or 'F' on the fuselage. Voilà! F94FD became N94FD. The fares were quite reasonable for the short flight. According to The New York Times, the one-way fares to Paris and London were $1,038 and $987 respectively. But the fare from Dallas to Dulles was only $169. It was that economical bargain that allowed me to upgrade an existing ticket on a scheduled 727 for the Concorde experience. Braniff was trying to attract high-rolling business people headed to London or Paris, so they didn't skimp on the service. Concorde passengers had their own lounge at Dallas, where they could enjoy some pastries and, of course, champagne. At the appointed time we were taken out to the aircraft where I was a bit surprised at the relatively cramped conditions.

The captain welcomed us aboard and told us that we would not be flying faster than the speed of sound, thanks again to restrictions of the Federal Aviation Administration. We would, however, be flying roughly 100 mph faster than the Boeing 727s. In fact, our flight would be about half an hour less than the other jets on the route, whose regularly scheduled flight time was two and a half hours.

The meal service was exceptional. I'm not sure of our cruising altitude, but as promised we were able to watch as we passed 727s well below us. And, our cabin Mach meter got up to .97, just short of the speed of sound. To my embarrassment, I was the only passenger to get off at Dulles. So much for my sharing experiences with the high rollers!

Die Concorde bot Platz für hundert Passagiere in zwei Kabinen.
[Alle Bilder: © Aris Pappas]

Each Concorde had a total of hundred passenger seats in two cabins.

Die Kabine der Concorde von Air France während der 1970er Jahre.

The cabin layout of Air France's Concordes during the 1970s.

Nahaufnahme der Leselampen und der Belüftung über den Köpfen der Passagiere.

Close-up of the cabin's overhead lights and the air ventilation system.

Frühstück an Bord der Concorde.

Breakfast on board Concorde.

Das Kabinenpersonal der Concorde/Working as Cabin Crew on Concorde

»Schließe ich meine Augen, so kann ich noch immer den Schub sowie den Triebwerkslärm beim Startvorgang wahrnehmen. Ich konnte meinen Traum wahrmachen, indem ich mit diesem historischen Flugzeug fliegen und zu seiner Kabinencrew gehören durfte.«

– Suzanne O'Donoghue, frühere Concorde-Flugbegleiterin bei British Airways

»If I close my eyes I can still feel the thrust and noise of the engines as we hurtled down the runway and the realization that I had made my dreams come true to fly and be part of cabin crew on this historic aircraft.«

– Suzanne O'Donoghue, former British Airways Concorde flight attendant

Für zahlreiche Flugbegleiter war die Arbeit an Bord der Concorde die ultimative Erfahrung sowie eine persönliche Erfüllung. Viele fühlten sich bereits privilegiert, wenn sie sich um eine der wenigen freien Stellen bewarben. Unter diesen Kandidaten war auch Suzanne O'Donoghue, die ihre berufliche Laufbahn bei British Airways im Oktober 1984 mit Langstreckenflügen mit der Boeing 747 begonnen hatte. Da es ihr Lebenstraum war, mit der Concorde zu fliegen, konnte sie ihr Glück kaum glauben, als sie die Möglichkeit dazu erhielt: »Ich entschied mich aus zwei Gründen, Flugbegleiterin zu werden: Zum Einen hatte ich gerade eine sechsmonatige Rucksacktour durch Australien hinter mir und war zweifellos vom Reisefieber ergriffen worden. Zum Anderen war meine Schwester gerade Flugbegleiterin bei BA geworden. Viele Jahre hatte ich der Concorde zugeschaut, wie sie aus London Heathrow abflog oder dort eintraf. Mit Ehrfurcht betrachtete ich ihre Anmut und Schönheit, wenn sie mit ihren rotleuchtenden Nachbrennern in den Himmel stieg. 1995 erhielt ich schließlich meine Chance, als BA neue Concorde-Flugbegleiter rekrutierte. Nach meiner Bewerbung durchlief ich zusammen mit anderen Kandidaten das Auswahlverfahren. Dieses war recht intensiv, da wir bei den Vorstellungsgesprächen vor einem Ausschuss sitzen und schriftlich erklären mussten, warum man uns auswählen sollte. Zudem musste unsere Uniform genauso makellos wie unsere Flugkarriere bei BA in den vergangenen zwei Jahren sein. Schließlich erhielt ich meine schriftliche Zusage und so begann mein Concorde-Abenteuer.«

Suzanne erinnert sich, was eine gute Concorde-Flugbegleiterin auszeichnete: »Man musste schnell sein. Zudem brauchte man einen guten Sinn für Humor und musste Freude an einer Arbeit unter beengten Bedingungen und hohen Temperaturen mitbringen.«

For many flight attendants, or cabin crew, it was the ultimate experience and personal fulfilment to work on board Concorde. Many felt very privileged to even apply for one of the few positions available. Among these candidates was Suzanne O'Donoghue who had started her flying career with British Airways in October 1984 on long-haul Boeing 747 aircraft. It had been her life time ambition to fly on Concorde, so when she had the chance to work on her, she couldn't believe her luck: »I decided to become a flight attendant for two reasons: I had just completed six months' backpacking around Australia and I definitely had the travel bug; the other was that my sister had just become a cabin crew member for British Airways. For years I had watched Concorde flying in and out of Heathrow and gazed in awe at her grace and beauty as she leapt into the sky with her burners glowing red. I eventually got my chance in 1995 when BA started to recruit for new cabin crew on board Concorde, I applied and went through the selection process with many other hopefuls. The process was quite intense, we had to sit formal interviews in front of a panel, write about why we should be selected, be immaculate in uniform and have an unblemished flying career with British Airways for longer than two years of service. I received my letter of acceptance and started my adventure flying on Concorde.«

Suzanne remembers what it took to be a good cabin crew member: »You had to be quick! You needed to have a good sense of humour, and enjoy working in cramped, hot conditions. You had to be able to adapt, be friendly and of course you had to have a beaming smile at all times.«

Suzanne O'Donoghue war drei Jahre als Concorde-Flugbegleiterin tätig. *[© Suzanne O'Donoghue]*

Suzanne O'Donoghue was a Concorde crew member for three years.

Ein Zeichen des Stolzes, mit der Concorde fliegen zu dürfen: Suzannes Namensschild. *[© Suzanne O'Donoghue]*

A sign of Concorde pride – Suzanne's name badge.

Video:
Commercial Flight to New York

Siehe Anleitung auf Seite 2.
See instructions on page 2.

Die Arbeit an Bord

»An einem normalen Concorde-Arbeitstag checkte man beim Compass Centre ein und ging zum Besprechungsraum, wo man die anderen Flugbegleiter für den bevorstehenden Flug traf. Da wir an Bord zu sechst waren und uns alle kannten, war der Umgang miteinander leger. Die Concorde-Uniform war mit den anderen Uniformen in der BA-Flotte identisch mit dem einen Unterschied, dass wir ein Namensschild besaßen. Zudem mussten wir unsere Kopfbedeckung während des Ein- und Aussteigens unserer Fluggäste tragen. Der gesamtverantwortliche Flugbegleiter teilte seinen Kollegen und Kolleginnen etwaige Zusatzinformationen mit, wie z.B. die Anwesenheit besonderer Passagiere oder die Mitnahme spezieller Speisen. Dann suchten wir uns unsere jeweiligen Arbeitsbereiche für den Flug aus. Normalerweise kam auch die Cockpitcrew hinzu, um uns die Flugzeit, den Wetterbericht und die ETA (geschätzte Ankunftszeit) am Zielort mitzuteilen. Nachdem wir alle korrekt eingewiesen worden waren, alle Papiere unterzeichnet und das Wechselgeld für die Duty-free-Verkäufe erhalten hatten, bestiegen wir den Crewbus, der uns direkt zum Flugzeug brachte.

Nach dem Einstieg überprüften wir unsere Sicherheitsausstattung sowie die Trolleys. Dann stellten wir sicher, dass die Kabine, die Sitze und die Bordtoiletten makellos waren. In der Concorde Lounge gaben die Passagiere ihre Mäntel ab, die dann vom Bodenpersonal an Bord gebracht wurden, um von uns dann sicher verstaut zu werden. Sogar die Koffer wurden in Taschen mit Reißverschlüssen aufbewahrt, damit sie im Laderaum nicht schmutzig wurden.

Schließlich begrüßten wir unsere Passagiere an Bord. Die vordere Kabine bot Platz für 40 Fluggäste, die hintere für 60. Beide Bereiche erhielten den gleichen Service. Nach dem Boarding boten wir den Passagieren Jahrgangschampagner, Erfrischungsgetränke, heiße Handtücher, die Menükarte oder Zeitungen an. Als Nächstes nahmen wir Bestellungen für Drinks entgegen, die wir nach dem Start servierten. Wenn das Flugzeug dann das Terminal verließ und die Sicherheitseinweisung begann, konnte man die Vorfreude auf den Start spüren.

Nach dem Abheben servierten wir die Drinks auf Silbertabletts, gefolgt von Kaviar-Appetizern mit Perlmuttlöffeln. Nach einer weiteren Runde Drinks begannen wir die Klapptische der Passagiere mit Tischtüchern, edlem Porzellangeschirr und Stoffservietten zu decken.

Die Vorspeise bestand in der Regel aus Seafood, gefolgt von Rinderfilet oder Lamm als Hauptgericht. Zudem boten wir stets Salat an. Danach folgte eine Käseauswahl und Vintage-Portwein. Der Nachtisch bestand aus einem frischen Fruchtsalat. Danach servierten wir Tee und Kaffee mit Petit-Four-Feingebäck. Die Weinkarte bestand nur aus Jahrgangsweinen. Ich erinnere mich an einen langjährigen Kollegen, der mal sagte, dass er im nächsten Leben ein Waschbecken in der Concorde sein wolle, da wir vor jeder Landung die Reste der geöffneten Wein- und Champagnerflaschen im Waschbecken ausschütten mussten. Als das Rauchen an Bord noch erlaubt war, reichten wir unseren Fluggästen auch Zigarren. Zu guter Letzt boten wir die Duty-free-Waren an. Vor der Landung verteilten wir kleine Concorde-Geschenke, zu denen silberne Flachmänner, Flaschenöffner, Adressbücher und Fotoalben zählten.

Da all diese Tätigkeiten in weniger als dreieinhalb Stunden erledigt werden mussten, war dies bei einem vollen Flugzeug mit hundert Fluggästen auch manchmal eine Herausforderung.«

Da der Service und die Speisen an Bord der Concorde während ihrer gesamten Dienstzeit auf höchsten Niveau waren, trug dies zu ihrer Exklusivität bei. *[© Adrian Meredith]*

Throughout Concorde's career her service and food met the highest standards, adding to the exclusivity of a Concorde flight.

Working on board

»A typical day on Concorde would be checking into Compass Centre Crew check-in desk and going to the briefing room where you would meet the other crew on board the flight that day. We had six crew members on board, so it was always informal as we all generally knew each other. The Concorde uniform was the same as other fleets except the name badge; we also had to wear the uniform hat for boarding and disembarking. The in-charge crew member would inform all the crew of any important information that we needed to know, e.g. special passengers that we had or special meals on board. We would then choose our working positions for the flight. The flight deck usually joined us and gave us a flight time, weather report and ETA [estimated time of arrival] into our destination. Once we were all properly informed, paperwork signed and money collected for the duty-free sales, we would all climb onto the crew bus and be taken directly to the awaiting aircraft. As soon as we boarded we would check our safety equipment and the catering trolleys.

We would make sure that the cabin, the seats and the toilets looked immaculate. Concorde passengers would have their coats taken from them in the Concorde lounge and it was the ground staff who brought the coats to the aircraft for us to safely stow them. Even the suitcases were placed in zip-lock bags so that they wouldn't get dirty in the aircraft hold. We would then welcome the passengers on board. The front cabin seated forty passengers and the rear cabin sixty, both cabins receiving the same service. When boarded all the passengers would be offered vintage champagne or soft drinks, hot towels, menus and newspapers. We would then take a drinks order to be served straight after take-off. Then it would be push back and the safety briefing where you would feel the excited anticipation as Concorde prepared for lift-off.

Once airborne we would start the drinks round served on silver trays followed by canapés of caviar with mother-of-pearl spoons. After a second round of drinks we would start to lay up for the meal service with tablecloths and fine china, linen and napkins with buttonholes in. Usually the cold starter would be seafood, followed by a choice of main: fillet of prime beef or game. Salad was also always offered. Then it would be the cheese selection served with vintage port. Dessert would be a fresh fruit salad. After this we would serve tea and coffee with petit fours. The wine list was all vintage. I remember one of our longer-serving crew members saying that he wanted to come back as a Concorde sink when he died, as we had to pour any open bottles of wine and champagne down the sink before landing. We also offered cigars in the days of onboard smoking. Once completed we would offer duty frees. Before landing the crew would hand out Concorde gifts to the passengers which could be silver hip flasks bottle openers, address books, photo albums etc. All of this would have to be completed in under three and a half hours which was sometimes a challenge if you had a full aircraft of hundred passengers.«

»Wenn unsere Passagiere mit einem Lächeln und voller Begeisterung nach der Landung ausstiegen, war dies stets eine Belohnung für uns.«

– Annick Moyal, frühere Concorde-Flugbegleiterin bei Air France

»The smile and enthusiasm of our passengers as they disembarked after landing was always a reward for us.«

– Annick Moyal, former Air France Concorde cabin crew

Annick Moyal begann 1973 mit ihrer Arbeit bei Air France. Als sie fünf Jahre später als Flugbegleiterin auf Langstreckenflügen nach Ostafrika und zum Indischen Ozean tätig war, fragte ihr Vorgesetzter, ob sie zur Concorde wechseln wollte: »Meine Ausbildung begann 1978, als Air France neue Flugbegleiter für die kurz zuvor neu eingerichtete Strecke nach New York benötigte. Eine Concorde-Kabinenattrappe war für zwei Wochen unser Klassenraum. In dieser lernten wir, wie man an einem sehr engen Arbeitsplatz die Trolleys bewegte und unsere Fluggäste bediente. Unser Ausbildungsmotto lautete l'Excellence à la Française.«

Annick beschreibt ihren Arbeitstag an Bord der Concorde: »Nach unserer Flugvorbesprechung sahen wir die Passagierliste durch, um einen Überblick über unsere Gäste zu erhalten. Aus Sicherheitsgründen hatten einige von ihnen - Geschäftsleute, Banker oder Politiker - unter falschem Namen eingecheckt. Auf der Liste waren auch diverse Passagierwünsche aufgeführt. Zu diesen zählten spezielle Vorlieben bei den Speisen oder gewisse Gewohnheiten mancher Fluggäste, die wir besser kennen sollten. Danach begrüßten wir unsere regelmäßigen und neuen Passagiere in der Lounge.

Nach dem Start begannen wir mit unserem Service, indem wir unseren Fluggästen ein Glas Champagner und Kaviar auf Toast anboten. Darauf folgte entweder das Mittag- oder Abendessen, das beispielsweise aus Gänseleberpastete oder Hummer bestand. Auf der Menükarte standen erlesene Speisen bekannter französischer Köche, die vor dem Flug vom Air France Catering Service zubereitet worden waren, sodass wir sie nur noch in der Galley aufwärmen mussten. Zudem konnten wir bei Bedarf auch vegetarische, indische, koschere oder muslimische Gerichte servieren. Nach dem Hauptgericht boten wir verschiedene Käsesorten an. Die Concorde führte die besten französischen Produkte mit, zu denen auch fantastischer Bordeaux- und Burgunder-Wein zählten.

Da die Sicherheitsstandards vor dem 11. September 2001 noch völlig anders waren, war unseren Fluggästen damals noch der Besuch des Cockpits erlaubt.

Mit dem Beginn des Sinkfluges verteilten wir die auszufüllenden Zolleinfuhrformulare und kümmerten uns um diverse Passagierwünsche wie beispielsweise die Organisation eines Hubschrauberfluges vom JFK Airport nach Manhattan oder das Chartern eines Privatflugzeuges. Während des Landeanfluges auf New York sicherten wir noch die Kabine und teilten nach der Landung die Mäntel aus, die wir vor dem Flug verstaut hatten. Wenn unsere Passagiere dann mit einem Lächeln und voller Begeisterung das Flugzeug verließen, war dies stets eine Belohnung für uns.

Die Concorde half mir, mit meinem Ehemann Claude zusammenzukommen. Nachdem wir einander auf einer Dinner Party in einem New Yorker Restaurant vorgestellt worden waren, traf ich ihn zwei Jahre später wieder, dieses Mal als Passagier in der Concorde.«

Claude Moyal erinnert sich an seine Flüge: »Obwohl ich nicht zu

Die Concorde-Flugbegleiterinnen von Air France konnten zwischen verschiedenen Farben bei ihrer Uniform wählen. Die erste Uniform (1976–85) wurde von Patou entworfen, die zweite (1986–94) und dritte (1994–2003) von Nina Ricci. Das Bild zeigt die zweite Uniform. *[© Air France Museum]*

Flight attendants on the Air France Concordes could choose between different uniform colours. The first uniform (1976–85) was designed by Patou, the second (1986–94) and the third (1994–2003) by Nina Ricci. This photo shows the second uniform.

Zwischen Mitte der 1990er Jahre und der Außerdienststellung der Concorde im Jahre 2003 servierten die Flugbegleiter von Air France die Mahlzeiten in Spencerjacken. *[© Air France Museum]*

From the mid-1990s to Concorde's retirement in 2003, male Air France flight attendants wore spencer jackets while serving meals.

Annick Moyal joined Air France in 1973. Five years on, while working as a flight attendant on longhaul flights to East Africa and the Indian Ocean, her supervisor asked her to join Concorde: »My training started in 1978 as Air France needed additional flight attendants for the newly established route to New York. An exact cabin mock-up was our 'classroom' for two weeks. In a few words, we learned how to move the trolleys and serve our passengers in such a narrow working space. Our training motto was 'l'Excellence ˆ la Française'.« Annick describes her working day on board: »After our briefing we would check the passenger list to be aware of our 'guests' of the day.

For security reasons, some of them – businessmen, bankers, politicians – had checked in under assumed names. The list also provided information about various passenger requests such as special menus or certain passengers' habits we should be aware of. We would meet our regular and new passengers in the lounge which was a nice way to greet them. After take-off we would start our service by offering our passengers a glass of champagne and caviar toast points. Then lunch or dinner would follow, which for example could be paté foie gras, lobster or caviar. Our passengers were offered special menus by well-known French chefs, prepared on the ground by the Air France catering department dedicated to our Concorde clients. We only had to warm them up in the galley ovens. Vegetarian, Indian, kosher, or Muslim dishes were available and served upon request. After the meal, we would offer various French cheeses. Concorde carried France's best products including marvellous Bordeaux and Burgundy wines. Before the tragic events of 9/11 security standards were different, so our passengers were allowed to visit the flight deck. As soon as the descent began we handed out customs forms and addressed various individual passenger requests such as finding a helicopter to get from JFK Airport to Manhattan or chartering a private aircraft.

Before touching down in New York, we would secure the cabin and as soon as we had landed, we returned the coats we had collected before the flight. The smiles and enthusiasm of our passengers as they disembarked after landing were always a real reward for us. Concorde helped me get together with my husband Claude. I was introduced to him during a dinner party at a New York restaurant, and I met him again as a passenger on Concorde two years later.«

Claude Moyal remembers his flights: »Although I wasn't one of Concorde's most important passengers, I certainly was one of the most frequent flyers, with about 200 flights. My professional career had been closely connected to the Anglo-Saxon business community: I used to work in the reinsurance sector which is widely unknown to the general public as the business negotiations take place between insurance professionals and their reinsurance counterparts – the reinsurance experts are the financial backers of insurance companies. During the later phase of my career, I worked with the American group 'The Green Stamps Company' (Sperry Hutchinson), in charge of one of its subsidiaries. With reinsurance being an international business I had American and European clients and had to travel across the world to various financial markets: I had two offices in the United States (New York and Los Angeles), and two in Europe (Paris and London). To stay a step ahead of my competitors I used to take Concorde to New York where my head office was located.

After a few days of working there I would go on a regular (subsonic) flight to Los Angeles. When flying with American airlines, their captains would always inform us passengers that there was a Concorde taking off for everyone to see as she seemed to enjoy the privilege of being allowed to depart before all other commercial flights.

Being a Frenchman, one can imagine how proud I was listing to the captain's enthusiastic praise about Concorde... I felt as if I had built that aircraft! I would stop by at my Paris office at 8:30, arrive at CDG Airport for departure at 11:00 and touch down at JFK at 9:00 local time (15:00 Paris time). There, I would work until 16:00 (22:00 Paris time) and then go to my apartment where I would call my L.A. office. Being on two continents on the same day was a privilege only Concorde could offer.

But by the end of the day, I would drop dead in my bed! Although my body would wake me up in the middle of the night at 3:00 New York time, this at least would give me the opportunity to make my mandatory phone calls to my Paris office at 9:00 Paris time. This was a time when video conferencing was not common yet. My intercontinental travellings lasted approximately twelve years, until 1987. The following year I got married to Annick.«

Annick Moyal mit ihrem Ehemann Claude. Sie war von 1978 bis 1989 als Concorde-Flugbegleiterin tätig. *[© Annick Moyal]*

Annick Moyal with her husband Claude. She worked as a Concorde flight attendant from 1978 until 1989.

Die französische Designerin Andrée Putman, die mehrmals selbst mit der Concorde geflogen war, gestaltete die letzte Kabinenausstattung der Concordes von Air France. Sie entwarf auch die Sitze sowie das Essgeschirr. *[© Air France Museum]*

The last cabin design of the Air France Concordes was created by French designer Andrée Putman in the mid-1990s. Putman, who flew with Concorde several times, also designed the seats and the cutlery.

den wichtigsten Concorde-Passagieren zählte, war ich mit rund 200 Flügen einer ihrer häufigsten. Meine berufliche Karriere war eng mit der angelsächsischen Geschäftswelt verbunden, da ich im Rückversicherungssektor tätig war. Dieser ist der Öffentlichkeit wenig bekannt, da die geschäftlichen Abschlüsse zwischen Versicherungsfachleuten und deren Rückversicherungspartnern stattfinden. Die Rückversicherungsexperten übernehmen im Grunde die finanzielle Absicherung von Versicherungsgesellschaften. Im späteren Verlauf meiner Karriere arbeitete ich mit der amerikanischen The Green Stamps Company (Sperry Hutchinson) und leitete eine von ihren Niederlassungen. Da der Rückversicherungssektor ein internationales Geschäft ist und ich Kunden in den USA sowie in Europa hatte, musste ich zu verschiedenen Finanzmärkten auf der ganzen Welt fliegen. Daher hatte ich zwei Büros in Amerika (New York und L.A.) sowie zwei in Europa (Paris und London). Um meinen Mitbewerbern immer einen Schritt voraus zu sein, flog ich mit der Concorde nach New York, wo sich mein Hauptbüro befand. Nachdem ich dort einige Tage gearbeitet hatte, begab ich mich auf einen regulären Unterschallflug nach Los Angeles. Bei jedem Flug mit American Airlines informierte der Kapitän uns Passagiere, wenn eine Concorde für uns alle sichtbar startete, sodass man den Eindruck bekam, dass sie das Sonderrecht hatte, vor allen anderen Flugzeugen abheben zu dürfen. Man kann sich sicher vorstellen, wie stolz es mich als Franzosen machte, den enthusiastischen Lobpreisungen des Kapitäns über die Concorde zuzuhören. Ich hatte somit das Gefühl, als hätte ich das Flugzeug selbst gebaut!

Ich schaute bei meinem Pariser Büro morgens um 8.30 Uhr vorbei, fuhr von dort zum Flughafen Charles de Gaulle, um von dort um 11:00 Uhr abzufliegen und um 9:00 Uhr Ortszeit in New York (15:00 Uhr Pariser Zeit) zu landen. Dort arbeitete ich bis 16:00 Uhr (22:00 Uhr Pariser Zeit) und begab mich dann zu meiner Wohnung, von wo ich mein Büro in Los Angeles anrief. Die Möglichkeit, an einem Tag auf zwei verschiedenen Kontinenten sein zu können, war ein Privileg, das nur die Concorde bieten konnte. Am Abend fiel ich jedoch todmüde ins Bett! Obwohl mein Körper mich dann mitten in der Nacht um 3:00 Uhr New Yorker Zeit aufweckte, konnte ich dann zumindest meine obligatorischen Telefonanrufe nach Paris machen (9:00 Uhr Pariser Zeit). Dies war zu einer Zeit, als Videokonferenzen noch nicht gängig waren. Ich machte diese internationalen Geschäftsreisen für rund zwölf Jahre bis 1987. Im Jahr darauf heirateten Annick und ich.«

Eine Überschallherausforderung/ A Supersonic Challenge

»Sie war komplex und voller Überraschungen. Manchmal war die Flotte wie Gold, manchmal spielten alle fünf Concordes verrückt. Ich fragte mich gelegentlich, ob sie sich untereinander absprachen.«

»She was complex and full of surprises. Sometimes the fleet would be as good as gold, other times all five Concordes would play up. I sometimes wondered if they talked to each other!«

Der Flugingenieur (im Vordergrund) war lange ein wichtiges Mitglied der Cockpitcrew, bis Computer ihn schließlich überflüssig machten. *[© Air France Museum]*

The flight engineer was a key member of the fl ight crew until computers gradually took over.

Flugingenieure

Einst gab es bei Air France und British Airways Hunderte von ihnen. Doch der technische Fortschritt ließ die Zahl der Flugingenieure immer weiter schwinden, sodass sie schließlich nur noch in der Concorde zum Einsatz kamen. Seit der Ära der Wasserflugzeuge in den 1930er Jahren hatten sie eine tragende Rolle während des Flugbetriebes gespielt. Die Außerdienststellung der Concorde 2003 markierte nicht nur das Ende des kommerziellen Überschallflugverkehrs, sondern auch den Bedarf an Flugingenieuren, da die Concorde das letzte Verkehrsflugzeug bei Air France und British Airways war, das ein solches Crewmitglied erforderte.

Der Arbeitstag des Flugingenieurs begann eine Stunde vor dem Start. Er ging dann einen streng geregelten Ablauf mit allen Inspektionen und Vorflugchecks durch. Nach dem Start setzte sich seine Arbeit fort, da er ständig ein Auge auf den Treibstoff, die Hydraulik, die elektrischen Systeme sowie die Triebwerke haben musste. Zudem teilte er sich mit den beiden Piloten die Überwachung der Flugroute sowie die Navigationsaufgaben.

Warren Hazelby war zehn Jahre als Chefflugingenieur bei British Airways tätig: »Das in den 1970er-Jahren eingeführte dreiköpfige Crewkonzept machte es notwendig, Flugingenieure auch in den Bereichen Navigation, Wetterbeobachtung und Flugzeugbetrieb auszubilden. Die Piloten wurden im Gegenzug intensiver mit der Flugzeugtechnik vertraut gemacht. Während die drei Crewmitglieder als Team arbeiteten, war der Kapitän der Gesamtverantwortliche. Diese Konstellation erwies sich als erfolgreich und machte den Flugingenieur zu einem wichtigen Crewmitglied.«

Ian Kirby erinnert sich, warum er Concorde-Flugingenieur werden wollte: »Da ich von ganzem Herzen Ingenieur bin, hätte es mir nicht gereicht, lediglich der Pilot dieser wundervollen Maschine zu sein. Schließlich wollte ich die gesamten technischen Vorgänge im Flugzeug kennenlernen und verstehen, wie sie funktionierten und wissen, was ich tun musste, wenn der Jet mal nicht so funktionierte, wie er sollte.«

Die Concorde besaß viermal so viele Bedienelemente wie die klassische Boeing 747. Nachdem Pierre Grange den Jumbo für Air France geflogen hatte, wurde er 1984 zu einem Concorde-Piloten. Er erinnert sich an seine erste Begegnung mit ihr in Mexiko: »Als ich meine Hand auf die Anzeigetafeln und die Schubregler legte, sagte ich mir, wie es fantastisch wäre, diese Maschine fliegen zu können. Während ich vor der Konsole des Flugingenieurs stand, erkannte ich sofort, wie komplex dessen Arbeit sein musste.«

Patrick Sevestre, ein früherer Concorde-Flugzeugmechaniker bei Air France, stimmt zu: »Die Anzahl der Treibstoffanzeigen und deren Schalter war so überwältigend, dass man erst einmal lernen musste, sich zurechtzufinden.«

Pierre Grange fügt hinzu: »Eine Concorde-Flugcrew ist ein dreiköpfiges Team, in dem jeder seine spezifische Funktion in Koordination mit den beiden anderen Mitgliedern ausübt. Daher mussten wir ständig aufmerksam sein und antizipieren können, was als Nächstes geschah.«

Die Rolle des Flugingenieurs schloss auch die Überwachung des Flugzeugschwerpunktes ein, indem er während des Fluges je nach Bedarf etwas Treibstoff nach vorne oder hinten pumpte.

Da sich die Flugcrew im Laufe der Jahre auf zwei Personen reduzierte, wurde schließlich auch der Flugingenieur überflüssig. Den Anfang vom Ende markierte die Einführung der Boeing 747-400 in den 1980er-Jahren, da dieses Flugzeug erstmalig dort Computer einsetzte, wo zuvor noch der Flugingenieur tätig gewesen war.

Gérard Duval begann seine Karriere als Flugingenieur auf einer

Der frühere Concorde-Flugingnieur Ian Kirby auf dem Pilotensitz. *[© Ian Kirby]*
Former Concorde flight engineer Ian Kirby in the pilot seat.

Flight Engineers

At one time there were hundreds of them at Air France and British Airways. But with the march of technology, the number of flight engineers on board commercial aircraft dwindled until they were only needed on Concorde. They have been an integral part since the flying boat days of the 1930s.

Concorde's retirement in 2003 witnessed more than just the end of commercial supersonic travel. She was the last jet at Air France and British Airways with flight engineers working in the cockpit, so her retirement also marked the end of that role within both airlines. At their peak in the 1980s, Air France and British Airways each had numerous flight engineers. Their working day started about an hour before takeoff, when they would carry out a strictly organized routine of inspections and pre-flight checks. Once airborne, the flight engineer's work continued, constantly monitoring the aircraft's fuel, hydraulics, electrical systems and engines. This also combined the integrated duties of flight path monitoring and navigation, work they shared with the pilots.

Warren Hazelby spent ten years years as British Airways' chief flight engineer: »The three-man crew concept was introduced in the early 1970s and required the flight engineers to be trained on basic navigation, weather and aircraft performance. Pilots were given more in-depth technical knowledge and three crew members worked as a team with the captain in charge. It was a great success and made the flight engineer a key member of the team.« Ian Kirby remembers, why he decided to become a Concorde flight engineer: »I am an engineer at heart and to just be the pilot of such a machine was not enough for me. I had to know and understand Concorde's workings, how she achieved her aims and what to do when she refused to cooperate from time to time.«

Concorde was the supreme example of the flight engineer's art, with four times as many controls as the classic Boeing 747. Pierre Grange

Sud Aviation Caravelle von Air France, gefolgt von verschiedenen Airbus-Verkehrsflugzeugen. Als er in den frühen 1980er-Jahren ausländische Flugcrews auf dem A300 bei Airbus in Toulouse ausbildete, war diese Zeit eine wichtige Erfahrung für ihn: »Als der Airbus A310 den Zulassungsprozess für den Betrieb durch eine zweiköpfige Crew durchlief, absolvierten mehrere Testflugingenieure eine Umschulung zu professionellen Piloten. Ich nutzte also meine Zeit in Toulouse, um die für den professionellen Pilotenschein erforderlichen theoretischen Prüfungen abzulegen und um meine fliegerischen Fähigkeiten auf Leichtflugzeugen zu verbessern (ich besaß nämlich eine Privatpilotenlizenz seit 1973). Toulouse bot mir auch die Gelegenheit, mit der Welt der Testfliegerei in Berührung zu kommen und die früheren französischen Testpiloten Jean Pinet, Gilbert Defer, Henri Perrier und Jean-Pierre Flamand sowie Alan Heywood und Peter Holding von der British Aircraft Corporation kennenzulernen. Im Jahre 1999 wurde ich schließlich zum Concorde-Piloten und flog sie bis 2003.«

Laut Schätzungen waren im Jahre 1980 mehr als 3.000 Flugzeuge mit einem Flugingenieur an Bord in Betrieb. Die Concorde war der letzte Jet, der neben den Piloten auch auf diese Ingenieure angewiesen war. Heute sind sie mehr oder weniger Geschichte.

who was an Air France 747 pilot and who would become a Concorde pilot in 1984, remembers his first visit to a Concorde in Mexico: »I put my hand on the control panels and the throttles and said to myself that it would be amazing to be able to fly this machine. While standing in front of the flight engineer's panel, I immediately understood that the work of the flight engineer must be very complex.« Former Air France Concorde ground engineer Patrick Sevestre agrees: »It is the number of fuel system gauges and switches that is most impressive. You have to find your way around.« Pierre Grange: »A Concorde flight crew is crew of three with each of them performing a specific task as part of the cooperation with the two other flight crew members. Therefore, we always had to be attentive and anticipate what may happen next.«

The flight engineer's role also involved controlling the position of the centre of gravity by moving fuel fore and aft during flight. »That was the ultimate in team work,« Warren Hazelby says. »The movement of the fuel and acceleration/deceleration must be performed in unison to maintain adequate flight control.«

The demise of the flight engineer was pretty well inevitable as the jet age slowly but surely ushered in a change from three-person flight crews to two. Many of the flight engineer's tasks are now performed by computer. The advent of the 747-400 in the 1980s signalled the beginning of the end when Boeing removed the flight engineer panel and systems became computerized.

Gérard Duval began his aviation career as an Air France flight engineer on the Sud Aviation Caravelle and various Airbus airliners. While working as an instructor training foreign flight crews on the Airbus A300 at the Airbus facility in Toulouse, this period in the early 1980s was decisive for him: »While the Airbus A310 was undergoing a two-person flight crew certification, several flight test engineers had begun their conversion courses into professional pilots. I took advantage of my time in Toulouse to take the theory exams for the airline pilot qualification and improve my flying skills on light aircraft (I had held private pilot licence since 1973). Toulouse was also an opportunity to discover the world of flight tests and to meet former French Concorde test pilots Jean Pinet, Gilbert Defer, Henri Perrier, and Jean-Pierre Flamand as well as Alan Heywood and Peter Holding from the British Aircraft Corporation. When I returned to Air France, my conversion to an airline pilot had to wait a while as I was appointed to the technical flight operations department where I wrote and translated the Airbus A310 operating manual. Eventually, I became a Concorde pilot in 1999 and flew her until 2003.«

It is estimated that in 1980 more than 3,000 aircraft carried flight engineers all over the world as part of the crew. Concorde was the last jet to have them flying in the cockpit alongside the pilots. Today they are virtually gone.

Flugzeugmechaniker

Die meisten Menschen, die an der Concorde arbeiten oder mit ihr flogen, erwähnen gerne ihre besondere Beziehung zu diesem Flugzeug. Es gibt aber sicherlich niemanden, der sie besser kannte als die französischen und britischen Mechaniker und Techniker. Diese Fachleute mussten häufig in sehr enge Bereiche des Flugzeuges klettern und manchmal sogar Spiegel benutzen, um die Teile zu sehen, an denen sie arbeiteten. Und anders als bei modernen Jets wie der Boeing 777 gab es kein anschließbares Selbstdiagnosesystem zur Erkennung und Ortung von Problemen. Die Techniker mussten diese von selbst finden und sich dabei auf ihre jahrelange Erfahrung verlassen. »Jeden Tag verfluchten wir sie wegen ihrer Komplexität«, sagt Robin Chatterjee, der Leitende Techniker von British Airways, der jedoch schnell zugibt, wie sehr sie ihm ans Herz gewachsen war. »Auch nach Jahren konnte ich nicht aufhören, sie bei ihren Starts und Landungen einfach nur zu bewundern.« Karl Howard-Norris stimmt ihm zu, dass sie sie eine Herausforderung darstellte: »Sie war komplex und voller Überraschungen. Manchmal war die Flotte wie Gold, manchmal spielten alle fünf Concordes (von ursprünglich sieben) verrückt. Ich fragte mich gelegentlich, ob sie sich untereinander absprachen!«

Techniker Miles Jordan wartete die Concorde an einigen sehr exotischen Orten wie Rom, Kairo und Nairobi, da diese zu ihren Flugzielen zählten. In Nairobi wurde sie bei ihrem ersten Besuch von Menschenmassen umzingelt. Das Wetter stellte häufig eine zusätzliche Herausforderung dar. Miles erinnert sich an den Austausch einer Hydraulikpumpe in Bahrain, wo er an einem heißen Triebwerk bei einer Umgebungstemperatur von 44° Celsius arbeiten musste: »Ich musste mir auf meine Hände pusten, um sie etwas abzukühlen, während ich die Schrauben und Muttern löste.« Nichtsdestotrotz hätte er diese Erfahrung um nichts auf der Welt verpassen wollen: »Ich habe an der Concorde seit ihrer Bauphase gearbeitet und sie während ihrer gesamten Dienstzeit begleitet - für mich ist sie ein wundervolles Flugzeug.«

Patrick Sevestre begann seine Laufbahn im Alter von 15 Jahren beim Air France Ausbildungszentrum für Flugzeugtechnik. Nachdem er an der Sud Aviation Caravelle sowie an mehreren Verkehrsflugzeugen von Airbus und Boeing gearbeitet hatte, war er als Flugzeugmechaniker für die Wartung der französischen Concordes ebenfalls an exotischen Orten tätig. Zu diesen zählte die senegalesische Hauptstadt Dakar, die als Zwischenstopp für die Flüge nach Rio de Janeiro diente.

Heute ist Patrick Mitglied eines ehrenamtlichen und engagierten Teams, das die beiden Concordes im Musée de l'air et de l'espace in Le Bourget bei Paris instand hält. Bei diesen Flugzeugen handelt es sich um den Prototypen 001 sowie um die Serienmaschine Sierra Delta von Air France. Auf die Frage, was einen guten Concorde-Mechaniker oder -Techniker ausmacht, antwor-

Zwei Concordes von Air France in ihrem Wartungshangar. [© Jean-Philippe Lemaire]

Two Air France Concordes inside their maintenance hangar.

tet er: »Man musste bestens mit den Flugzeugsystemen vertraut sein. Zudem musste man alle Probleme sowie die dann durchgeführten Reparaturen und Wartungstätigkeiten umfassend protokollieren können. Nicht zuletzt musste man alle verschiedenen Probleme gut einordnen können, um die richtigen Lösungen während der Analyse zu finden.«

Der frühere Techniker Ricky Bastin von British Airways beschreibt einen typischen Arbeitstag: »Nach der regulären Wartung, die nach jedem Flug anfiel, zogen wir die Concorde aus dem Hangar zum Technikbereich, wo sie für ihren nächsten Flug vorbereitet wurde. Dort erfolgte die Betankung, die Kabinenreinigung sowie die Verstauung der Mahlzeiten in der vorderen und hinteren Galley. Gleichzeitig fand ein intensiver Check der verschiedenen Flugzeugsysteme statt, damit wir mögliche Probleme früh genug erkennen und vor dem Flug beheben konnten. Meine Aufgabe war es, die beim letzten Flug entstandenen Defekte zu überprüfen und sicherzustellen, dass sie entsprechend behoben worden waren, damit das Flugzeug einsatzfähig war. Als Nächstes wurde die Concorde zum Terminal gebracht, wo ich mit meinem Team einen

Ground Engineers

Most people who have worked on Concorde talk about their special relationship with the aircraft, but perhaps none knew her quite so well as the French and British engineers who knew her - quite literally - inside out. Concorde engineers had to work in tight spaces, sometimes using mirrors to see the parts they were working on. And unlike modern aircraft like the Boeing 777, there was no

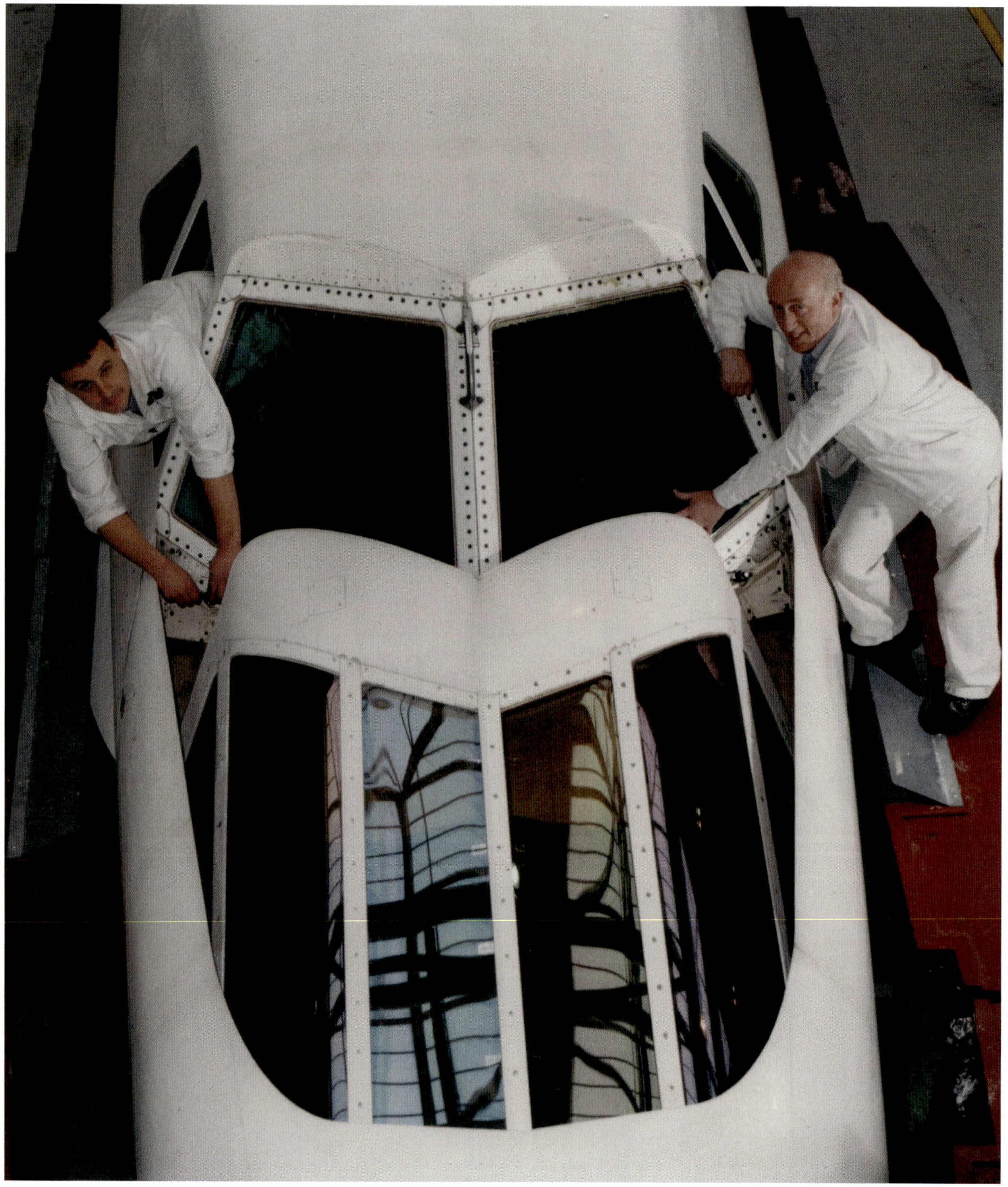

Viele Konstruktionselemente der Concorde wie die absenkbare Nase und das einfahrbare Visier stellten einzigartige Wartungsanforderungen an die Techniker. [© Adrian Meredith]

Many of Concorde's design features, such as the droop nose and sliding windscreen (visor), presented engineers with unique maintenance tasks.

weiteren Systemcheck durchführte. Wenn die Besatzung dann kurz darauf eintraf, übergaben wir ihr den Jet. Danach warteten wir bis zum Abflug im Concorde Tech Room, ob über Funk eventuelle Probleme durchgegeben wurden.«

Patrick Sevestre beschreibt, was er und seine Kollegen bei Air France zu tun hatten, nachdem die Concorde gelandet war: »Sobald das Flugzeug auf dem Parkplatz angekommen war, gingen wir zusammen mit der Flugbesatzung die Aufzeichnungen durch, die sie während des Fluges gemacht hatten, und besprachen eventuell aufgetretene technische Defekte. Hierbei mussten wir jede Notiz berücksichtigen und jedes Problem vor dem nächsten Flug komplett aus der Welt schaffen.«

Obwohl die Concorde ein sehr anspruchsvolles Flugzeug war, betont Ingenieur Chris Hadjigeorgiou von British Airways, dass es wichtig sei, all die guten Dinge an ihr in Ehren zu halten: »Für die kommenden zwei oder drei Generationen werden wir voraussichtlich kein neues Überschallflugzeug sehen. Und obwohl die Menschen diesen weißen Vogel so sehr lieben, sollten wir wegen seiner Außerdienststellung nicht allzu traurig sein.«

plug-in self-diagnostic equipment to locate a problem - the engineers had to track it down themselves, using knowledge and experience accumulated over many years. »We cursed her every day for her complexity,« says British Airways senior technician Robin Chatterjee who can't stifle his affection for long. »Even after all that time, I couldn't stop admiring her when she came in to land or took off .« And the challenges of working with supersonic technology had been there from the start, going back to the pioneering days of André Turcat and Brian Trubshaw. Karl Howard-Norris agrees that she was a challenging aircraft. »She was complex and full of surprises. Sometimes the fleet would be as good as gold, other times all five (of originally seven Concordes) would play up. I sometimes wondered if they talked to each other!«

Overseas engineer Miles Jordan maintained the aircraft at some of the exotic destinations she flew to including Rome, Cairo and Nairobi, where she was swamped by a sea of people on her first visit there. The weather often posed an additional challenge. He remembers changing a hydraulic pump in Bahrain where he had to deal with a hot engine in ambient temperatures of 44° centigrade. »You ended up blowing on your hands to keep them cool to undo the nuts and bolts,« he said. But he would not have missed it for the world. »I have worked on Concorde from the build, right through her life, and I think she is a wonderful aircraft.«

Patrick Sevestre started his career at the Air France training centre for aircraft mechanics at the age of fifteen. After working on the Sud Aviation Caravelle as well as on Boeing and Airbus airliners, Patrick eventually maintained the French Concordes as a ground engineer in equally exotic places, such as the Senegalese capital Dakar which served as a stopover for the Rio de Janeiro flights. Today, Patrick is a member of a team of dedicated volunteers caring for the two Concordes on display at the Musée de l'air et de l'espace at Le Bourget near Paris, one being the

prototype 001 and the other the Air France production aircraft Sierra Delta. Asked what in his opinion makes a good ground engineer, he answers: »Generally speaking, it is the knowledge of the aircraft's systems and the associated record-keeping. More specifically, it is an awareness of various problems and the response thereof in the analytical processes and the ability to maintain a balanced perspective.

Former British Airways ground engineer Ricky Bastin summarizes a typical working day: »Concorde would be rolled out of the hangar following her regular post-flight maintenance. The aircraft would then be towed from the engineering area where she would be prepared for flight. The aircraft would be refuelled, the cabin 'prepped' for service by cleaning staff and the catering would be loaded into the forward and rear galleys. While all this was going on, ground engineers would carry out a thorough check of the aircraft's various systems, to get early warning of any issues that would need to be addressed before flight. One hour before departure the flight and cabin crews arrive to prepare the aircraft and cabin for flight. For my own description, I'd look at the defects that were outstanding from the previous night, ensure that there were resources in place to address these, and make sure that the service aircraft were serviceable. Once the aircraft had been towed from the airline's engineering base I would travel to the terminal with my team, and on arrival carry out the systems checks before the crew arrived, handing the aircraft over to them. Between now and departure my team and I would wait in 'Concorde Tech', and listen out for any problems on VHF radio.«

Patrick Sevestre describes what he and his team at Air France had to do after Concorde's landing: »As soon as the aircraft had arrived at the parking space, it had to be 'responsive' for the technical debrief. Therefore, we met with the flight crew to go through their notes taken during the flight and discuss technical problems that might have occurred. Each note had to be addressed and each problem had to be completely taken care of before the next flight which meant that we sometimes were busy working on the aircraft for many hours.« Although Concorde was a very demanding aircraft, British Airways fleet planning engineer Chris Hadjigeorgiou stresses that it is important to celebrate all the good things about her: »We probably won't see another supersonic aircraft for two or three generations. People love this white bird - but we needn't be too sad.«

Patrick Sevestre als Concorde-Mechaniker in Dakar im Jahre 1982. *[© Patrick Sevestre]*

Patrick Sevestre as a Concorde ground engineer in Dakar, 1982.

Flugzeugmechaniker Carl Percy von British Airways setzt ein Endoskop ein, um das Innere eines Triebwerkes zu untersuchen. *[© Adrian Meredith]*

Concorde ground engineer (BA) Carl Percy uses a borescope to carry out an internal inspection of one of the engines.

DIE CONCORDE ALS IKONE

CONCORDE AS AN ICON

»Bis heute ist die Concorde dank ihrer Leistungsfähigkeit und Ästhetik unübertroffen. Sie wird auf ewig der Heilige Gral aller Piloten bleiben.«

– Béatrice Vialle, frühere Concorde-Pilotin bei Air France

»Unrivalled to this day for her performance and aesthetics, Concorde will remain a pilot's grail for eternity.«

– Béatrice Vialle, former Air France Concorde pilot

[© Rob Neil]

Die Concorde schnellt die Startbahn entlang, um kurz darauf abzuheben: Ein Moment größter Euphorie. *[© British Airways]*

Concorde speeds down the runway for take-off – a moment charged with excitement.

Die Concorde, schlank und schnittig, war ein Flugzeug, wie es die Welt zuvor noch nicht gesehen hatte. Dank ihrer einzigartigen Erscheinung und Schnelligkeit beflügelte sie die Fantasie der Menschen. Das Streben ihrer Entwickler nach der perfekten aerodynamischen Form führte auch zu einem anmutigen und zeitlosen vogelähnlichen Look, der auch heute noch genauso markant und elegant ist wie am Tage ihrer Vorstellung im Jahre 1967. Ihr Ruf als Ikone der Luftfahrt rührt unter anderem daher, dass sie für mehr als ein Vierteljahrhundert als repräsentatives Flaggschiff für Air France und für British Airways diente. Wenn die Menschen über die Concorde sprechen, beschreiben sie diese so, als wäre sie ein Star von Weltrang - graziös, glamourös und mit Klasse.

Während die Concorde abhebt, ist kondensierende Luft über ihren Deltaflügeln sichtbar. *[© British Airways]*

Concorde rotates and condensation appears over her delta wing.

Sleek and slim, Concorde was unlike anything anyone had ever seen before. She captured the public's imagination for her looks as much as for her speed. The designers' quest for the perfect aerodynamic shape also led to a beautiful and timeless birdlike look that remains as eye-catching and elegant today as it was when it was rolled out in 1967. It is testament for Concorde's iconic reputation that she served as the flagship for Air France and British Airways for more than a quarter of a century. When people talk about her, they describe her the way one might describe an international superstar: graceful, glamorous and classy.

[© Adrian Meredith]

»Wie manche Concorde-Piloten zu sagen pflegten:
Es gibt weniger von uns auf der Welt als Astronauten!«

– Iona Ferguson, frühere Concorde Flugbegleiterin bei British Airways

»As some of the Concorde pilots loved to say:
'There are fewer Concorde pilots in the world than there are astronauts!'«

– Iona Ferguson, former British Airways Concorde flight attendant

[© Adrian Meredith]

Der Rumpf der Concorde dehnte sich während des Überschallfluges um rund 25 cm aus. Mit mehr als 5.000 Stunden an Test- und Dauerflügen war sie das am aufwändigsten erprobte Flugzeug, das jemals in Dienst genommen wurde. Die Franzosen nannten die Concorde liebevoll »Bel Oiseau« – den wunderschönen Vogel. *[© Air France Museum]*

Concorde's fuselage stretched about ten inches in supersonic flight. With more than 5,000 hours of test and endurance flying, Concorde was the most thoroughly proven airliner ever to go into service. The French affectionately called Concorde the 'Bel Oiseau' – the beautiful bird.

Alle sieben Concordes von British Airways in »Concorde«-Formation am Boden. Der Absturz einer französischen Concorde hatte im Jahre 2000 zu einem zeitweiligen Flugverbot beider Flotten geführt. *[© Adrian Meredith]*

All seven British Airways Concordes arranged in »Concorde« formation. The crash of a French Concorde in 2000 had led to the temporary grounding of both fleets.

Zur Feier des 20. Jahrestages des Jungfernfluges von Concorde 001 erhielt das französische Erprobungsflugzeug Sierra Bravo (F-WTSB) für einen kurzen Zeitraum eine kunstvolle und glitzernde blau-rot-weiße Lackierung. *[© Air France Museum]*

To commemorate Concorde's 20th anniversary in 1989, the French-built production test aircraft Sierra Bravo (F-WTSB) received a glittering blue, red and white paintwork.

»Da die Concorde das einzige aktive zivile Überschallflugzeug war, sagten die Kapitäne der anderen Fluglinien stets zu ihren Passagieren: 'Schauen Sie nach links [oder rechts] – da ist die Concorde!'«

– Frank Debouck, früherer Concorde-Manager bei Air France

»The only civilian supersonic aircraft in operation, the captains of all the other airlines on the ground would tell their passengers: 'look left [or right] – Concorde!'«

– Frank Debouck, former AF Concorde manager

Die Starts und Landungen waren für »Aircraft Spotter« und deren Kameras immer ein lohnendes Ereignis.
[Beide Bilder: © Jean-Philippe Lemaire]
Her takeoffs and landings have always been a rewarding event for »aircraft spotters« and their cameras.

Großes Bild: Majestätisch bewegt sich die Concorde zu ihrem Hangar.
Concorde moves majestically to her hangar.

AFRIQUE AIRLINES

Links: **Sechs Concordes feiern das zehnjährige Dienstjubiläum**

Der Fotograf Adrian Meredith erinnert sich, wie er dieses beeindruckende Bild am 26. Dezember 1985 am Flughafen London Heathrow machte: »Dieses Foto entstand als eine Art Ausfalloption, wenn die am Heiligabend 1985 geschossenen Bilder von den fliegenden Concordes nicht ausreichend waren (siehe bitte Seiten 135-139). Wir konnten es daher arrangieren, dass sechs der insgesamt sieben Concordes von British Airways für das Foto in einer engen fächerartigen Formation angeordnet wurden. Zuvor hatten wir den Technikern mit kleinen Concorde-Modellen gezeigt, wie wir uns die Formation vorstellten. Dann wurde ein Hubschrauber gebucht, um von diesem aus die Flugzeuge am Boden fotografieren zu können. Die Bedingungen für diese Aktion waren so prekär, dass Kapitän Brian Walpole darauf bestand, dass wir uns während des Fotografierens nicht direkt über den Flugzeugen befinden durften, da wir bei einem Absturz nahezu die gesamte Concorde-Flotte von British Airways zerstört hätten. Der Hubschrauberpilot stimmte schließlich zu, für gerade einmal zehn Minuten mit mir aufzusteigen, damit ich dieses Bild dann von schräg oben machen konnte.«
[© Adrian Meredith]

*Left: **Six Concordes celebrate Ten-Year Anniversary***

Photographer Adrian Meredith remembers taking this remarkable photograph on Boxing Day (26 December) 1985 at London Heathrow: »This shoot was set up as a fall-back option, in case the air-to-air photography undertaken on Christmas Eve 1985 [see pages 135-139] wasn't sufficient. We arranged for six out of the seven British Airways Concordes to be towed into a tight fan formation which took the ground engineers six hours to complete. We demonstrated the formation with small Concorde models beforehand to show to the engineers the placements.A helicopter had been hired for the air-to-ground shoot. I was strapped into a safety harness, hanging out of the side of the helicopter. The conditions were so precarious that Captain Brian Walpole insisted we could not shoot directly overhead of the six Concordes because, if we crashed, we would have wiped out the entire BA Concorde fleet. The helicopter pilot finally agreed to take me up for just ten minutes and I shot from the side, to capture this photograph.«

Eine Concorde in dramatischer fotografischer Inszenierung. Solche Aufnahmen entstanden häufig für Prospekte und Werbekampagnen.
[© Adrian Meredith]

A Concorde in dramatic photographic scenery. Such pictures were often taken for brochures and advertising campaigns.

Mit Jägern des Typs Mirage F1 der französischen Luftwaffe als Begleitschutz bringt Concorde Sierra Delta (F-BTSD) unter dem Kommando von Kapitän Raymond Machavoine am 12. Dezember 1987 Präsident François Mitterrand für einen Staatsbesuch nach Dschibuti am Horn von Afrika. Als Mitterrand (kleines Foto) nach Französisch-Guyana fliegen wollte, um dem Start einer Ariane-Rakete beizuwohnen, forderte er zwei Concordes von Air France an: Die eine diente für den eigentlichen Flug und war mit einer Präsidentensuite ausgestattet, die zweite war als Bereitschaftsflugzeug am Flughafen Charles de Gaulle vorgesehen.
[© Armée de l'Air Française / Kleines Foto: U.S. Department of Defense]

Escorted by French Air Force Mirage F1 fi ghters, Concorde Sierra Delta (F-BTSD), under the command of Captain Raymond Machavoine, takes President Francois Mitterrand to Djibouti in the Horn of Africa for a state visit, on 12 December 1987. When Mitterrand (inset photo) decided to fl y to French Guyana (via Dakar) to attend an Ariane rocket launch, he requisitioned two Air France Concordes – one for the actual fl ight fi tted out with a presidential suite, and one as a stand-by (back-up) aircraft at Charles de Gaulle Airport.

Alpha Charlie (G-BOAC) galt als das Flaggschiff von British Airways, da ihre Registrierung mit den Initialen der BOAC (British Overseas Airways Corporation), der Vorgängerin von British Airways, identisch war. *[© John Powell / johnnypowell.net]*

Alpha Charlie (G-BOAC) was considered the flagship of British Airways as her registration featured the initials of BOAC (British Overseas Airways Corporation), the predecessor of British Airways.

[© John Powell / johnnypowell.net]

»Was mich beeindruckte, war die Form und Konstruktion der Concorde sowie das allgemeine Gefühl, in die Zukunft zu schauen. «

– Philip Cairns, früherer Concorde-Mechniker bei British Airways

»I was impressed with the shape and construction and the general feeling of looking at the future.«

– Philip Cairns, former British Airways Concorde ground engineer

Wie man eine Ikone fotografiert/ Imaging an Icon

von Adrian Meredith

by Adrian Meredith

Adrian Meredith, hier im Bild mit seiner Frau Angela, ist seit 1970 als Berufs- und Luftfahrtfotograf tätig. Im Laufe seiner Karriere hat er zahlreiche Preise einschließlich des »Ilford Photographer of The Year 1976« gewonnen. Adrian war für viele Jahre als Fotograf für führende Fluggesellschaften wie British Airways, Emirates, Qatar und Virgin Atlantic tätig.

Adrian Meredith – pictured here with his wife Angela – has been a commercial and aviation photographer since the 1970s. He has won numerous photography awards including the 'Ilford Photographer of The Year 1976'. For many years, Adrian undertook assignments with some of the world's leading airlines including British Airways, Emirates, Qatar and Virgin Atlantic.

Während ihrer 27-jährigen Dienstzeit hatte ich das Privileg, viele spektakuläre Bilder von der Concorde machen zu dürfen. Eines Tages fragte mich British Airways, ob ich vier Concordes in Formation fotografieren könne, um ihr zehnjähriges Dienstjubiläum gebührend zu zelebrieren und in die Öffentlichkeit zu tragen. Dieser Auftrag sollte eines meiner wichtigsten und aufregendsten fotografischen Projekte werden sowie British Airways ein enormes Prestige verleihen. Der Termin war Heiligabend, der 24. Dezember 1985. Dies war das einzige Datum, an dem man vier Concordes gleichzeitig fotografieren konnte, da sie an diesem Tag nicht im kommerziellen Einsatz waren.

Wir verbrachten viele Stunden für die Vorbesprechungen, um sicherzustellen, dass die geplanten Flugformationen mit militärischer Präzision durchgeführt wurden. Nachdem verschiedene Varianten ins Auge gefasst worden waren, entschieden sich die Piloten schließlich für den »Diamanten«, den »Echelon« und den »Schwan«. Einen solchen Flug hatte es auf kommerzieller Basis noch nie zuvor gegeben. Die langjährigen Kapitäne Brian Walpole und John Cook waren sehr routinierte Piloten und besaßen aus ihrer RAF-Zeit eine große Erfahrung im Formationsflug. Meine einzige Aufgabe war es, eindrucksvolle Fotos zu machen. Der Flugplan sah vor, in Heathrow zu starten, nach Filton und entlang des Bristolkanals zu fliegen und dann nach Heathrow zurückzukehren.

Der Learjet, in dem ich mitflog, musste mit optisch korrigierendem Glas ausgestattet werden, um eine Verzerrung der Kamerabilder zu verhindern. Jede der vier Concordes hatte vor dem Flug eine spezielle Genehmigung einholen müssen, damit alle vier mit einem zeitlichen Abstand von 30 Sekunden nacheinander starten durften - auch dies hatte es noch nie zuvor gegeben.

Mein Flugzeug startete zuerst. Wir stiegen höher als die Wolken in den helleren Himmel, wo wir anfingen zu kreisen. Als wir nach unten schauten, sahen wir, wie die Concordes wie Gewehrkugeln durch die Wolken schossen. Nachdem das vierte Flugzeug auch aufgetaucht war, gingen wir schnell in den Sinkflug und gaben vollen Schub, um mit den Concordes mitzuhalten. Sie manövrierten sich nun in Position und flogen zuerst in ihrer »Diamanten«-Formation, gefolgt vom »Echelon« und dem »Schwan«.

Das Wetter war sehr schlecht. Jedes Mal, wenn die Concordes in eine neue Formation gehen wollten, tauchte eine dichte Wolke auf, sodass sie aus Sicherheitsgründen ihre Position aufgeben mussten. Sobald die Flugzeuge in neuer Formation flogen, wusste ich, dass ich die Fotos schnell und gut machen musste. Einmal gingen wir in eine steile Kurve, sodass wir die Concordes direkt überflogen und ich perfekte Aufnahmen von oben auf sie herab machen konnte. Bei einer anderen Formation waren die Flügelspitzen der Concordes nur rund 20 Meter voneinander entfernt. Nach dieser rund 105 minütigen Aktion landeten alle Flugzeuge wieder sicher und ich war froh, dass ich alle Bilder im Kasten hatte.

Die Concorde ist eine sehr fotogene Ikone und der Traum eines jeden Fotografen. Je nach Blickwinkel konnte sie total unterschiedlich aussehen. Wenn man sie beim Start oder bei der Landung mit einem Teleobjektiv aufnahm, sah sie fantastisch aus und ähnelte

Queen Mum genießt ihren Concorde-Flug anlässlich ihres 85. Geburtstages im Jahre 1985. *[Alle Bilder © Adrian Meredith]*

The Queen Mother enjoys her flight with Concorde on her eighty-fifth birthday in 1985.

einem gleitenden Adler oder einem Schwan, der zur Landung ansetzt. Außer diesem wirklichen besonderen Formationsflug hatte ich die schönsten Momente mit der Concorde, wenn ich sie von einem anderen Flugzeug aus im Flug fotografierte. Hierbei entstanden viele wundervolle Bilder unter Mitwirkung der berühmten Red Arrows sowie einige aus einem RAF-Tornado im Parallelflug zur Concorde. Zudem hatte ich die Ehre und das Privileg, Mitglieder der Königlichen Familie an Bord der Concorde zu fotografieren - Königin Elizabeth II., Prinz Philip, Prinz Charles sowie Prinzessin Diana. Darüber hinaus durfte ich den Flug von Queen Mum anlässlich ihres 85. Geburtstages dokumentieren.

Prinzessin Diana winkt den Fotografen während ihres Einsteigens in die Concorde zu.
Princess Diana waves to the photographers while boarding Concorde.

Die Königin winkt der Concorde zu, als diese an ihrer »Royal Yacht Britannia« vor Barbados 1977 vorbeifliegt.
The Queen waves as Concorde salutes the Royal Yacht Britannia off Barbados, 1977.

During Concorde's twenty-seven years of service I have had the privilege of shooting many dramatic shots of her. One day I was asked by British Airways to shoot four Concordes in formation to promote and commemorate the tenth anniversary of Concorde's commercial service. This was one of the most important and exciting photographic assignments I have ever undertaken, and very prestigious for Concorde. The date was Christmas Eve, 24 December 1985, the only day possible to photograph four of the Concordes together, as they were not flying commercially.

Many hours were spent at the briefing sessions, to ensure the formations were tidy to military precision. Different formations were discussed and the pilots finally decided upon the 'Diamond', the 'Echelon' and the 'Swan'. Nothing like this had ever been commercially done before. Concorde senior captains Brian Walpole and John Cook were experienced pilots and had a wealth of experience of formation flying from their days in the Royal Air Force. My task was to capture in essence the group formations. The flight plan was to take off from Heathrow, fly to Filton in Bristol, the home of Concorde, down the Bristol Channel, and return to London.

The Lear Jet I'd be flying in had to be fitted with optically corrective glass in the windows that wouldn't distort the camera's image. Special permission had to be granted for each Concorde to take off every thirty seconds in succession, something that had never been done before.

We were to take off first. We rose above the clouds, to brighter skies where we circled and, as we looked down, we saw each Concorde pop through the clouds like a bullet. After the fourth aircraft emerged we quickly descended and gave chase at full throttle to try and catch them up. They started to manoeuvre and steadily flew into position for the first formation – 'Diamond', then 'Echelon' and then 'Swan'. The weather was very poor, and each time the Concordes set up for a different formation, a bank of cloud would roll in, and the four aircraft would have to break off their positioning for safety reasons. As soon as the Concordes were back in another formation, I knew the photography would have to be quick and sharp. On one occasion we banked steeply, sweeping over the top of the formation to get perfect overhead shots. During one stage of a particular formation, the Concordes' wingtips were only seventy feet from each other. The entire exercise took an hour and 45 minutes, and all four aircraft returned safely home, and thankfully I had all the shots in the can.

Concorde is a very photogenic icon and a photographer's dream. She could look totally different from various angles: take-offs and landings can look fantastic if shot with a long telephoto lens, her shape resembling a sweeping eagle or a descending swan negotiating a landing position. The most enjoyable part of capturing images of Concorde was when we covered the air-to-air assignments. Some wonderful photographs were made possible with the use and assistance of the famous Red Arrows, and also an RAF Tornado flying alongside Concorde whilst executing various manoeuvres. Moreover, I had the honour and privilege of covering numerous Royal assignments – with The Queen, Prince Philip, Prince Charles and Princess Diana. I also covered The Queen Mother's special Concorde flight to celebrate her eighty-fifth birthday.

Ihre Majestät Königin Elizabeth II. an Bord der Concorde im Jahre 1977. Die Königliche Familie Großbritanniens flog häufig mit der Concorde.

HM Queen Elizabeth II on board Concorde in 1977. The Royal Family were frequent travellers on Concorde.

»Die Erdkrümmung zum ersten Mal zu sehen ist eine Erfahrung, die man nie vergisst.«

– Suzanne O'Donoghue, frühere Concorde Flugbegleiterin bei British Airways

»To see the curvature of the earth for the first time is something you never forget.«

– Suzanne O'Donoghue, former British Airways Concorde flight attendant

Die vier Flugzeuge in schwanenartiger »Concorde«-Formation über Land's End, Cornwall an der Südwestspitze Englands.

The four aircraft in swan-like 'Concorde' formation over Land's End, Cornwall, South West England.

Die vier Concordes diagonaler »Echelon«-Flugformation.

The four Concordes line up in 'echelon' formation.

Die Concorde im Formationsflug/ Concorde's Display Flights

von Ian Dick

by Ian Dick

Ian Dick diente einst als Kommandeur der Kunstflugstaffel Red Arrows. *[© Ian Dick]*

Ian Dick, former commander of the Red Arrows.

Neben der Nutzung als exklusives Verkehrsflugzeug setzten sowohl Frankreich als auch Großbritannien die Concorde gerne bei Flugvorführungen als Ausdruck nationalen Stolzes ein. Diese beeindruckenden Flüge fanden zusammen mit den besten Kunstflugstaffeln beider Länder statt. In Frankreich war dies die Patrouille de France der französischen Luftwaffe, in Großbritannien die Red Arrows der Royal Air Force. Als Inbegriff von Schnelligkeit, Dynamik und Präzision sind diese Kunstflugstaffeln das »Gesicht« ihrer jeweiligen Luftwaffen in der Öffentlichkeit.

Zwischen 1973 und 2002 führte die Concorde mit der Patrouille de France und den Red Arrows mehrere öffentliche Formationsflüge durch. Zu diesen zählte der französische Nationalfeiertag am 14. Juli oder das Goldene Thronjubiläum von Königin Elizabeth II. im Jahre 2002. Diese spektakulären Flüge wurden von Tausenden von Menschen beobachtet und in wundervollen Bildern festgehalten.

Ian Dick, ein früherer Kommandeur der Red Arrows, beschreibt, wie das allererste Foto eines Formationsfluges mit der Concorde und seiner Kunstflugstaffel entstand: »Ich erinnere mich, wie der inzwischen verstorbene Arthur Gibson, einer der weltbesten Luftfahrtfotografen der 1970er-Jahre, mich anrief und sagte: »Ian, ich denke, es ist an der Zeit, dass wir ein Foto unseres Teams in Formation mit der Concorde machen, bevor die Franzosen uns zuvorkommen.«

Ich war daraufhin sehr enthusiastisch, da dies die Gelegenheit für ein öffentlichkeitswirksames Foto war, auf die wir gewartet hatten. Zudem schuldete uns British Aerospace noch einen Gefallen: Als die Testpiloten des Unternehmens Filmmaterial benötigen, das den Landeanflug des Concorde-Prototypen aus der Luft zeigt, wählten sie Arthur Gibson als Fotografen aus. Der inzwischen ebenfalls verstorbene Ted Girdler, einer unserer Piloten, stieg mit ihm in einer Folland Gnat auf, um die Aufnahmen machen zu können. Diese Zusammenarbeit funktionierte gut und British Aerospace war mit dem Ergebnis zufrieden.

Ich kannte John Cochrane, den stellvertretenden britischen Cheftestpiloten, gut genug, um ihn persönlich anrufen zu können. Er zeigte sich nicht allzu überrascht, als er meine Stimme hörte. Ich hatte das Gefühl, dass er ebenfalls dachte, dass British Aerospace nun an der Reihe war, uns einen Gefallen zu tun. Er beriet sich mit dem Cheftestpiloten Brian Trubshaw, welcher unter der Bedingung zustimmte, dass der Formationsflug zum Ende eines Concorde-Testfluges erfolgen musste, da sie dann zurück nach Fairford flog. Er tolerierte weder eine Störung des Testflugprogrammes noch irgendwelche Sonderregelungen - es gab nur diese eine Möglichkeit.

Die Organisation dieses Fluges war nicht sehr schwer, da unser Team im nahegelegenen Kemble stationiert war: Nachdem die Fluglotsen uns mitgeteilt hatten, dass sich die Concorde auf ihrem Heimflug befand, sollten wir starten und nördlich von Kemble kreisen, bis sie für ihren Landeanflug in Richtung Fairford in Sichtweite kam.

Es war schon nach 16:00 Uhr und damit recht spät an diesem tristen Apriltag, als der Anruf für unsere Startfreigabe kam. Da die neun Gnats nicht allzu viel Treibstoff mitführten und wir länger als

Britischer Stolz: Die Concorde im Formationsflug mit den Red Arrows. *[© Arthur Gibson]*

British pride: Concorde flying in formation with the Red

Besides their service as exclusive passenger airliners, both France and Great Britain utilized their Concordes for aerial displays as symbols of national pride. These memorable flights took place with each country's premier aerobatic display team, the Patrouille de France of the French Air Force and the Red Arrows of the British Royal Air Force. Representing speed, dynamics, and precision, each is the public face of its national air force. Between 1973 and 2002, Concorde flew with the Patrouille de France and the Red Arrows on various occasions including the French National Day parade on 14 July in Paris and Queen Elizabeth's Golden Jubilee in 2002. These spectacular displays, watched by thousands of people, were captured in beautiful photographs. Ian Dick, a former commander of the Red Arrows, describes how the first-ever formation photo of Concorde and an aerobatic display team was made possible: »I remember the day that the late Arthur Gibson – one of the best aviation photographers during the 1970s – called me and said: »Ian, I think it's time we got a photo of the Team in formation with Concorde… before the French beat us to it.« I was excited because here was the opportunity to get the publicity photo we'd been waiting for, and British Aerospace owed us a favour. When the company's flight-test team wanted air-to-air footage taken of the prototype Concorde during her approaches to land, they chose Arthur Gibson as the photographer; the late Ted Girdler – one of the Team's pilots – flew him in a Folland Gnat. It was a successful partnership, and the company were delighted with the results.

I knew John Cochrane – the Deputy Chief Test Pilot – well enough to feel comfortable ringing him. He was not surprised by my call. I sensed he knew that it was 'payback' time. He discussed it with Brian Trubshaw – the Chief Test Pilot – who happily

Die Concorde und die Red Arrows überfliegen die Nordsee als Teil eines Probefluges für den geplanten Formationsflug zu Ehren des 50-jährigen Thronjubiläums von Königin Elizabeth II. im Jahre 2002. *[© U.K. Ministry of Defence]*

Concorde and the Red Arrows overfly the North Sea as a rehearsal for the Queen's Jubilee Flypast, 2002.

[© Adrian Meredith]

geplant kreisen mussten, beunruhigte mich die Treibstoffsituation. Dann meldete sich jedoch John aus der Concorde und wir waren bereit für unser Rendezvous. Im passenden Moment befahl ich den anderen Piloten unseres Teams, in Richtung Osten in einer Höhe von 300 Metern zu fliegen und die Formation »Big Nine« einzunehmen. Die Gnat mit unserem Fotografen Arthur auf dem Rücksitz war bereit. Als John bestätigte, dass alle Flugzeuge in Position waren, aktivierten vier der neun Gnats ihre Raucherzeuger und Arthurs Flugzeug überflog die Formation in einer Fassrolle, sodass er zweimal die Möglichkeit hatte, alles in den Kasten zu bekommen. Er enttäuschte uns nicht.

Als wir später bei einem Drink mit John in einer Bar saßen, erfuhren wir, dass die Concorde an diesem Tag einen Überschalltestflug über der Biskaya absolviert und mehr als 1.850 km/h erreicht hatte. Das bedeutete, dass die Crew sperrige Fluganzüge und spezielle astronautenartige Helme hatte tragen müssen. Dies war sicherlich nicht die praktischste Kopfbedeckung, wenn man ein Überschallflugzeug in enger Formation mit den Red Arrows flog! John hat seine Sache jedoch fantastisch gemacht. Als er mit der Concorde hinter uns herflog, hörten wir, wie Brian Trubshaw ihm zurief: »Verdammt, ich wusste nicht, dass du so nahe an die Jets heranfliegst!««

agreed, but with one proviso: it had to be done at the end of a test flight as Concorde flew back to Fairford. Nothing could interfere with their test schedule or flights, and there could be no special arrangements. It was a one-off.

It was not very difficult to arrange because the team was based at nearby Kemble. We would get a call from air traffic control when Concorde was on her way home, get airborne and loiter just north of Kemble as Concorde made her approach to Fairford. Our paths would cross! It was late when we got the call to get airborne, after 4 p.m. on a dismal day in April. The Gnat did not have a lot of fuel, and we had to orbit for longer than I had anticipated. I was getting a bit anxious about our fuel state when John came up on frequency, and we were able to finesse the join-up. At the appropriate moment, I set the Team up on an easterly heading at 1,000 feet in 'Big Nine' formation. The Team manager was ready in his Gnat with Arthur in the rear seat. I couldn't see what was happening, but I heard John's Scottish accent announce that he was »All aboard«. The manager called, »Smoke on go« and did a wide, sweeping barrel roll over the whole formation – first one way and then back the other way. Arthur had only two opportunities to 'get it in the can'. He did not let us down. It was only afterwards, when we were having a drink in the bar with John, that we learnt they had been on a supersonic test flight over the Bay of Biscay flying Concorde at over 1,000 mph. This meant that they were wearing bulky pressure flying suits and special helmets akin to the ones worn by astronauts. Not the ideal headgear for flying a supersonic aircraft in close formation with the Red Arrows! John did a marvellous job and, as he flew Concorde in behind us, he heard Brian exclaim, »Bloody hell, I didn't know you were going to fly this close!«

Concorde Fox Alpha (F-BVFA) im Formationsflug mit der Patrouille de France im Rahmen der La Ferté-Alais Flugshow in Nordfrankreich 1987. *[© Bernard Charles / art-avia.eu]*

Concorde Fox Alpha (F-BVFA) during her flypast with the Patrouille de France at the La Ferté-Alais Air Show in northern France, 1987.

»Die Concorde ist Teil des französischen Kulturerbes und daher in einem Atemzug mit dem Eiffelturm, der Kathedrale Notre Dame und dem Luxusliner MS France *zu nennen.«*

– Alain Verschuere, früherer Leitender Concorde-Flugbegleiter bei Air France

»Concorde is part of France's heritage, to be mentioned in the same breath as the Eiffel Tower, the Notre Dame cathedral, and the luxury liner SS France.*«*

– Alain Verschuere, former Air france Concorde purser

Egal, ob man ein professioneller oder Amateurfotograf war, es war für jeden stets eine Freude, die Concorde in schönen Bildern festzuhalten. Der französische Fotograf Bernard Charles erinnert sich, wie ihm am 7. Juni 1987 ein unvergessliches Foto von Fox Alpha (F-BVFA) gelang: »Obwohl ich die Flugshow in La Ferté-Alais schon seit mehreren Jahren regelmäßig besuchte, war dieses Jahr etwas Besonderes, da ein Überflug der Concorde in Formation mit der Patrouille de France geplant war. Im Laufe der Zeit hatte ich die Starts und Landungen der Concorde am Flughafen Charles de Gaulle beobachten können, doch war dies immer nur sehr weit entfernt von

der Startbahn aus möglich gewesen. In La Ferté-Alais durfte die Zuschauermenge jedoch (bis 1989) die Flugshow von einer weitaus näher gelegenen Stelle aus verfolgen. Ich erinnere mich noch, dass ich die Vibrationen, die die Concorde mit ihren Triebwerken während ihres Anfluges erzeugte, in meinem ganzen Körper spürte - vor allem, als sie ihre Nachbrenner aktivierte, um durchzustarten. Dies war eine ganz besondere Erfahrung. Es ist zudem erwähnenswert, dass diese Überflüge mit hundert Passagieren an Bord erfolgten. Im gleichen Jahr hatte ich noch zweimal die Möglichkeit, dieses Erlebnis zu wiederholen - im Juni in Le Bourget bei der Pariser Flugshow und im September bei der Lognes Flugshow östlich von Paris. Während beider Veranstaltungen lief ich zum Anfang der Startbahn, um dann genau unter der Einflugschneise der Concorde zu stehen und so die Hitze sowie den Schub ihrer Triebwerke zu spüren, während ich einen Ohrenschutz trug. Soweit ich mich erinnern kann, war das einzige andere Flugzeug, dass einen ähnlichen Nervenkitzel bei mir auslöste, die Rockwell B-1B Lancer, die ich ebenfalls in Le Bourget gesehen hatte. Dies war keine Überraschung, da sie sich in fast der gleichen Leistungskategorie wie die Concorde bewegte.«

Capturing Concorde in photographs has always been a delight for professionals and enthusiasts alike. French photographer Bernard Charles recalls taking a memorable photo of Air France's Fox Alpha (F-BVFA) on 7 June 1987: »I used to visit the La Ferté-Alais Air Show for several years but that year was special as Concorde was scheduled to make a flypast with the Patrouille de France. Over the years I had repeatedly watched the white bird taking off and landing at Charles de Gaulle Airport where spectators could only stand quite far away from the runways. At La Ferté, however, until 1989, the crowd was allowed to watch the air show from a much closer vantage point. I remember that as Concorde approached, I felt the vibrations generated by her engines rising up from the ground through my entire body, in particular when the reheats kicked in for the 'go around'! This was a unique experience; it is worth mentioning that these flypasts took place with a hundred passengers on board. »I had two more opportunities to relive the experience that year: at Le

Bourget during the Paris Air Show in June and at the Lognes Air Show [east of Paris] in September 1987.

Eine Concorde von Air France in Formation mit den Alpha Jets der Patrouille de France. *[© Dre Peijmen]*

An Air France Concorde in formation with the Alpha Jets of the Patrouille de France.

During both these shows I decided to walk to the runway threshold to stand exactly below Concorde's flight path, thus feeling the engines' heat and thrust while wearing ear protection. As far as I can remember the only aircraft that has given me a similar thrill was the Rockwell B-1B Lancer which I had seen at Le Bourget as well. This was not surprising as the Lancer is almost in the same category as Concorde in terms of power and thrust.«

MS France

Sie war ein großes Passagierschiff für den Transatlantikverkehr, dessen Bau in der Tradition der ehrwürdigen *Normandie* erfolgte und das als Aushängeschild Frankreichs auf See dienen sollte. Nach ihrer Indienststellung im Jahre 1962 fuhr sie für die Compagnie Générale Transatlantique (French Line) und war mit ihren 316 Metern bis zum Stapellauf der britischen *Queen Mary 2* im Jahre 2004 das längste Passagierschiff der Welt.

Da die Ölkrise von 1973 die Ölpreise ansteigen ließ, erhöhten sich auch die ohnehin schon enormen Betriebskosten der *France*, sodass die französische Regierung sich veranlasst sah, nicht das Schiff, sondern nur die zur damaligen Zeit in der Entwicklung befindliche Concorde zu subventionieren. Ohne staatliche Unterstützung ließ sich der Fahrbetrieb der *France* nicht mehr aufrechterhalten. 1974 erfolgte daher ihre Außerdienststellung und anschließend ihr Verkauf an die Norwegian Cruise Line. Wäre sie zum Zeitpunkt der Inbetriebnahme der Concorde im Jahre 1976 noch unter französischer Flagge gefahren, hätte es für betuchte Reisende die Möglichkeit gegeben, den Atlantik in Richtung New York an Bord der *France* zu überqueren und mit der Concorde nach Paris zurückzufliegen. Diese Kombination hätte eine höchst exklusive Art der Transatlantiküberquerung dargestellt.

Die *France* war ein maritimes Symbol für französisches Design, Ingenieurskunst und Prestige. Sie wurde später an die Norwegian Cruise Line verkauft und in *Norway* umbenannt. Ihr Abbruch erfolgte 2008. *[© Jon Archibald]*

The SS* France *was a maritime symbol of French design, engineering and prestige. She was later sold to Norwegian Cruise Line and renamed* Norway. *She was scrapped in 2008.

Bis heute sind sowohl die *France* als auch die Concordes von Air France Ikonen Frankreichs, wie die Concordes von British Airways und die (inzwischen außer Dienst gestellte) *Queen Elizabeth 2 (QE2)* Ikonen Großbritanniens sind. Sic transit gloria mundi: So vergeht der Ruhm der Welt.

SS France

She was a grand transatlantic liner, built in the tradition of the SS Normandie, as an oceangoing showcase for *France*. Commissioned in 1962 and operated by the Compagnie Générale Transatlantique (French Line), the 1,037-feet (316m) vessel was the longest passenger ship ever built until the launching of the *Queen Mary 2* in 2004. Due to the 1973 oil crisis and the increasing oil price the ship's already-high operating costs rose further, thus prompting the French government to subsidize the then in-development Concorde instead of the ship.

Without government support the SS *France* could no longer operate. In 1974 she was withdrawn from service and eventually sold to Norwegian Cruise Line. If she had still been in service under the French flag when Concorde commenced her commercial flights in 1976, it would have been possible for wealthy transatlantic travellers to sail to New York on board the SS *France* and fly back to Paris on Air France's Concorde as both could offer a combination of the most exclusive means of crossing the Atlantic. To this day, both the SS *France* and the Air France Concordes are icons of France as are the British Airways Concordes and the (retired) liner *Queen Elizabeth 2 (QE2)*.

In Formation mit der *Queen Elizabeth 2*/ In Formation with the *QE 2*

»... das ist das Foto des Jahrhunderts«

– Concorde-Kapitän John Hutchinson (Mach 2 Magazine, August 2018)

»... that is the picture of the century.«

– Concorde Captain John Hutchinson in Mach 2 magazine, August 2018

Richard Thomas diente als Kommandeur der Red Arrows von 1984 bis 1987. Er erinnert sich, wie eines der ikonischsten Fotos der Concorde entstand: »Irgendwann zum Ende des Frühjahres 1984 hatte jemand die glänzende Idee, dass ein Foto der Red Arrows im Formationsflug mit der Concorde über der *Queen Elizabeth 2* (*QE2*) Geschichte schreiben würde. Die Planung eines solchen Fluges dauerte nicht nur fast ein ganzes Jahr, sondern schloss auch eine Reihe von Behördengängen ein. Zudem war es war nicht einfach, ein Datum zu finden, an dem die drei Mitwirkenden – die Concorde, die *QE2* und die Red Arrows – verfügbar waren, da alle ihre eigenen Einsatzpläne hatten. Dennoch gelang es, den 18. Mai 1985 als Termin festzulegen.

Nach der Vorbesprechung brachten wir uns auf der RAF Station Lyneham in Südengland für den bevorstehenden Flug in Position. Das Wetter war zwar nicht perfekt, aber akzeptabel. Nach dem Start flogen wir in Richtung Südküste bei Weymouth, um dann über dem Ärmelkanal die Concorde zu treffen. Genau wie geplant erschien sie auch links unter uns und ihr Anblick war schlicht atemberaubend. Beim ersten Abschnitt unseres Fluges hatte also alles geklappt. Ich war sehr erleichtert, aber dies nur für einen kurzen Moment, da uns nun der nächste und anspruchsvollste Teil bevorstand... nämlich die *QE2* zu finden.

In der Zwischenzeit war jedoch ein Problem aufgetreten, von dem wir als Red Arrows zunächst keine Kenntnis hatten: Der Fluglotse der Royal Navy hatte der Concorde-Crew mitgeteilt, dass der anvisierte Luftraum geschlossen und ein Einfliegen verboten war. Die Crew erklärte umgehend, dass es sich um einen speziellen Flug handelte, dessen Organisation ein Jahr gedauert und der von zahlreichen Behörden, einschließlich der Royal Navy, genehmigt worden war. Der Fluglotse erteilte uns trotzdem zunächst keine Erlaubnis zum Weiterflug. Nachdem beide Seiten die Kommunikation für einen Moment unterbrochen hatten, um über den nächsten möglichen Schritt nachzudenken, meldete sich der Fluglotse mit einem Lösungsvorschlag: Da sich der Flugzeugträger *HMS Illustrious* in dem anvisierten Gebiet für seinen Family Day mit Familienangehörigen der Besatzung aufhielt, würde die Concorde die Genehmigung zum Einflug in den von ihr gewünschten Luftraum unter der Bedingung erhalten, wenn sie nach ihrem Überflug über die *QE2* auch die *Illustrious* überfliegen könnte. Die Concorde-Crew stimmte umgehend zu, während sie sich überlegte, wie sie dies der Navy heimzahlen konnte! Ohne GPS, sondern nur mit Hilfe der Concorde-Bordnavigation tauchte die *QE2* dann wie geplant vor der Isle of Wight auf ihrer Fahrt nach Southampton auf. Der Fotograf während dieses Einsatzes war der legendäre Arthur Gibson. Damit er das Foto so machen konnte wie gewollt, wurden die richtige Flughöhe und der passende Abstand zum Schiff mehrfach diskutiert. Letztendlich erwiesen sich alle Berechnungen als richtig, sodass das Ergebnis ein ikonisches Foto war, das sich mit den Worten *Best of British* zusammenfassen ließ. Was für eine Erleichterung!«

Richard Thomas, team leader of the Red Arrows from 1984 to 1987 recalls, how one of Concorde's most iconic photos came into being: »Somewhere about late spring of 1984, someone had the bright idea that a photograph of the Red Arrows in formation with Concorde over the *Queen Elizabeth 2 [QE2]* would make history. Planning for the sortie took the best part of a year and involved any number of agencies. Getting the three participants in the same place at the same time would not be easy as all had busy schedules. However, the date was fixed for 18 May 1985. The final briefing complete, the Team positioned at RAF Lyneham in southern England in readiness for the actual sortie. The weather was not perfect but acceptable. After take-off we headed for the south coast around Weymouth. We expected to join up with Concorde as we coasted out into the English Channel and exactly as planned she appeared below and out to our port side. The sight of Concorde was a great thrill and meant that the first part of the sortie had worked – I felt greatly relieved but only for a moment as the next and most difficult part of the trip was coming up: finding *QE2*.

However, in the meantime and unbeknown to most of the Team, the Concorde crew were having difficulties with the Royal Navy controller as they had been told that the airspace was closed and that the aircraft would not be allowed into the ranges. The crew explained quickly that this was a special flight that taken a year to arrange and had been approved by a whole raft of agencies including the Royal Navy. The controller would not give way. However, after a short break while both sides thought about their next move, the controller came back with a proposed solution: the aircraft carrier HMS *Illustrious*, which was working up in the ranges, had a families' day and if Concorde overflew the ship after the *QE2* flypast she might be allowed into the controlled airspace. The Concorde crew instantly agreed while thinking how to get their own back on the Navy! Without GPS or any other help apart from Concorde's navigation system, *QE2* appeared just as planned near the Isle of Wight on her way into Southampton. The photographer for the mission was the legendary Arthur Gibson. To get the picture Arthur wanted, overflight height and distance out from the ship caused much discussion. The calculations proved correct and the result was an iconic picture that encapsulated the *'Best of British'*. What a relief!«

»Best of British«: Die *Queen Elizabeth 2* (*QE2*) zusammen mit der Concorde und den Red Arrows. Der Pilot musste auf dem Rücken fliegen, damit der Fotograf Arthur Gibson das Foto machen konnte. Die *QE2* fuhr für die Reederei Cunard sowohl im Transatlantikverkehr als auch als Kreuzfahrtschiff von 1969 bis 2008. Es war möglich, mit ihr nach New York zu fahren und mit der Concorde nach Großbritannien zurückzukehren. Heute ist sie ein schwimmendes Hotel in Dubai. *[Foto: Arthur Gibson / © Adrian Meredith]*

The 'Best of British' – the QE2 with Concorde and the Red Arrows. The pilot had to fly upside down so that photographer Arthur Gibson could get this shot. The QE2 was operated by Cunard as both a transatlantic liner and a cruise ship from 1969 to 2008. It was possible to sail to New York aboard her and return to Britain on Concorde. Today, she is a floating hotel in Dubai.

Mit den Stars im Überschall/ Supersonic Star Gazing

»Sir Paul McCartney fing gerne an, einige seiner Lieblingslieder während des Fluges bei Überschallgeschwindigkeit zu spielen.«

Die Exklusivität eines Überschallfluges an Bord der Concorde bedeutete auch, dass man eine elitäre und illustere Gruppe von Fluggäste traf. Im Laufe der Jahre flogen Politiker von Weltrang, Prominente und nicht zuletzt extrem wohlhabende Passagiere mit ihr. Auf all diese Menschen wirkte das großartigste Flugzeug der Welt wie ein Magnet. Die Concorde war der Inbegriff von Glanz und Glamour, sie war die erste Wahl für Royals, Aristokraten, Rock- und Filmstars sowie für führende Geschäftsleute. Und an Bord konnte man eine Menge Dinge erleben - von spontanen musikalischen Darbietungen ehemaliger Beatles-Mitglieder bis hin zu rekordverdächtigen Golfspielen. Wenn es etwas gab, in dem sich alle Fluggäste einig waren, dann war es die einhellige Meinung, dass dieser wunderschöne große Vogel das einzige Flugzeug war, in dem man komfortabel, stilvoll und schnell den Atlantik überqueren konnte.

Politiker schmückten sich gerne mit der Concorde. Hier dient Prototyp 001 als Hintergrundkulisse während einer Rede des französischen Präsidenten Georges Pompidou 1971. *[© Stadtarchiv Toulouse, Koll. André Cros, CC BY-SA 4.0]*

Politicians liked to adorn themselves with Concorde. Here, prototype 001 serves as a backdrop during a speech by French President Georges Pompidou in 1971.

Die Wahl der Schönen und Reichen

Wer mit der Concorde flog, trug seinen Namen in eine Passagierliste ein, die einen enormen Glanz und Reichtum ausstrahlte. Man nahm Platz auf Sitzen, auf denen schon zahlreiche Berühmtheiten gesessen hatten - zu diesen zählten Sir Sean Connery, Catherine Deneuve, Brigitte Bardot, Henry Kissinger, Robert Redford, Jack Nicholson, Jeanne Moreau, Sir Mick Jagger, Michael Douglas, Rupert Murdoch, Gwyneth Paltrow, Sir Elton John und Luciano Pavarotti - nur um einige zu nennen. Letzterer bekannte sich zu seinem Körperumfang, indem er zwei Sitze nebeneinander buchte.

Ein weiterer Fluggast war Barbra Streisand, die einmal eindrucksvoll behauptete, dass die Form ihrer prächtigen Nase den Concorde-Konstrukteuren als Inspiration gedient habe. »Sie hätten das Flugzeug *‚The Streisand'* nennen sollen«, so ihre Worte. Vielleicht saß man auch auf dem Sitz, den zuvor der Sänger Sting (oder Mr. Gordon Sumner, wie er üblicherweise auf der Passagierliste vermerkt war) belegt hatte, welcher Folgendes über sein Lieblingsflugzeug sagte: »Ich fühle mich an Bord der Concorde sicherer als auf der Autobahn M3. Sie ist eine riesige treibstoffschluckende Maschine und dennoch ist sie einfach nur wunderschön. Ich mag dieses Paradoxon.«

Obwohl der britische Journalist und Fernsehmoderator Sir David Frost der bekannteste aller regulären Concorde-Passagiere war, kann sein Landsmann, der Geschäftsmann Fred Finn, mit unerreichten 718 Concorde-Flügen den Rekord als meistgereister Concorde-Fluggast für sich beanspruchen. Der französische Geschäftsmann Pascal Le Borgne ist mit mehr als 400 Flügen der meistgereiste Concorde-Passagier bei Air France.

Es herrschte Übereinstimmung darüber, dass sich ganz vorne im Flugzeug die besten Sitze befanden. Daher konkurrierten viele der Passagiere für den Flug nach New York um den begehrten Sitz 1D. Sir David hingegen bevorzugte in einem sanften Akt von Snobismus die Sitzreihe 23, wo er mit etwas Glück weniger Passagiere antreffen und so mehr Platz für ein kleines Überschallschläfchen hatte.

Unter Regierungschefs und Politikern war die Concorde allzeit beliebt. Die französischen Präsidenten Georges Pompidou, Valéry Giscard d'Estaing und François Mitterrand nutzten sie regelmäßig in der Rolle als Flaggschiff für ihre offiziellen Staatsbesuche. James Callaghan war der erste britische Premierminister, der mit Schallgeschwindigkeit in ihr flog, als er zu US-Präsident Jimmy Carter nach Washington reiste, um mit ihm die Landerechte der Concorde in den Vereinigten Staaten auszuhandeln. Callaghans Nachfolger(in) Margaret Thatcher, John Major und Tony Blair nutzen das Flugzeug ebenfalls mit großer Begeisterung.

mes Callaghan

V. Giscard d'Estaing

ost John Paul II.

Jacques Chirac

dward Heath

Georges Pompidou

arold Wilson

François Mitterrand

»Sir Paul McCartney liked to start strumming some of his favourite songs in mid-air at supersonic speeds.«

The exclusivity of supersonic travel meant that when you flew Concorde you joined an elite and illustrious band of travellers. Over the years she carried world leaders and celebrities, as well as the fabulously wealthy. For all of them aviation's grandest aircraft was a magnet. Concorde was the last word in glamour, the choice of royalty, the aristocracy, rock stars, movie stars and top businessmen. And, from impromptu songs by former Beatles to record-breaking golf stunts, anything could happen aboard. If there is one thing they always seemed to agree upon, it was that the beautiful big bird was simply the only way to cross the Atlantic – in comfort, style and speed.

The Celebrity Choice

To fly Concorde was to add your name to passenger lists oozing glamour and wealth. On the same seats might have reposed the bottoms of Sir Sean Connery, Catherine Deneuve, Brigitte Bardot, Henry Kissinger, Robert Redford, Jack Nicholson, Jeanne Moreau, Sir Mick Jagger, Michael Douglas, Rupert Murdoch, Gwyneth Paltrow, Sir Elton John and Luciano Pavarotti - who acknowledged his proportions by booking two seats. Or maybe Barbra Streisand, who once memorably claimed it was the shape of her splendid nose that inspired Concorde's designers. »They should have called the plane 'The Streisand',« she said. Or perhaps your seat was previously occupied by Sting (Mr Gordon Sumner as he usually appeared on the passenger list), who said of his favourite aircraft: »I feel safer on Concorde than I do on the M3. It's a huge gas-guzzling machine and yet it's beautiful. I love that paradox.«

But it was still journalist and TV personality Sir David Frost who could claim to be the best-known regular user - although the most-travelled Concorde passenger was, in fact, the British businessman Fred Finn who clocked 718 flights. Pascal Le Borgne, a French businessman, logged more than 400 trips to become Air France's most frequent Concorde flyer. It was generally agreed that the front of the aircraft was the best place to be: on the New York run, for example, regulars vied for window seat 1D. Sir David, however, in a smooth act of reverse snobbism, favoured row 23. There, with a bit of luck, he would find fewer passengers, and thus more space for him to enjoy a supersonic snooze. Concorde was always popular among world leaders and politicians. The heads of France and Britain flew her many times. French presidents Georges Pompidou, Valéry Giscard d'Estaing, and François Mitterrand regularly used Concorde as their flagship aircraft on official state visits. James Callaghan became the first British premier to go supersonic when he went to meet President Jimmy Carter in Washington to negotiate landings rights for Concorde in the United States. It was enthusiastically used by subsequent prime ministers, including Margaret Thatcher, John Major and Tony Blair (who once privately chartered Concorde to take him to Washington for discussions with President George W. Bush). The Queen used Concorde for her trip to Barbados on her Silver Jubilee in 1977 and subsequent flights including a state visit to the United States in 1991. Pope John Paul II flew to Africa on an Air France Concorde in May 1989.

Prinz Charles und Prinzessin Diana treffen am Flughafen Heathrow zur Eröffnung von Terminal 4 im Jahre 1986 ein. *[© Adrian Meredith]*

Prince Charles and Princess Diana arrive on Concorde at Heathrow Airport for the opening of Terminal 4, 1986.

Catherine Deneuve

Henry A. Kissinger

Tony Blair

Prinzessin Margaret

Prinz Charles

Muhammed Ali

Sir David Frost

Dame Elizabeth Taylor

Letzterer charterte eine Concorde, um mit ihr privat nach Washington zu einer Unterredung mit Präsident George W. Bush zu fliegen. Königin Elizabeth II. flog mit ihr anlässlich ihres 25-jährigen Thronjubiläums 1977 nach Barbados. Zu ihren weiteren Concorde-Flügen zählte auch ein Staatsbesuch in den Vereinigten Staaten im Jahre 1991. Papst Johannes Paul II. reiste 1989 in einer Concorde von Air France nach Afrika.

Besondere und bizarre Momente

Neben der Beförderung von Regierungschefs bei wichtigen Staatsangelegenheiten erlebte dieses wundervolle Flugzeug auch seine bizarren Momente: Beispielsweise bezahlte eine Hostess der feinen Gesellschaft sage und schreibe einmal £2.500 für einen Sitz, nur weil sie für ihre Party in New York unbedingt rechtzeitig eine Schachtel Mayfair-Schokolade geliefert haben wollte. Oder als auf einem der ersten Concorde-Flüge einmal die Mach-Anzeige in der Kabine nicht mehr funktionierte, begann eine beunruhigte aristokratische Passagierin mit ihrer Handtasche auf diese einzuschlagen - dies war Prinzessin Margaret, die Schwester der englischen Königin.

Die Concorde hatte auch ihre sportlichen Momente: Graham »Suggs« McPherson, der Sänger der Popgruppe Madness, beanspruchte den Rekord für den längsten Golfschlag der Welt, da sein Golfball nach dem »Abschlag« den Kabinengang entlangrollte und hierbei fünf Meilen in zwölf Sekunden zurücklegte. Der Golfer Sam Torrance, der stets auf Sitz 1A Platz nehmen wollte, welcher von Queen Elizabeth II. und Prinzessin Diana bevorzugt wurde, fühlte sich dermaßen romantisch zur Concorde hingezogen, dass er während eines Fluges seiner Freundin einen (erfolgreichen) Heiratsantrag machte.

Viele Flugbegleiter erinnern sich, dass im Laufe der Jahre viele Männer ihrer Liebsten einen Antrag machten, sobald das Kabinendisplay Mach 2 anzeigte, und feierten ihre zukünftige Ehe mit einem Glas Champagner, das vom lächelnden Kabinenpersonal serviert wurde.

Obwohl er nicht allzu gerne flog, mochte der frühere Beatle George Harrison die Concorde doch sehr. Einmal gab er für die anderen Passagiere in der Concorde Lounge am JFK Airport ein spontanes Konzert in Form eines Medleys alter Beatles-Hits. Sein ehemaliger Bandkollege, Sir Paul McCartney, nahm häufig seine kleine Lieblingsgitarre als Handgepäck mit auf den Flug. Paul war dafür bekannt, dass er bei entsprechender Ermutigung durch die anderen Fluggäste dann gerne anfing, einige seiner Lieblingslieder bei Überschallgeschwindigkeit zu spielen.

Auch wenn all die Passagiere, die im Laufe der Jahre mit der Concorde geflogen sind, ihr persönliches Concorde-Souvenir in irgendeiner Schublade zur Erinnerung aufbewahren, gibt es keinen Zweifel, dass sie das Flugzeug sehr vermissen.

Special and Bizarre Moments

Besides conveying the world's leaders on serious matters of state, this wonderful aircraft had its more bizarre moments. A high society hostess, desperate to get a box of her favourite Mayfair chocolates to her party in New York in time, paid £2,500 for a seat for the sweets. On one early flight, when the Mach meter on the bulkhead stopped working, a worried aristocratic passenger - the late Princess Margaret, the Queen's sister - started bashing it with her handbag.

Concorde enjoyed her moments in sporting history, too. Graham 'Suggs' McPherson, the lead singer of pop group Madness, claimed a record for the world's longest putt when he hit a golf ball down Concorde's aisle and which travelled five miles in twelve seconds. The golfer Sam Torrance who always tried to book seat 1A - the Queen's and Princess Diana's favourite - felt such a romantic attachment to Concorde that during lunch on one trip he proposed to Suzanne, his wife-to-be. He certainly was not the only one who had this idea. Many flight attendants remember that over the years, once the display in the cabin had reached Mach 2, many men proposed to their sweethearts and celebrated their future marriage with a glass of champagne served by a smiling flight attendant.

Although he was not a great fan of flying, the late Beatle George Harrison loved Concorde and once gave an impromptu concert for passengers in the Concorde Lounge at JFK Airport in New York with a medley of old Beatles hits.

Sir Paul McCartney liked to take his favourite small guitar as hand luggage and was known - when given enough encouragement by other passengers - to start strumming some of his favourite songs in mid-air at supersonic speed.

Although all of her passengers have a souvenir of their times on Concorde tucked away somewhere in a drawer, there is no doubt that every one of them misses the beautiful machine.

Die britische Premierministerin Margaret Thatcher beim Cockpitbesuch während eines Fluges. Bei Staatsbesuchen diente die Concorde als nationales Prestigeobjekt, ähnlich wie die Königliche Yacht *Britannia*.
[© Adrian Meredith]

Prime Minister Margaret Thatcher visits the flight deck during a flight. During state visits, Concorde served as an object of national prestige, similar to the Royal Yacht Britannia.

Sir Sean Connery

Sir Roger Moore

Michael Jackson

George Michael

Sir Mick Jagger

Sir Paul McCartney

Dame Joan Collins

Clint Eastwood

UNVERGESSLICHE MOMENTE UND ANEKDOTEN

MEMORABLE MOMENTS AND ANECDOTES

»Man merkt eigentlich nur, dass man sich fortbewegt, wenn man 6.000 Meter unter sich die Unterschallflugzeuge wie die Boeing 747 sieht, die so aussehen, als würden sie sich rückwärts bewegen.«

– John Hutchinson, früherer Concorde-Kapitän bei British Airways

»The only thing that tells you that you're moving is that occasionally when you're flying over the subsonic aircraft you can see all these Boeing 747s 20,000 feet below you, almost appearing to be going backwards.«

– John Hutchinson, former British Airways Concorde captain

[© Adrian Meredith]

[© John Hutchinson]

»Meine einprägsamste Erfahrung war es, im Mai 1991 mit Ihrer Majestät Königin Elizabeth II. zu einem Staatsbesuch in die Vereinigten Staaten zu fliegen. Es war eine große Ehre und ein Privileg, einer der verantwortlichen Flugkapitäne auf dieser Reise zu sein. Da die amerikanischen Fernsehsender ausgiebig über diesen königlichen Besuch berichteten, war dies zugleich eine phänomenale Werbung für das Vereinigte Königreich. Auf unserem Rückflug nach London stattete Seine Königliche Hoheit Prinz Philip uns einen Besuch im Cockpit ab.

Während eines Linienfluges von Washington nach London erlebte ich einmal bei Mach 2 einen Triebwerksströmungsabriss. Dieser fühlte sich wie ein Aufprall an. Ein solcher Abriss wird durch eine Unterbrechung des Luftstromes in die Triebwerke verursacht und führt zu einem Schubverlust. Hierfür kann es mehrere Ursachen geben. Die Concorde war jedoch dermaßen widerstandsfähig konstruiert, dass sie einen solchen Zwischenfall problemlos überstand. Als ich dann laut Vorschrift den Schub in allen vier Triebwerken auf Null zurückfuhr, hörten der Lärm und das Gepolter auf und das Flugzeug flog wieder ruhig. Wenn man dies tat, war die Bremswirkung jedoch enorm – die Flugbegleiter und Trolleys wurden regelrecht nach vorne geschleudert, so dass sie fast bei uns im Cockpit auf dem Schoß landeten!

Nachdem ich mit unserem Flugingenieur die für diesen Zwischenfall vorgesehene Checkliste durchgegangen war, entschieden wir, wieder langsam und vorsichtig Schub zu geben. Dies funktionierte wunderbar, sodass wir wieder auf Mach 2 gehen und unseren Flug nach London fortsetzen konnten. Nach der Landung in Heathrow ging ich zum vorderen Eingang und verabschiedete mich von jedem Passagier. Und dies war ein Anblick, den ich nie vergessen werde: Unsere Fluggäste hatten den gesamten Alkohol an Bord weggetrunken – den Gin, den Wodka, den Champagner, die Weine und alles andere, was sie in die Finger bekommen hatten. Und ich kann sagen, dass die Concorde eine Menge an Alkohol mitführte. Die Passagiere stiegen in einem Zustand alkoholisierter Euphorie aus dem Flugzeug aus und bedankten sich für diesen wundervollen Flug.

Einmal flog ich eine hundertjährige Dame, die aus Newcastle stammte und noch nie in ihrem Leben zuvor in einem Flugzeug gesessen hatte. Sie hatte sich aber entschieden, zumindest einmal vor ihrem Tod zu fliegen. Wenn es also ein Flugzeug gab, das dafür in Frage kam, dann war es die Concorde. Wir starteten in Heathrow, überflogen die Küstenlinie bei Land's End in Westengland und stiegen dann auf 18.000 Meter, erreichten Schallgeschwindigkeit über dem Meer und landeten schließlich wieder in Heathrow. Man musste der armen lieben Dame beim Aussteigen behilflich sein, da sie so viel Champagner getrunken hatte, dass sie nicht mehr richtig laufen konnte.«

– John Hutchinson, früherer Concorde-Kapitän bei British Airways

»My most memorable experience was to be on the crew of a royal flight when HM The Queen paid a state visit to the United States of America in May 1991. I was very honoured and privileged to be one of the captains involved in that. With the American TV networks covering every step of this royal trip, it was phenomenal advertising for the 'U.K. Limited'. HRH Prince Philip joined us on the flight deck as we flew back to London.« »I had one exciting incident which was an engine surge at Mach 2 while fly-

```
QU JFKKOBA
.NYCXGXA 171650
FOS
FI BAW9002
DT NYC JW C 171645 04
-  TO THE PRESIDENT OF US AS WE FLY SOUTH I WOULD LIKE EXPRESS
HEARTLFELT THANKS ON BEHALF OF PRINCE PHILLIP AND MYSELF FOR A
WONDERFUL VISIT TO WASHINGTON.  WE SHALL NEVER FORGET THE
FRIENDLINESS WITH WHICH YOU AND MRS BUSH LOOKED AFTER US
NOR THE WARMTH OF OUR WELCOME THROUGHOUT OUR STAY.

   WE LOOK FORWARD KEENLY TO SEEING YOU AGAIN IN LONDON IN JULY

   ELIZABETH R
**NOTE RLA TO JFK AND LHR OPS**


MAY171649 AIW 525
@NNNN
```

Funkmeldung von Königin Elizabeth II. an US-Präsident George H. W. Bush. *[© John Hutchinson]*

Radio message from HM Queen Elizabeth II to President George H. W. Bush.

Königin Elizabeth II. und Prinz Philip nach ihrer Landung auf der texanischen Bergstrom Air Force Base während ihres Staatsbesuches in den Vereinigten Staaten 1991. *[© SRA Jerry Wilson / US Department of Defense]*

Queen Elizabeth II and Prince Philip disembark Concorde at Bergstrom AFB, Texas, on their state visit to the USA in 1991.

ing from Washington to London. It felt like being in a crash. An engine surge is a disruption of the air flow to the engine resulting in a loss of thrust. There can be various causes for this. Concorde was designed to take it – she was a very strongly built aircraft. I carried out the first action of the engine surge drill by closing all four throttles which stopped all the banging and shaking, thus enabling the aircraft to return to a smooth flight.

However, when doing this at Mach 2, the deceleration is quite dramatic: the cabin crew and trolleys come and join you on the flight deck, to give you a helping hand!

After going through the drill with my flight engineer, we decided to carefully open up the throttles again and everything was fine, thus enabling us to resume Mach 2 and continue our flight to London. After landing in Heathrow, I went to the front door to say goodbye to everybody. And this was a sight I will never forget: our passengers had drunk the aircraft completely dry and I tell you, Concorde carried a lot of alcohol and they had drunk it all – the gin, the Scotch, the vodka, the champagne, the red wine, the white wine, the cognac, and anything else they could get their hands on. The passengers disembarked Concorde in a state of alcohol-fuelled euphoria, thanking me very much for a wonderful flight.«

»I once flew a lady from Newcastle who was a hundred years old and who had never flown before. She had decided to fly at least once before she died and if there was any one aircraft to do it on, it had to be Concorde. We did an 'around the bay flight' which meant that we took off at Heathrow, passed the coastline near Land's End in western England, climbed to 60,000 feet, flew supersonically over the sea, and landed at Heathrow again. The poor, dear lady had to be helped off the aircraft at the end of the flight because she had so much champagne that she could not walk steadily.«

– John Hutchinson, former British Airways Concorde captain

[© Pierre Grange]

»Während eines Rückfluges aus Cayenne, Französisch-Guayana, war unsere Concorde fast leer. Nach unserem Zwischenstopp in Dakar startete ich das Flugzeug für den Weiterflug nach Paris. Die Concorde war leicht und ich ließ die Nachbrenner vom Start bis zur Erreichung von Mach 1,7 eingeschaltet. Unter diesen Bedingungen betrug unser Steigwinkel beindruckende 20°. Wir erreichten Mach 1,7 und eine Höhe von 13.000 Metern nur zwölf Minuten nach unserem Abheben.«

– Pierre Grange, früherer Concorde-Pilot bei Air France

»We returned from Cayenne (French Guiana) with an almost empty Concorde. I was in charge of the take-off from Dakar to Paris. The aircraft was light and I kept the reheats on all the way from take-off to Mach 1.7, the beginning of the supersonic cruise. Under these conditions the climbing angle was close to 20° and it was very impressive. We reached Mach 1.7 and a height of 43,000 feet about twelve minutes after take-off.«

– Pierre Grange, former AF Concorde pilot

[© Frank Debouck]

»Einer der Flüge, der einen nachhaltigen Eindruck bei mir hinterließ, war mit Michael Jackson an Bord. Die Concorde musste aus irgendeinem Grund ihren Startvorgang notfallmäßig abbrechen, was den Sänger veranlasste, auf einen Unterschallflug umzusteigen. Einen anderen denkwürdigen Moment erlebte ich mit einer älteren Dame, die einen Überschallflug mit der Concorde als Geschenk von ihrer Familie erhalten hatte. Das Flugzeug startete in Paris, flog raus auf den Atlantik, erreichte Mach 1 und kehrte zurück nach Paris. Nach der Landung war ich dabei, als ihre Familie sie fragte, wie ihr der Flug gefallen habe. Die Dame erwiderte: »Es war toll, da die Busse hin- und herfuhren, damit man gut zum Flugzeug gelangte.««

– Frank Debouck, früherer Concorde-Manager bei Air France

»One of the flights that particularly left an impression on me was a flight departure with Michael Jackson. Concorde had to make an emergency stop during take-off , and this abandoned departure finally prompted our star to choose a subsonic flight. I recall another memorable moment with an elderly lady who went on a supersonic flight with Concorde as a gift from her family. This was a flight that took off from Paris, flew over the Atlantic to reach Mach 1 and returned to Paris. After the flight, I was present when her family asked: 'So Granny, how was it?' The lady responded: 'It was great; there are buses going back and forth, so you can get on the aircraft!'«

– Frank Debouck, former AF Concorde manager

Rechts: Das Autogramm von Sir Patrick Stewart für Suzanne mit der Widmung »Make it so« (»Energie!«). Stewart hatte für viele Jahre die Rolle des Captain Picard in »Star Trek« gespielt.

Right: Sir Patrick Stewart's autograph for Suzanne with the dedication »Make it so«. Stewart is best known for his role as Captain Picard in »Star Trek«.

»Eines Tages machte ich meiner Mutter ein Muttertagsgeschenk, indem ich sie auf einen Concorde-Flug nach New York mitnahm und sie für die Landung ins Cockpit einlud. Da sie mit einer Boeing 747 zurückflog, ging ich davon aus, dass ich lange vor ihr wieder in London Heathrow sein würde. Als wir zu unserem eigenen Rückflug starteten, zwang uns ein Triebwerksproblem jedoch, unseren ganzen Treibstoff abzulassen und zum New Yorker JFK Airport zurückzukehren, wo wir die Reparatur abwarten mussten. Als wir schließlich in Heathrow landeten, saß meine Mutter dort und wartete auf mich.

Meine eindrucksvollste Erinnerung an Bord der Concorde war es, meinen Helden Sir Patrick Stewart zu treffen: Ich war gerade damit beschäftigt, den einsteigenden Passagieren für den bevorstehenden Flug nach New York behilflich zu sein, als ich mich umdrehte und er auf einmal vor mir stand. Ich legte meine Hände auf mein Gesicht und sagte: »Oh Patrick!« Er mache umgehend die gleiche Geste und erwiderte: »Oh Suzanne!« Es war wunderbar, ihn an Bord zu haben. Ich glaube, dass ich sogar sagte, dass ich dermaßen in ihn vernarrt war, dass ich sogar sein Badewasser trinken würde, als sich just in diesem Augenblick die Toilettentür öffnete und er vor mir stand – er hatte jedes Wort gehört! Als Besatzungsmitgliedern war es uns eigentlich nicht gestattet, unsere Fluggäste um Autogramme zu bitten, aber mein Vorgesetzter fragte Patrick und so wurde ich zur stolzen Besitzerin einer signierten Concorde-Speisekarte – ich bekam sogar einen Kuss von ihm. Dies ist zweifellos meine tollste Erinnerung.«

– Suzanne O'Donoghue, frühere Concorde-Flugbegleiterin bei British Airways

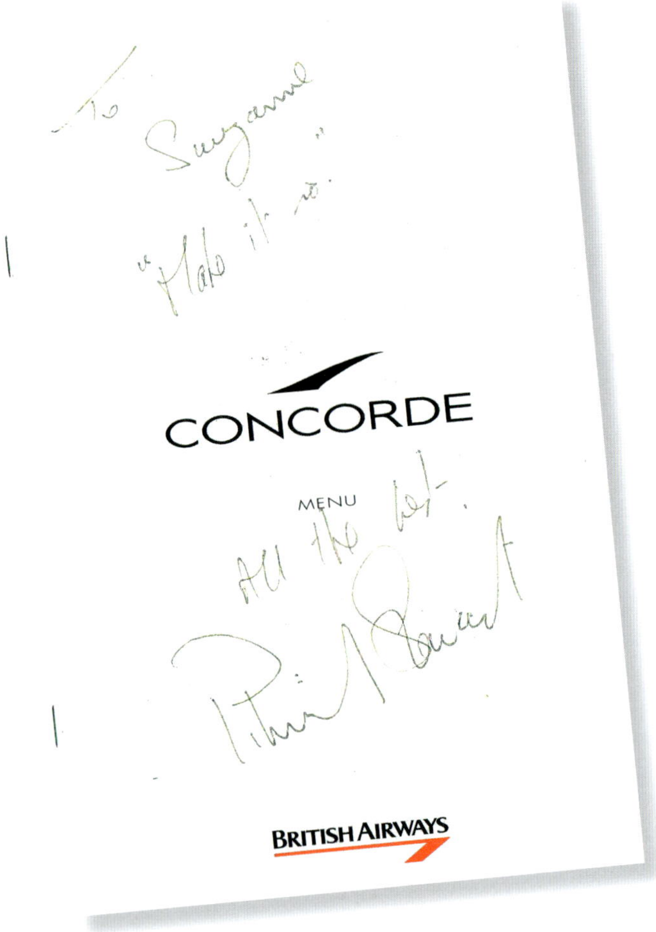

Suzanne O'Donoghues Mutter genießt ihren Überschallflug mit der Concorde. *[Alle Bilder: © Suzanne O'Donoghue]*

Suzanne O'Donoghue's mother enjoying her supersonic flight on Concorde. Note the dedication which reads »Make it so«.

»I did take my mother on a flight to New York for Mother's Day, and she was also invited onto the flight deck for landing. She flew back on a Boeing 747, so it was expected that I would be back at London Heathrow long before her. When we took off on Concorde we had an engine problem so we had to dump all our fuel and go back to JFK Airport, New York and wait for it to be fixed. By the time we eventually arrived at Heathrow my mother was waiting for me. »Meeting my hero Sir Patrick Stewart would be my most memorable experience. I was busy seating passengers on a flight going to New York, I turned around and there he was standing in front of me! I put my hands to my face and said, »Oh Patrick.« He very quickly did exactly the same and said, »Oh Suzanne.« He was an absolute delight to fly with. I even believe I said that I loved him so much that I would drink his bath water, just as he opened the toilet door that I was standing next to – he had heard every word!As crew we were not supposed to ask for autographs but my in-charge crew member, did ask and I am happy to report that I am now the proud owner of a signed Concorde menu; I even got a kiss. That definitely is a personal memory.«

– Suzanne O'Donoghue, former BA Concorde flight attendant

»Als ich einmal für eine Spätschicht von 14:30 Uhr bis 22:50 Uhr eingeteilt war, fragte man mich, ob ich mich um eine Concorde kümmern könnte, die leer aus New York zurückgekehrt war. Nachdem sie zu ihrem Standplatz gerollt war, schlossen wir die externe Stromversorgung an und schoben eine Treppe zum vorderen Eingang, damit die Crew aussteigen konnte. Als ich mit dem Flugingenieur den technischen Zustand des Flugzeuges besprach, bat er mich, nicht ins Cockpit zu gehen, da sich dort ein ganz besonderer Fluggast aufhielt, der einige Minuten für sich haben wollte. Eine Viertelstunde später trat dieser Passagier aus dem Cockpit heraus und ich stellte zu meiner Verblüffung fest, dass es sich um Brian Trubshaw, den britischen Concorde-Testpiloten, handelte und schüttelte ihm die Hand. Wir kannten uns gut seit unseren gemeinsamen Tagen beim Flugerprobungszentrum in Fairford. Brian erzählte mir, dass dies sein letzter Flug als Pilot einer Concorde gewesen war. Er war erfreut, mich an diesem Flugzeug zu treffen und dass ich noch immer an dieser besonderen Flotte arbeitete - es war ein wirklich unvergesslicher Moment.«

– Philip Cairns, früherer Concorde-Mechaniker bei British Airways

»One day I was on the late shift from 14:30 to 22:50. I was asked to meet a Concorde coming back from New York empty. She taxied on to the stand and we put on ground power and a set of steps at the front passenger door for the crew to disembark. I went up to the front door to debrief the flight engineer on the aircraft's technical state. He then told me not to go up to the flight deck as there was a special guest there, who wanted to spend a few moments on his own. Fifteen minutes later, this special guest emerged from the flight deck and to my amazement I found myself shaking hands with Brian Trubshaw, Concorde's British test pilot. We knew each other well from our days at the Fairford Flight Test Centre. Brian told me that this had been his last flight as a pilot on Concorde. He was delighted that we met at the aircraft and also that I was still working on this special fleet – it was a most memorable moment.«

– Philip Cairns, former BA Concorde ground engineer

Flugzeugmechaniker Philip Cairns (rechts) mit Testpilot Brian Trubshaw. *[© Philip Cairns]*

Ground engineer Philip Cairns (right) with test pilot Brian Trubshaw.

»Mein Flug mit der Concorde war die Erfüllung eines Traumes und zugleich eine einzigartige Erfahrung. Ich flog mit ihr nicht aus beruflichen Gründen oder zum Vergnügen – ich wollte einfach nur wissen, wie es sich anfühlt, in dieser lebenden Maschine zu sitzen, wenn sie raketenartig beschleunigt und dann anmutig durch die Stratosphäre gleitet. Für mich war dieser Flug keine Wahl, sondern eine Art innerer Drang, der mich zwang, an dem Tag, als ihre Außerdienststellung 2003 angekündigt wurde, einen Hin- und Rückflug für $7.000 zu buchen. Ich musste einfach mit ihr fliegen.«

– Johnathan Safford, amerikanischer Concorde-Passagier

»Having the opportunity to fly Concorde was not only a dream come true, it was the experience of a lifetime. I didn't fly on her for business or for leisure – I flew on her purely to experience a living, breathing machine that was capable of rocketing you to enormous speed while gracefully cutting through the stratosphere. For me it wasn't a choice – there was something primal within me that forced me to book a $7,000 roundtrip ticket on the day her retirement was announced in 2003. I simply had to fly on her.

– Johnathan Safford, American Concorde passenger

[© Johnathan Safford]

[© Annick Moyal]

»Eines Tages kam ein elegantes Ehepaar für einen Flug von Washington nach Mexiko-Stadt an Bord. Die Dame trug ein Abendkleid und der Mann einen Smoking. Während wir ein leichtes Abendessen servierten, bediente ich die Fluggäste in einer Sitzreihe vor dem Paar. Ich sah, wie der Mann eine geöffnete Weinflasche festhielt und bevor ich sie ihm abnehmen und auf dem Trolley abstellen konnte, fiel sie ihm aus der Hand und der Inhalt ergoss sich auf sein Hemd.

Wir baten ihn daraufhin, uns zur hinteren Galley zu begleiten und sagten ihm dort, dass es das Beste sei, das Hemd zu waschen, was wir dann auch taten. Als wir dem Mann eine Decke gaben, bat er um ein Messer, schnitt ein Loch in die Mitte und zog sie wie einen peruanischen Poncho über. Dann begab er sich unter dem Applaus der Fluggäste der hinteren Kabine – und zum Unmut seiner Frau – wieder zu seinem Sitzplatz. Das Hemd zu waschen war einfach, aber es schnell zu trocknen stellte ein Problem dar. Also taten wir dies im Ofen der ohnehin schon sehr warmen Galley. Kurze Zeit später war es trocken, weiß und sauber. Der Mann bedankte sich und reichte uns vor der Landung einen Zettel, auf dem stand: »Ich wusste, dass Air France einen sehr guten Service bietet... mir war aber nicht bekannt, dass die Fluglinie auch eine exzellente Wäscherei besitzt!««

– Annick Moyal, frühere Concorde-Flugbegleiterin bei Air France

»One day, for a flight from Washington to Mexico City, an elegant couple came aboard Concorde. She was wearing an evening dress and he was in a dinner jacket. We served a light dinner and I was busy serving the row in front of the couple when I saw him holding an opened bottle of red Bordeaux, and before I could help him put it back on the trolley, he dropped it. We asked him to follow us to the rear galley and told him that the best thing to do was to wash his shirt. So we did. In the meantime we handed him a blanket; he asked for a knife, made a big hole in the middle and put it on like a Peruvian poncho. He went back to his seat with applause from the rear cabin … and to his wife's displeasure. Washing the shirt was easy but drying it was quite a problem. We decided to open the oven – the galley was so warm that we almost suffocated – but the shirt came out white and neat. He thanked us and before landing he handed us a note with the words: 'I knew Air France had a very good service … but I did not know they had an excellent laundry!'«

– Annick Moyal, former AF Concorde flight attendant

»Während eines Erprobungsfluges befanden wir uns über dem Golf der Biskaya und sahen 2.000 Meter unter uns zwei Mirage-Jäger der französischen Luftwaffe, wie sie versuchten, übungsweise einen Angriff auf uns durchzuführen. Ich beobachtete ihre Kondensstreifen, da es zunächst so aussah, als würden sie zu uns aufschließen, aber dann gaben sie auf, da ihnen der Treibstoff ausgegangen wäre, bevor sie nahe genug für ihren »Angriff« an uns herangekommen wären. In dieser und in ähnlichen Situationen stellte ich mir voller Bewunderung oft die Frage: *Ist dies wirklich ein Verkehrsflugzeug?*

Ich erinnere mich auch an eine Situation, in der es wegen eines technischen Defektes eine Startverzögerung gab. Zwei kleine Jungen rannten auf dem Gang in der Kabine hin und her und behinderten mein Team bei der Reparatur. Ich suchte daher nach ihrem Vater, um ihn zu bitten, seine Kinder etwas zu bändigen. Es stellte sich heraus, dass der Vater Mick Jagger war, welcher sich sofort in aller Form bei mir entschuldigte und seine beiden Jungen in unmissverständlicher Sprache anwies, sich hinzusetzen.

Die Concorde war das bestimmende Element in meiner Luftfahrtkarriere und brachte mich sogar mit meiner liebevollen Frau Liz zusammen.«

– Ricky Bastin, früherer Concorde-Techniker bei British Airways

»On a test flight, we were over the Bay of Biscay, watching two French Air Force Mirages 20,000 feet below us attempting a practice intercept on us. I watched the contrails as the aircraft seemed to close on us, but the Mirages soon gave up: they just didn't have the ability to get close enough for an intercept before running out of fuel. On so many of these occasions I would sit in absolute wonder, thinking 'Is this an airliner?'

»I remember on one occasion we had a delayed departure due to a technical defect. Two young boys were running up and down the cabin, and were in the way of my team that were sorting out the problem and so I sought out their father and asked him the 'calm the kids down a bit', that father being Mick Jagger who apologized to me profusely and in no uncertain terms told the boys to sit down. Concorde defined my career in aviation, and even brought my lovely wife Liz and I together.«

– Ricky Bastin, former BA Concorde ground engineer

»Meine aufschlussreichste Begegnung an Bord der Concorde hatte ich mit Sir Harold Macmillan, der meines Wissens nach von Singapur nach China reiste. Nach unserer Zwischenlandung in Bahrain durfte er mit seinem Adjutanten an Bord bleiben. Ich erkannte, dass dies die einzige Möglichkeit war, ihn persönlich zu treffen. Also ging ich zu ihm, ohne jemanden vorher um Erlaubnis zu bitten, der mir dies vielleicht verwehrt hätte. Ich stellte mich als Erster Offizier Christopher Orlebar vor und er stellte sich (als ob ich das nicht gewusste hätte) als Harold Macmillan vor. 1962, als die Vertragsunterzeichnung mit den Franzosen zum Bau der Concorde erfolgte, war er britischer Premierminister. Daher fragte ich ihn, warum die Produktionsstraße für die Concorde nicht so lang *wie sein Arm war.* Er erwiderte sofort: »Amerikanischer Neid, mein Junge, amerikanischer Neid.«« (Mach 2 Magazine, Ausgabe April 2017)

– Christopher Orlebar, früherer Concorde-Pilot bei British Airways

»My most telling encounter was with Sir Harold Macmillan who was flying out to Singapore en route I believe to China. After landing at Bahrain he was allowed to stay on board with his valet. I realized that this would be the only chance I would ever have of meeting him. So without telling anybody who might have said 'no', I went back to introduce myself. I said clearly that I was the First Officer Christopher Orlebar; he replied with equal clarity, as if I did not know, that he was Harold Macmillan. Since he had been the British Prime Minister in 1962 when the treaty was signed with France to build a supersonic airliner, I thought it fair to ask why there had not been a production line for Concorde 'as long as your arm'. He immediately replied, 'American jealousy, my dear boy, American jealousy.'« (Mach 2 magazine, issue April 2017)

– Christopher Orlebar, former BA Concorde pilot

Kapitän Derek Woodley erinnert sich an eine Anekdote von einer Flugshow im indonesischen Jakarta im Jahre 1996: »Während der gesamten Air Show diente unsere Concorde Alpha Delta als statisches Ausstellungsstück. Aus Sicherheitsgründen waren Besuche an Bord beschränkt. Dennoch wollten die Flieger zahlreicher Nationalitäten einen Blick in unser Cockpit werfen, insbesondere einige russische Piloten der Flugzeugmuster MiG-29 und Suchoi Su-30, die zudem recht detaillierte Fragen stellten. Hmmm!« (Mach 2 Magazine, Ausgabe April 2017)

– Derek Woodley, früherer Concorde-Kapitän bei British Airways

Captain Derek Woodley recalls an anecdote about the 1996 air show in Jakarta, Indonesia: »Concorde Alpha Delta remained in the static display for the duration of the show. Visits on board were restricted for security reasons. Pilots of many nationalities were very keen to have a look at our flight deck, especially some Russian MiG-29 and Sukhoi Su-30 pilots, who asked some very searching questions. Hmmm!« (Mach 2 magazine, issue April 2017)

– Derek Woodley, former BA Concorde captain

»Ich kam in den Genuss einer Concorde-Erfahrung in Form eines Überschallrundfluges (Supersonic Loop). Dieser ging ab Paris ohne Gepäck und mit reduzierter Treibstoffmenge im Vergleich zu einem Transatlantikflug. Der Start mit seiner ungeheuren Beschleunigung war ein großartiger Augenblick. Als etwas aus dem Ablagefach vor mir auf den Boden fiel, versuchte ich, mich aufzurichten, um den Gegenstand aufzuheben, doch war dies aufgrund der Kraft der Beschleunigung nicht möglich - ich klebte förmlich an meinem Sitz.

Meine Erinnerung an den Himmel ist ebenfalls noch sehr präsent: Er war tiefblau und es schien, als würden wir an der Grenze zum Weltraum fliegen. Während wir im Smoking sitzend unsere Champagner-Gläser in der Hand hielten, kam uns Chuck Yeager in seinem Fluganzug, Helm und Atemgerät in den Sinn, wie er an Bord seines Experimentalflugzeuges Bell X-1 wie ein Blatt im Wind hin und her geschüttelt wurde.«

– Philippe Gebarowski, französischer Concorde-Passagier und ehrenamtlicher Mitarbeiter im Musée de l'Air et de l'Espace Le Bourget

»Having made my flight on the occasion of a 'supersonic loop' from Paris, without luggage and with a lower fuel quantity than a transatlantic flight, the takeoff was really a powerful moment with an impressive acceleration. Something had slipped out of the pocket in front of my seat; I tried to get up and pick it up … it was impossible with the force of this acceleration that 'stuck' me to the seat. Another striking memory is the colour of the sky – a very deep blue, almost as if we were on the edge of space. We wore tuxedos, with glasses of champagne in hands and our thoughts turned to Chuck Yeager in his flight suit with helmet and mask, shaken like a leaf aboard his experimental aircraft Bell X-1 'Glamorous Glennis'.«

– Philippe Gebarowski, French Concorde passenger and Le Bourget aviation museum volunteer

Im Sommer 1985 feierte die Queen Mum ihren 85. Geburtstag in der Ortschaft St. Paul's Walden, von wo ihre Familie mit dem Namen Bowes-Lyon herstammte. Unter den rund 400 geladenen Gästen waren Kapitän John Hutchinson und seine Frau Sue. Einige Tage zuvor hatte die Queen Mum einen Flug mit der Concorde gemacht, den British Airways ihr zum Geburtstag geschenkt hatte. Nach der Landung hatte sie diesen als eine fantastische Erfahrung gepriesen. John, der ihr während der Veranstaltung persönlich vorgestellt wurde, erinnert sich an eine interessante Anekdote: »Nachdem sie mich gefragt hatte, ob ich einer der Concorde-Piloten auf ihrem Geburtstagsflug gewesen war (was nicht der Fall war), bemerkte sie: »Sie wissen sicherlich, dass Sie an meiner Londoner Residenz, Clarence House, vorbeifliegen, wenn sie in Heathrow eine bestimmte Landebahn benutzen?« Ich erwiderte, »Ja, Madam, ich bin mir dessen bewusst.« Sie sagte daraufhin: »Einer Ihrer Flüge trifft ungefähr dann ein, wenn ich meinen ersten abendlichen Gin Tonic trinke. Nun, sollte es sich ergeben, dass Sie diese bestimmte Landebahn benutzen und ich gleichzeitig im Clarence House bin, werde ich mit meinem Gin Tonic zum Fenster kommen und Ihnen zuwinken.« Ich schaute sie an und sagte: »Machen Sie das wirklich?« Worauf sie antwortete: »Ja, das mache ich, weil ich dieses Flugzeug so sehr mag.« Ich erwiderte: »Dann sage ich Ihnen, was ich ab jetzt tun werde – sollte es sich ergeben, dass ich auf dieser bestimmten Landebahn lande und das Wetter gut ist, werde ich meine Lichter während des Vorbeifliegens an Ihrem Haus anschalten und leicht mit den Flügeln wackeln.« Zu meinem Bedauern habe ich nie eine Anfrage an das Clarence House geschickt, um zu erfahren, ob Queen Mum auch wirklich gesehen hat, dass ich dies auch tatsächlich gemacht habe.«

– John Hutchinson, früherer Concorde-Kapitän bei British Airways

In the summer of 1985 The Queen Mother celebrated her eighty-fifth birthday at St Paul's Walden, the home of her family line, the Bowes-Lyon family. Among the 400 people attending the event were Captain John Hutchinson and his wife Sue. The Queen Mother who just had flown with Concorde a few days earlier, as this had been a birthday present to her from British Airways, praised the flight as a fantastic experience. John was introduced to her during the event. He recalls an interesting anecdote: »After asking me if I had been one of the pilots on her birthday flight (which I had not) she remarked, 'You do know that when you are landing at Heathrow on a particular runway you are flying right in front of my London home, Clarence House?' I replied, 'Yes, ma'am, I am aware of that.' She then said, 'One of your flights comes in about the time for my first gin and tonic of the evening. Well, whenever you are using that particular runway and if I am at Clarence House, I always come to the window with my gin and tonic and wave to you.' And I looked at her and said, 'You don't really, do you?' She said, 'Yes, I do because I love that aircraft so much.' I replied, 'I'll tell you what I will do from now on: if I am ever coming in to land on that runway and if the weather is good, I will flash my landings lights at you as I fly past and waggle my wings.' My great sadness is that I never sent a message to Clarence House to ask if she had seen me doing this.«

– John Hutchinson, former BA Concorde captain

»Im Oktober 2002 befand ich mich als Kapitän einer Boeing 747 von Air France auf einem Flug in östlicher Richtung nach Paris. Der Fluglotse teilte uns mit, dass sich uns eine Concorde von British Airways näherte und uns rechts überholen würde. Innerhalb von Sekunden konnten wir dieses großartige Flugzeug nur einige hundert Meter über uns erkennen. Dies war das erste Mal, dass ich eine Concorde während des Fluges sah. Die Rundungen der Deltaflügel, der lange und schmale Rumpf, die weiße Lackierung und die Kondensstreifen hinter den Triebwerken boten einen wunderschönen Anblick in diesem so besonderen Licht in großer Höhe. Dieses Bild hat sich in meine Erinnerung eingeprägt. Ich war sehr überrascht von der Schnelligkeit dieses grandiosen Flugzeuges: Innerhalb einer Minute war die Concorde aus unserem Bickfeld verschwunden, aber noch Jahre später kann ich mich an diesen Moment erinnern. Dies war ein Teil ihrer Magie.«

– Alain Rolland, früherer Kapitän einer Boeing 747 bei Air France

»I was the captain of an Air France B-747 on a flight eastbound to Paris de Gaulle Airport in October 2002. The air traffic controller simply gave us a 'traffic information' – a British Airways Concorde flight was close to us, passing us on our right side. Within seconds, we could see this magnificent aircraft flying a few hundred meters above us. It was the first time I saw a Concorde in flight. What a wonderful sight! The curves of the so-called 'gothic delta wing', the long and narrow fuselage, the white colour in that very specific light at high altitude, the contrails rushing behind the engines – these images will be etched in my memory forever. I was also totally surprised by the speed of this superb aircraft, so that I glanced at my instrument panel. Within a minute, she was gone, out of view, but even years later I still remember this moment. This was part of Concorde's magic.«

– Alain Rolland, former AF Boeing 747 captain

Die Abendsonne hebt die elegante Form der Concorde hervor. In den späten 1990er-Jahren glaubten viele, dass der Jet noch lange fliegen und den Menschen Freude bereiten würde... doch es sollte anders kommen. *[© Spencer Wilmot]*

The evening sun highlights Concorde's elegant curves. It seemed as if her success story would continue for a long time to come... but that was not the case.

AU REVOIR UND FAREWELL

AU REVOIR AND FAREWELL

»Wenn du das Fliegen einmal erlebt hast, wirst du für immer auf Erden wandeln, mit deinen Augen himmelwärts gerichtet. Denn dort bist du gewesen und dort wird es dich immer wieder hinziehen.«

– Leonardo da Vinci

»Once you have tasted flight, you will forever walk the Earth with your eyes turned skyward, for there you have been, and there you will always long to return.«

– Leonardo da Vinci

[© Adrian Meredith]

Tragödie und Comeback

Seit ihren ersten kommerziellen Flügen im Jahre 1976 war die Concorde zu einem alltäglichen, aber immer bewunderten Anblick auf den Flughäfen der Welt geworden. Obwohl sie in den frühen 1970er-Jahren als noch Fehlinvestition gegolten hatte, wurde sie nicht nur zu einer Ikone des französischen und britischen Prestiges, sondern erzielte als Verkehrs- und Charterflugzeug auch beträchtliche Einnahmen für Air France und British Airways. In ihrer Dienstzeit flog sie ihre Passagiere zu mehr als 350 internationalen Zielen. Für viele Concorde-Liebhaber sah es so aus, als würde dieser Traum ewig andauern. Doch es sollte anders kommen.

Das Denkmal am Pariser Flughafen Charles de Gaulle im Gedenken an die 113 Opfer des Fluges AF 4590. Eine zweite Gedenkstätte wurde in der Nähe der Absturzstelle bei Gonesse errichtet. *[© Hubert Michaut]*

The memorial at Charles de Gaulle Airport Paris honouring the 113 crash victims of flight AF 4590. A second memorial was established near the crash site at Gonesse.

Als die Concorde F-BTSC von Air France, bekannt als Sierra Charlie, am 25. Juli 2000 am Flughafen Paris Charles De Gaulle mit der Flugnummer Flug AF 4590 die Startbahn entlangraste, um zu ihrem Flug nach New York zu starten, überrollte eines ihrer Räder einen 40 cm langen Streifen aus Titan, der einen Reifen zerfetzte. Eine McDonnell Douglas DC-10-30 von Continental Airlines hatte diesen Streifen bei ihrem Start einige Minuten zuvor verloren. Der offizielle Bericht der französischen Untersuchungsbehörde für Flugunfälle (Bureau d'Enquêtes Accidents) kam zu der Schlussfolgerung, dass die Trümmerteile des zerfetzten Reifens »mit großer Wahrscheinlichkeit« von unten gegen den Treibstofftank im linken Flügel geschleudert wurden und die dabei entstandene Druckwelle Risse im Tank verursachte. Der daraufhin ausströmende Treibstoff entzündete sich und verursachte ein Feuer. Der anschließende Triebwerksausfall führte dazu, dass das Flugzeug kurz nach seinem Start auf ein Hotel im nahegelegenen Gonesse stürzte und alle hundert Passagiere und neun Besatzungsmitglieder an Bord sowie vier Menschen im Hotel ums Leben kamen. AF 4590 war ein Charterflug der deutschen Peter Deilmann Reederei. Die Fluggäste befanden sich auf ihrem Weg nach New York, um dort an Bord des Kreuzfahrtschiffes MS *Deutschland* für eine 16-tägige Kreuzfahrt zu gehen.

Der Absturz von AF 4590 war der einzige tödliche Unfall in der Geschichte der Concorde. Da die Ursachen und Umstände für diese Tragödie bis heute sehr umstritten sind, wurden sie auch Gegenstand verschiedener Bücher, Artikel, Untersuchungen und Debatten. Kurz nach dem Absturz von Sierra Charlie wurde ein Flugverbot für die übrigen Concordes beider Fluglinien verhängt. Wenig später erhielten die Flugzeuge zur Erhöhung ihrer Sicherheit verschiedene Modifikationen. Zu diesen zählten aufwändige Kevlar-Innenverkleidungen in den Tanks, sichere elektrische Verbindungen sowie speziell entwickelte neue berstsichere Reifen.

Im Januar und April 2001 führte EADS im südfranzösischen Istres zwei Testflugprogramme durch, um diese Modifikationen sowie den neu entwickelten NZG-Reifen von Michelin zu zertifizieren. Die französische Testflugbesatzung bestand aus Testpilot Pierre Grange (Air France Concorde-Pilot von 1984-89) und Airbus-Testflugingenieur Didier Ronceray. Beide wurden von Edgard Chillaud, dem Concorde-Chefpiloten von Air France, sowie dem Flugingenieur Roger Béral unterstützt.

Der erste Flug mit einer Fluglinienbesatzung erfolgte am 17. Juli 2001 unter dem Kommando von Mike Bannister, dem Chefpiloten von British Airways, und wurde als Erfolg gewertet. Der erste Testflug mit Passagieren, allesamt Mitarbeiter von British Airways, erfolgte jedoch an einem schicksalhaften Tag - dem 11. September 2001. Als die Concorde von diesem Testflug zurückkehrte, war die Welt eine andere.

Da viele Concorde-Kunden ihre Büros im New Yorker World Trade Center hatten, kamen an diesem Tag etwa 40 von ihnen ums Leben. Nichtsdestotrotz nahmen sowohl Air France als auch British Airways am 7. November 2001 ihren normalen Linienflugbetrieb nach New York mit Sierra Delta (F-BTSD) und Alpha Echo (G-BOAE) wieder auf. André Turcat, Kapitän des Jungfernfluges des Concorde-Prototypen im Jahre 1969, war an diesem denkwürdigen Tag an Bord von Sierra Delta. Während des Fluges hielt er vor seinen Mitreisenden eine Rede, in der er sein unerschütterliches Vertrauen in die Konstruktion der Concorde sowie seine Überzeugung zum Ausdruck brachte, dass die Menschheit jede technologische Herausforderung bewältigen könne.

Alain Verschuere, der 1982 zu Air France kam und zehn Jahre später Concorde-Purser (Leitender Flugbegleiter) wurde, erinnert sich: »Ich hatte das große Privileg, zur Besatzung dieses Fluges zu gehören, der eine Art Wiedergeburt der Concorde symbolisierte. Zu unseren Passagieren gehörten der Präsident von Air France, Jean-Cyril Spinetta, und der französische Verkehrsminister. Später konnte man zusammen mit einem Foto unserer Concorde die folgende Schlagzeile in den amerikanischen Zeitungen lesen: »SHE IS BACK«! Die britische Concorde landete eine Stunde später, da die Flugsicherung nicht in der Lage war, die Ankunft von zwei Concordes gleichzeitig zu handhaben.«

Der New Yorker Bürgermeister Rudy Giuliani begab sich später an Bord der gerade gelandeten Alpha Echo, um die Passagiere zu begrüßen und sie scherzhaft zu bitten, »während ihres Besuches doch bitte viel Geld auszugeben«. Während die New Yorker 1976 noch versucht hatten, die Concorde auszusperren, begrüßten sie sie nun mit der größten Herzlichkeit, die man sich vorstellen konnte: Schließlich waren die großen US-Flughäfen nun dankbar für jedes Flugzeug, das nach den Anschlägen vom 11. September 2001, die das öffentliche Vertrauen in den Flugverkehr stark erschüttert hatten, in den Vereinigten Staaten landete.

Tragedy and Comeback

Since her first commercial flights in 1976, Concorde had become a common, yet always admired sight at airports around the world. Although seen as a white elephant in the early 1970s, Concorde not only became an icon of French and British prestige, she also generated considerable revenue for both Air France and British Airways as a commercial airliner and charter aircraft, flying to more than 350 international destinations. For many Concorde lovers – professionals and enthusiasts alike – it seemed that the dream would last forever.

On 25 July 2000, however, as Air France Concorde F-BTSC, known as Sierra Charlie (Flight AF 4590), sped down the runway at Charles De Gaulle Airport in Paris to take off for New York, one of her wheels struck a 16-inch piece of titanium alloy that had been lost by a Continental Airlines McDonnell Douglas DC-10-30 taking off a few minutes earlier, thus shredding one of Concorde's tyres. According to the official report from the French Bureau d'Enquêtes Accidents, »in all probability« the debris from this tyre blowout pounded the nearby left wing, sending reverberations through the fuel tanks powerful enough to rupture them and causing a deadly stream of ignited aviation fuel.

Concorde Sierra Charlie (F-BTSC) in einer speziellen Lackierung, die sie für ihre Rolle im Kinofilm *Airport '79 – Die Concorde* (1979) erhielt. Im Jahre 1989 flog Papst Johannes Paul II. mit ihr nach Afrika. Am 25. Juli 2000 stürzte sie jedoch nach ihrem Start in Paris ab. Das Unglück forderte insgesamt 113 Menschenleben. Concorde-Purser Alain Verschure: »Der 25. Juli 2000 wird für immer ein Datum der Trauer sein, denn das Undenkbare geschah, als die Concorde mit deutschen Touristen an Bord verunglückte. Ich hatte an diesem Tag Bereitschaftsdienst, falls ein Kollege für den Flug ausfiel... mein Glücksstern hatte jedoch über mich gewacht.« *[Großes Bild: © Airbus / Kleines Bild: © Alain Verschuere]*

Sierra Charlie (F-BTSC) painted in a special livery while in use for the 1979 movie Airport '79: The Concorde*. She carried Pope John Paul II to Africa in 1989 but was destroyed in a crash after take-off from Paris CDG Airport on 25 July 2000, killing 113 people. Air France Concorde purser Alain Verschure: »The 25th of July 2000 will forever be a date of mourning. The unthinkable happened: Concorde crashed with German tourists on board. I was a stand-by purser for this flight .... my lucky star protected me.«*

The subsequent fire and engine failure caused the aircraft to crash into a hotel in nearby Gonesse shortly after takeoff , killing all hundred passengers and nine crew aboard and four in the hotel. AF 4590 was a charter flight organized by the German company Peter Deilmann Cruises, and the passengers were on their way to board the cruise ship MS Deutschland at New York City for a sixteen-day cruise. This was the only fatal accident in Concorde's history. The causes and circumstances for this tragedy remain very controversial to this day which are subject to various books, papers, investigations, and debates. Shortly after the loss of Sierra Charlie, the remaining Concordes of both Air France and British Airways were grounded. Safety improvements were made in the wake of the crash, including Kevlar lining on the fuel tanks, specially developed burst-resistant tyres, and more secure electrical controls. In January and April 2001, two test flight campaigns were conducted by EADS at Istres in southern France in order to validate the modifications and to certify the newly developed Michelin NZG tyre. The French test-flight crew consisted of Test Pilot Pierre Grange (Air France Concorde pilot from 1984–89) and Airbus Test Flight Engineer Didier Ronceray, with the assistance of Air France's Concorde Chief Pilot Edgard Chillaud and Flight Engineer Roger Béral. The first airline flight with the modifications was piloted by British Airways Concorde Chief Pilot Mike Bannister on 17 July 2001 and was declared a success. The first flight with passengers, all of them British Airways employees, took place on a fateful day: 11 September 2001. With many Concorde customers having their offices in the World Trade Center, about forty of them perished that day. Both Air France and British Airways resumed their normal commercial operations to New York on 7 November 2001 using Sierra Delta (F-BTSD) and Alpha Echo (G-BOAE). André Turcat, captain of Concorde's maiden flight in 1969, was on board Sierra Delta that day and gave a speech to his fellow passengers in which he expressed his unshakeable confidence in Concorde's design as well as his faith that mankind could overcome any technological challenge.

Alain Verschuere, who joined Air France in 1982 and became a Concorde purser ten years later, remembers: »I had the great privilege to be a crew member on the 'rebirth flight'. Our passengers included Air France's president, Jean-Cyril Spinetta, and the French Minister of Transport. Later the American newspaper headlines read, 'SHE IS BACK', showing a photo of our Concorde! The British Concorde touched down one hour later as Air Traffic Control could not manage two Concordes landing at the same time.«

New York's mayor, Rudy Giuliani, later came on board Alpha Echo and greeted the passengers and jokingly asked them »to spend a lot of money during the visit«. In 1976, New Yorkers had tried to 'lock out' Concorde, but now she received the warmest of welcomes, as major airports were now grateful for any aircraft arriving after the 9/11 attacks that had so widely shattered the public's trust of air travel.

Das Ende einer Ära

Am 10. April 2003 gaben sowohl Air France als auch British Airways bekannt, dass sie ihre Concorde-Flotten noch im gleichen Jahr stilllegen würden. Als Grund gaben sie die niedrigen Passagierzahlen nach dem Absturz im Jahre 2000, den Einbruch des Flugverkehrs nach dem 11. September 2001 sowie die steigenden Wartungskosten für die Flugzeuge an.

Obwohl die Zahl der Flugreisenden in den letzten Jahrzehnten gestiegen war, waren es die sinkenden Ticketpreise, ermöglicht durch Großraumflugzeuge wie die Boeing 747 mit Hunderten von Sitzen, und nicht der Wunsch nach maximaler Geschwindigkeit, die das Wachstum auf dem Luftverkehrsmarkt beflügelten. Damit die Concorde mit doppelter Schallgeschwindigkeit fliegen konnte, musste sie jegliche Treibstoffeffizienz opfern, was sie zwar zu einem schnellen, aber sehr kostenintensiven Flugzeug für jede Fluglinie machte.

Ihr Einsatz auf längeren Strecken hätte dieses Problem zumindest zu einem Teil lösen können, doch der Überschallknall beschränkte ihre Flugrouten auf die Meere und dünn besiedelte Gebiete. Sowohl Air France als auch British Airway mussten letztendlich den wirtschaftlichen Realitäten ins Auge sehen, die der Überschallflugbetrieb unter wirtschaftlich nicht tragbaren Bedingungen mit sich brachte.

Nichtsdestotrotz verursachte die Ankündigung, die Concorde außer Dienst zu stellen, einen Ansturm von Buchungen, da sich viele Concorde-Liebhaber die letzte oder einmalige Gelegenheit nicht entgehen lassen wollten, mit dieser Ikone zu fliegen.

The End of an Era

On 10 April 2003, both Air France and British Airways announced they would retire their Concorde fleets later that year, citing low passenger numbers following the 2000 crash, the slump in air travel following 9/11, and rising maintenance costs.

Although the number of people travelling by air had soared over the years, it was falling ticket prices, made possible by the wide-body airliner Boeing 747 with hundreds of seats, rather than the need for speed that drove growth within the aviation market. In order for Concorde to fly at twice the speed of sound, she had to sacrifice fuel efficiency thus making her a fast yet expensive aircraft for an airline to run. Concorde travelling over longer distances could have addressed this problem in some way, but the sonic boom meant her flight path was limited to flying over oceans and lightly populated areas. Both Air France and British Airway had to acknowledge the financial realities of trying to run a supersonic service in an unsustainable economic climate. The announcement to withdraw Concorde from service brought a rush of bookings as many Concorde lovers wanted to get a last or once-in-a-lifetime opportunity to fly on the icon.

»Concorde, du bist das magische Flugzeug, von dem wir 27 Jahre lang geträumt haben... Nun hat man dich an den Boden gekettet, aber du wirst auf ewig in unseren Herzen fliegen...«

– Auszug aus dem Gästebuch von Air France

»Concorde, you are the magic aircraft that had us dreaming for twenty-seven years ... You've been nailed to the ground, but you will fly eternally in our hearts ...«

– Extract from the Air France guestbook

Das französische Au Revoir/The French Au Revoir

Nachdem Air France beschlossen hatte, seinen Concorde-Betrieb am 31. Mai 2003 einzustellen, sollten zwei Flüge an diesem Tag einen würdigen Abschluss bilden - der letzte Flug von New York JFK zurück nach Paris CDG sowie ein Charterflug von Paris CDG über den Golf der Biskaya. Als Sierra Delta (F-BTSD) die Startvorbereitungen für ihren letzten Abflug von New York machte, sprühten die Löschzüge der Flughafenfeuerwehr als Salut rotes, weißes und blaues Wasser in einem Bogen über das Flugzeug. Die Cockpitcrew bestand aus Kapitän Jean-François Michel, dem Concorde-Chefpiloten von Air France, dem Ersten Offizier Patrick Delangle und Flugingenieur Bernard Collette.

Sierra Delta startete um 08:15 Uhr New Yorker Ortszeit. Während des Fluges musste Caroline Cadier, seit 1987 Concorde-Flugbegleiterin, ihre Tränen zurückhalten, als sie den 68 Passagieren an Bord mitteilte: »Die Concorde fliegt nun schon seit 27 Jahren schneller als die Sonne. Eines Tages, so hoffen wir, werden Sie mit Stolz sagen: »Ich war an Bord des letzten Fluges dieses wunderschönen weißen Vogels.««

Nach einer Flugzeit von 3 Stunden und 45 Minuten landete Kapitän Michel mit Sierra Delta um 16.30 Uhr Ortszeit zum letzten Mal in Paris. Frank Debouck, der ehemalige Concorde-Manager von Air France, erinnert sich: »Der Präsident unseres Unternehmens hatte mich gebeten, als Passagier an den beiden letzten Flügen nach New York und zurück nach Paris teilzunehmen. Während die Hinreise nach New York am 30. Mai sehr schön war, schlich sich während des Rückfluges etwas Traurigkeit ein, da schließlich die letzte Landung des Flugzeuges bevorstand. Der Empfang am Flughafen Charles de Gaulle war sehr bewegend: Während die Feuerwehrleute des Flughafens Sierra Delta mit einem wunderschönen Wasserbogen begrüßten, spendeten ihr alle verfügbaren Air-France-Mitarbeiter Beifall.«

Zwanzig Minuten vor Sierra Deltas Ankunft startete um 16:10 Uhr Concorde Fox Bravo (F-BVFB) mit hundert Passagieren zum ihrem letzten 90-minütigen Charterflug über den Golf der Biskaya. Die Cockpitcrew bestand aus Kapitän Jean-Louis Châtelain, der Ersten Offizierin Béatrice Vialle und dem Flugingenieur M. Vasseur. Als Fox Bravo nach ihrem letzten bewegenden Überschallflug um 17.35 Uhr schließlich landete, winkte die Menschenmenge in Paris enthusiastisch mit der Trikolore und Schildern, auf denen man »J'aime Concorde« lesen konnte.

Annick Moyal, die von 1978 bis 1989 als Concorde-Flugbegleiterin bei Air France gearbeitet hatte, wollte sich dieses Ereignis nicht

Air France decided to end its Concorde services on 31 May 2003, with two flights on that memorable day – the last-ever flight from New York JFK back to Paris CDG and a charter flight from CDG around the Bay of Biscay. As Sierra Delta (F-BTSD) got ready to take off from New York for the last time, airport fire trucks sprayed red, white and blue water in an arch to salute the aircraft. The flight crew consisted of Captain Jean-François Michel, head of Air France's Concorde division, First Officer Patrick Delangle, and Flight Engineer Bernard Collette. Sierra Delta took off at 08:15 local time. During the flight, Caroline Cadier, a Concorde flight attendant since 1987, had to fight back the tears when she made an announcement to the sixty-eight passengers on board: »It's now 27 years that Concorde has flown faster than the sun. One day,

Kapitän Jean-François Michel, der Concorde-Chefpilot von Air France, hatte das Kommando über den letzten Concorde-Flug von Air France von New York nach Paris. *[© Jean-Philippe Lemaire]*

Captain Jean-François Michel, head of Air France's Concorde division, commanded the last Air France flight from New York to Paris.

Concorde Sierra Delta (F-BTSD) startet am 31. Mai 2003 zu ihrem letzten Flug von New York nach Paris. *[© Art Brett]*

Sierra Delta (F-BTSD) takes off from New York for the last time, on 31 May 2003.

Nach dem letzten kommerziellen Flug von Fox Bravo winken Kapitän Jean-Louis Châtelain und die Erste Offizierin Béatrice Vialle der Menschenmenge am Flughafen Paris CDG zu. *[© Michel Thorigny]*

Captain Jean-Louis Châtelain and First Officer Béatrice Vialle wave to the crowds at CDG Airport Paris after Fox Bravo's last commercial flight.

Die Concordes von Air France am Pariser Flughafen Paris Charles de Gaulle am 31. Mai 2003. *[© Alexandra Jolivet]*

Air France's Concordes gathered on the tarmac at Charles de Gaulle Airport Paris on 31 May 2003.

entgehen lassen. Sie erinnert sich an die Menschenmassen und die Autos, die die Zufahrt zum Flughafen blockierten, weil so viele Menschen die letzte Landung der beiden Concordes miterleben wollten: »Zusammen mit Hunderten von Kollegen und mit Tränen in den Augen beobachtete ich Béatrice Vialle, die einzige Frau unter den Concorde-Piloten bei Air France, wie sie unsere Fox Bravo heimbrachte und landete. Während die vielen Zuschauer applaudierten, schwenkten ich und viele andere die französische Fahne. Unsere Freunde und Kollegen, die beim tragischen Unfall in Gonesse im Jahre 2000 ums Leben gekommen waren, hatten die Concorde so sehr geliebt, dass sie sich sicher auch gefreut hätten, diese beiden letzten Landungen mitzuerleben. Es war eine ganz besondere Erfahrung.«

Die Erste Offizierin Béatrice Vialle, die später Kapitänin auf der Boeing 747 und 777 wurde, wird diesen Augenblick für immer in Ehren halten: »Nach der Landung rollten wir die Concorde möglichst langsam zu unserem Standplatz, um diesen besonderen Moment aus Dankbarkeit so lange wie möglich mit all denen zu teilen, die zu ihrem Erfolg und Prestige auf der ganzen Welt beigetragen haben. Diese Erfahrung hat mich tief bewegt und ich trage sie noch heute in meinem Herzen.«

Als Sierra Delta und Fox Bravo während dieses emotionalen Abschiedes anmutig ihre Nasenspitzen für einen letzten Salut vor der Menschenmenge absenkten und somit die Ära der Concorde bei Air France ihr Ende fand, hatten unzählige Zuschauer Tränen in den Augen.

Im Juni 2003 erfolgten die Überführungsflüge von vier Concordes zu verschiedenen Museen. Fox Fox (F-BVFF) fand ihr neues Zuhause auf Pfeilern am Flughafen Charles de Gaulle, wo Flugreisende sie bis heute bewundern können (F-BTSC war beim Absturz im Jahre 2000 zerstört und F-BVFD 1994 verschrottet worden).

»Die Concorde ist ein Flugzeug, das höher und schneller als alle anderen flog. Für jeden jungen Mann war sie ein Traum. Ich hätte nie gedacht, dass ich den letzten kommerziellen Rückflug einer Air France Concorde von New York nachhause machen würde. Für viele Piloten war die Concorde die erste Wahl.«

– Jean-François Michel, früherer Concorde-Chefpilot von Air France

we do hope you'll be proud to say, I was on the last flight of this beautiful white bird.« After a flight time of 3 hours and 45 minutes, Captain Michel touched down in Paris for the last time, at 16:30. Frank Debouck, Air France's former Concorde manager, was on board: »I was asked by the president of the company to be a passenger on the last round trip to New York and back to Paris. The flight to New York on 30 May was a very happy one but the flight back was sad as the aircraft was going to land for the last time. The reception at Charles de Gaulle Airport was very emotional - the aircraft was greeted by firefighters under beautiful water jets and all available Air France staff applauded Concorde.«

Twenty minutes before Sierra Delta's arrival, Concorde Fox Bravo (F-BVFB) took off at 16:10 for the last-ever ninety-minute charter flight around the Bay of Biscay. The flight crew, carrying a hundred Concorde lovers, consisted of Captain Jean-Louis Châtelain, First Officer Béatrice Vialle, and Flight Engineer M. Vasseur. When Fox Bravo, after her last thrilling supersonic flight, finally landed at 17.35, tricolours, 'Concorde Lovers' and 'J'aime Concorde' banners were being waved enthusiastically.

Annick Moyal who had worked as an Air France Concorde flight attendant from 1978 to 1989 did not want to miss this event. She remembers the crowds and the cars blocking the motorway leading to the airport as everyone wanted to see the two Air France Concordes landing at the end of their last commercial flights: »With tears in my eyes and with hundreds of my colleagues, I watched Béatrice Vialle, the only female Air France Concorde pilot, landing Fox Bravo. I was waving a French flag and hundreds of people were applauding. Our friends who had died in the tragic accident in Gonesse in 2000 had all loved Concorde so much that they would have been so happy to see those two Concordes landing for the last time. It was a unique experience.«

First Officer Béatrice Vialle, who later became a captain on the Boeing 747 and 777, will always cherish that moment on board the 'bel oiseau blanc': »After landing we taxied very slowly to share as long as possible the final moments of Concorde's exceptional career and thank all those who had contributed to her success and prestige throughout the world. The experience made a profound impression on me, something that still lives with me today.«

When Sierra Delta and Fox Bravo dipped their noses in salute to the crowds during this emotional farewell, thus bringing the era of Air France Concorde services to an end, many spectators had tears in their eyes. In June 2003 four Concordes were flown to various museums (F-BTSC had been destroyed in the 2000 crash and F-BVFD broken up in 1994), while Fox Fox (F-BVFF) was mounted on stilts at Charles de Gaulle Airport, so air travellers can see her as they land and take off.

»Concorde is an aircraft that went faster and higher than others. I never imagined making the last-ever commercial Air France Concorde flight back from New York. Many pilots put Concorde as their first choice.«

– Jean-François Michel, former head of Air France's Concorde division

Fox Alphas letzter Transatlantikflug/ Fox Alpha's Last Transatlantic Flight

Im Jahre 1989, zwanzig Jahre nach dem Erstflug der Prototypen, wurde der Führung beider Fluglinien klar, dass ihre Concordes nicht ewig fliegen würden. Deshalb gab Air France dem Luft- und Raumfahrtmuseum der amerikanischen Smithsonian Institution das Versprechen, ihr eines Tages eine Concorde zu überlassen. Im April 2003 bestätigte Air France schließlich, dass das Smithsonian im Juni Fox Alpha (F-BVFA) erhalten würde. Deren Museumskurator Dr. Robert van der Linden durfte die Institution auf dem Überführungsflug (AF 4386) nach Washington-Dulles am 12. Juni vertreten: »Wie begeistert war ich doch, als ich erfuhr, dass wir Fox Alpha, den Stolz von Air France, erhalten würden.«

Die Cockpitcrew bestand aus Concorde-Chefpilot Jean-François Michel, dem Ersten Offizier Gérard Duval sowie dem Flugingenieur Jean-Yves Dronne. Gérard hatte seine Luftfahrtkarriere als Flugingenieur auf verschiedenen Unterschallflugzeugen begonnen und wurde dann Pilot auf der Boeing 727 sowie dem Airbus A310. 1999 erfüllte er sich schließlich seinen Traum und wurde Concorde-Pilot. Ihm wurde die Ehre zuteil, den letzten Start von Fox Alpha durchzuführen, während Kapitän Jean-François Michel sie über den Atlantik steuern und in Washington-Dulles landen würde. Gérard erinnert sich: »Nachdem unsere Flugbegleiter die Kabine für den Flug vorbereitet hatten, gingen die meisten von ihnen zur Begrüßungsfeier für die 60 Passagiere, an der auch Verkehrsminister Gilles de Robien, Jean-Cyril Spinetta, der CEO von Air France, und fünf ehemalige Präsidenten der Fluglinie teilnahmen. Mstislaw Rostropowitsch, der berühmte russische Cellist, der auf seinen Concorde-Flügen stets den Sitz neben sich für sein Cello reservierte, zählte auch zu den Fluggästen. Jean-François lud Minister Gilles de Robien ein, den Start vom Klappsitz im Cockpit aus zu erleben.«

Während Fox Alpha für ihren letzten Flug vorbereitet wurde, traf Robert van der Linden in der Concorde Lounge ein: »Air France besaß einen schönen Aufenthaltsbereich mit allen Annehmlichkeiten. Als ich eincheckte, erhielt ich mein Ticket, einen Kofferanhänger sowie ein spezielles Gedenkpaket. In der Lounge war eine Party im Gange und Champagner überall. Mehrere französische Passagiere betonten mir gegenüber, wie geehrt sie sich fühlten, dass das Smithsonian eine Concorde übernahm. Das Flugzeug hatte seinen Platz in den Herzen der Franzosen eingenommen. Trotz ihres Stolzes auf die Concorde waren sie sehr traurig darüber, dass ihr Flugbetrieb nun endete. Um 11:30 Uhr begaben sich die Passagiere von der Lounge zum Flugzeug.«

Nach dem Verlassen des Gates rollte sie anmutig am Terminal vorbei. Gérard beschreibt diesen bewegenden Moment: »Hunderte

By 1989, twenty years after Concorde's maiden flight, airline executives realized that she would not fly forever. Therefore, Air France made a promise to give one of its Concordes to the American Smithsonian Institution, home to the National Air and Space Museum. In April 2003, Air France confirmed that the Smithsonian would receive Fox Alpha (F-BVFA) in June. The museum's curator of air transportation, Dr Robert van der Linden, was available to represent the Smithsonian on Concorde's retirement flight AF 4386 on 12 June: »I was thrilled to learn that we would receive Fox Alpha, the pride of the Air France fleet.«

Captain Jean-François Michel, head of Air France's Concorde division, First Officer Gérard Duval, and Flight Engineer Jean-Yves Dronne were in the cockpit. Gérard Duval who had started his aviation career as a flight engineer on various subsonic airliners, eventually became a pilot for the Boeing 727, the Airbus A310 and finally fulfilled his dream of becoming a Concorde co-pilot in 1999. He would have the honour of taking Fox Alpha to the skies for her final flight, while Captain Jean-François Michel would take her across the Atlantic and land her at Washington Dulles. Gérard remembers: »After our flight attendants had prepared the cabin for the flight, most of them went off to attend the welcome event for the sixty passengers which included the Minister of Transport, Gilles de Robien; the CEO of Air France, Jean-Cyril Spinetta; and five former presidents of Air France. Mstislav Rostropovich, the famed Russian cellist who always flew Concorde with his cello in an adjacent seat, was to make the flight as well. Jean-François invited Minister Gilles de Robien to sit in the jump seat on the flight deck during take-off .«

While Gérard and his crew were preparing Fox Alpha for her final flight, scheduled to leave Paris Charles de Gaulle at noon, Robert van der Linden arrived at the Concorde Lounge: »Air France had created a beautiful waiting area with all the amenities. I checked in and received my ticket, along with a luggage tag and a special commemorative package. I had walked into a party: champagne was everywhere. Several French passengers stressed to me how honoured they felt that the Smithsonian was accepting one of their Concordes. The aircraft had occupied a place in the hearts of the French people, and they felt both great pride and great sadness that the end had finally come. At 11:30 the party moved from the lounge to the waiting airliner.«

After she had been pushed back from the gate, she gracefully taxied past the terminal. Gérard Duval remembers this emotional moment: »There were hundreds of people waving goodbye – or rather farewell – to Fox Alpha … knowing that she would not come back.«

Robert van der Linden recalls the take-off from runway 08L: »After getting take-off clearance, Concorde accelerated down the runway; after rolling less than 5,000 feet, we were airborne. After nineteen minutes, we reached the French coast.« Fox Alpha, now clear of populated countryside, again ignited her four reheats and continued her acceleration and climb. Gérard Duval remembers a 'rendezvous' in mid-air: »During this phase we were accompanied by a Dassault Mirage 2000 fighter jet on our left, a final salute from our Armée de l'Air Française to Fox Alpha. The jet would escort us up to a speed of Mach 1.3 until it returned to its base. During the climb, Robert van der Linden's eyes were glued to the Mach meter on the forward cabin bulkhead: »I watched as our speed increased, anticipating some kind of bump that would signify we had gone supersonic. I was pleasantly disappointed. As one would expect, the cabin ser-

Fox Alphas letzter Flug am 12. Juni 2003 war auch Gérard Duvals letzter Flug mit einer Concorde. *[© Gérard Duval]*

Fox Alpha's final flight on 12 June 2003 was also Gérard Duval's last flight with Concorde.

von Menschen waren gekommen, um Fox Alpha nicht *auf Wiedersehen*, sondern *Lebewohl* zu sagen - schließlich wussten sie, dass sie nicht zurückkehren würde.«

Robert erinnert sich an den Start von Startbahn 08L: »Nach der Startfreigabe beschleunigte Fox Alpha mit ihren Nachbrennern und stieg nach weniger als 1.500 Metern in den Himmel. Nach nur 19 Minuten erreichten wir die französische Küste.« Da das Flugzeug nun alle bewohnten Gebiete hinter sich gelassen hatte, aktivierte sie erneut ihre vier Nachbrenner, um weiter zu beschleunigen und ihren Steigflug fortzusetzen. Gérard erinnert sich an eine Begegnung der besonderen Art: »Auf einmal erschien ein Kampfflugzeug des Typs Dassault Mirage 2000 auf unserer Backbordseite und begleitete uns ein Stück - ein letzter Gruß von unserer französischen Luftwaffe an Fox Alpha. Der Jet flog an unserer Seite bis zu einer Geschwindigkeit von Mach 1,3, bis er abdrehte und zu seiner Basis zurückkehrte.

Während des Steigfluges waren Roberts Augen auf die Mach-Anzeige in der Kabine fixiert: »Während ich beobachtete, wie unsere Geschwindigkeit zunahm, wartete ich auf eine Art Stoß als Zeichen, dass wir die Schallmauer durchbrachen - ich wurde angenehm enttäuscht. Erwartungsgemäß war der Kabinenservice hervorragend. Catherine Pellerin, eine Concorde-Flugbegleiterausbilderin, war für meinen Bereich verantwortlich. Neben mir saß Pierre Giraudet, der bei der Inbetriebnahme der Concorde 1976 Präsident von Air France gewesen war. Er war höflich, aber fordernd gegenüber Pellerin, die sich mit großer Aufmerksamkeit und einem fürsorglichen Lächeln um ihren ehemaligen Chef kümmerte. Während des Abendessens servierte sie Kaviar mit Champagner. Monsieur Giraudet erklärte mir daraufhin in gebrochenem Englisch, dass es ein Unding sei, Champagner in Kombination mit Kaviar zu reichen. Nun, was wusste ich schon? Ich war ein bürgerlicher Beamter aus einem Vorort. Anscheinend sollte der Kaviar nur mit Wodka serviert werden. Ich würde es mir für das nächste Mal merken. Dann folgte die als Horsd'œuvre bezeichnete Vorspeise - ich hatte die Wahl zwischen Medaillons aus Langusten mit Krabbensauce und Foie Gras (Stopfleber) mit Chutney und Karottengelée. Ich nahm den Hummer, zusammen mit einem Glas Weißwein. Mein Fenster war ziemlich warm, und ich konnte die Hitze spüren, die der Rumpf abstrahlte.«

Während des ruhigen Fluges übergab Gérard Duval die Steuerung von Fox Alpha an Kapitän Jean-François Michel und plauderte dann mit einigen Passagieren: »Nach dem Essen besuchten einige Fluggäste das Cockpit, danach gingen wir in den Sinkflug und verringerten unsere Geschwindigkeit.«

Mit dem für sie charakteristischen hohen Anstellwinkel und abgesenkter Nase gelang Fox Alpha eine weiche Landung. Ihr letzter Flug hatte 3 Stunden und 48 Minuten gedauert, von denen sie 2 Stunden und 57 Minuten mit Überschallgeschwindigkeit geflogen war.

Gérard erinnert sich an den herzlichen Empfang: »Wir rollten für eine Viertelstunde neben der Tribüne entlang, auf sich eine große Menschenmenge eingefunden hatte, um die letzte Landung des *Bel Oiseau Blanc*, des schönen weißen Vogels, mitzuerleben.«

Obwohl Robert von seiner Überschallerfahrung begeistert war, war er traurig, dass Fox Alpha nie wieder fliegen würde: »Obwohl die Concorde herkömmlichen Flugzeugen deutlich überlegen war, konnten sich nur wenige ein Ticket leisten. Und deshalb werden wir ein Flugzeug wie die Concorde wahrscheinlich nie wieder am Himmel sehen. Wenigstens wird Fox Alpha für die Nachwelt erhalten bleiben.«

Nachdem die Passagiere ausgestiegen waren, ging die Besatzung zum letzten Mal ihre Checkliste durch und begab sich dann zusammen mit offiziellen Vertretern von Air France für Fotoaufnahmen auf den linken Flügel. Als die Crew einen letzten Blick auf ihre stolzes Flugzeug warf, wusste sie trotz ihrer Traurigkeit, dass das Flaggschiff von Air France in guten Händen war.

vice was superb. Catherine Pellerin, a Concorde cabin crew instructor, was responsible for my section. I was sitting next to Pierre Giraudet, who had been the president of Air France when the Concorde entered service in 1976. He was polite but demanding of Pellerin, who responded with great attention and a caring smile for her former boss.

While dinner was being prepared, Pellerin brought caviar and champagne. Monsieur Giraudet explained to me in broken English that it was just unthinkable to serve champagne with caviar. What did I know? I'm a middle-class civil servant from the suburbs. Apparently, caviar should only be accompanied by vodka. I'll remember that next time. Next came an hors d'oeuvre, a choice between medallions of rock lobster with crab sauce or foie gras with chutney and carrot jelly. I chose the lobster, which was accompanied by a white wine. I noticed that my window was quite warm, and I could feel heat radiating from the fuselage.«

As the flight continued peacefully, Gérard Duval handed Fox Alpha's controls over to Captain Jean-François Michel, while chatting with some of the passengers: »After finishing their meals, some passengers visited the cockpit before our deceleration and descent.« Pitched high and her nose lowered for a better view, she landed smoothly – for the last time – after just three hours and 48 minutes of which two and 57 minutes had been supersonically. Gérard Duval remembers the warm reception: »We taxied for a quarter of an hour following a planned path in front of stands full of spectators who had come to attend the final landing of the 'Bel Oiseau Blanc'.« Though Robert van der Linden was exhilarated with his supersonic experience aboard Fox Alpha, he was saddened that she would never again fly: »Concorde was clearly superior to conventional airliners – if only you could afford the ticket. And few could, which is why we're unlikely ever to see an airliner like Concorde again. But at least Fox Alpha will be preserved forever.« After parking the aircraft, the passengers disembarked, leaving only her cockpit crew and flight attendants aboard. When they finally left Fox Alpha after completing the last check list to join Air France officials for a photo shoot on the port wing, they had a final look at Fox Alpha proudly standing on the tarmac – despite their sadness they knew that the flagship of Air France's Concorde fleet would be in good hands.

Nach ihrer offiziellen Ausmusterung flogen die Concordes zu verschiedenen internationalen Museen, um dort für die Nachwelt erhalten zu werden. *[© Jean-Philippe Lemaire]*

One after another, all Concordes were flown to their new homes at museums around the world.

Fox Alpha war das Flaggschiff der Concorde-Flotte von Air France. Sie nahm als erste ihren Flugbetrieb für die Airline auf und flog auch die meisten Stunden – insgesamt 17.824. *[© Air France Museum]*

Fox Alpha was the flagship of Air France's Concorde fleet. She was the first Concorde in service with the airline and the one with the most flight time – 17,824 hours.

Nach ihrer Außerdienststellung blickt die Concorde traurig in den Himmel, wo heute nur noch Unterschallverkehrsflugzeuge ihre Bahnen ziehen. *[© Bob Ware]*

After her decommissioning, Concorde looks sadly up into the sky, where today only subsonic airliners are in operation.

Fox Bravos Reise in ein neues Zuhause/ Fox Bravo – Journey to a New Home

Hermann Layher, Präsident des Sinsheimer und Speyrer Technik Museums by Hermann Layher, President of the Sinsheim and Speyer Technik Museums

»Sinsheim ist der einzige Ort auf der Welt, an dem sowohl die Concorde als auch die Tupolew Tu-144 zu Hause sind.«

»Sinsheim is the only place in the world which is home to both Concorde and the Tupolev Tu-144.«

Die Concorde Fox Bravo (F-BVFB) und die russische Tupolew Tu-144 machen unser Technik Museum Sinsheim einzigartig und weltberühmt. Ganz besonders erwähnenswert ist, dass beide Flugzeuge in Startposition auf unserem Dach platziert sind. Dies hat bis jetzt noch kein anderes Museum nachgemacht. Da die beiden weißen Schönheiten schon aus der Ferne sichtbar sind, mag dies dem Einen oder Anderen den Atem rauben. Da wir die Tu-144 vom Hersteller Tupolew direkt kaufen konnten und später auch die Concorde von Air France erhielten, ging ein Traum in Erfüllung. Der Anblick der beiden Maschinen gibt mir jeden Tag ein großes Glücksgefühl.

Als wir im Jahre 2003 den Zuschlag für Fox Bravo erhielten, war unsere Freude unvorstellbar.

Auf dem letzten Flug »unserer« Concorde hatten wir vier Plätze zur Verfügung, während die restlichen Sitze mit Gästen von Air France besetzt waren. Unter den Passagieren befand sich auch die Witwe von Christian Marty, dem verunglückten Piloten der abgestürzten Concorde. Nach dem Start vom Flughafen Paris CDG steuerte Fox Bravo in Richtung Atlantik, wo sie ein letztes Mal mit doppelter Überschallgeschwindigkeit flog. Danach nahm sie Kurs auf Deutschland. Den Treibstoff für diesen Flug hatte das Museum gezahlt. Von uns befanden sich unser damaliger Vizepräsident Robert Gärtner, unser Direktionsmitglied Michael Einkörn sowie ein Kamerateam an Bord, das diesen Flug für alle Fernsehstationen festhielt.

Fox Bravo (F-BVFB) während ihrer letzen Landung auf dem Baden-Airpark am 24. Juni 2003. *[© TMS]*

Fox Bravo (F-BVFB) landing for her final time at the Baden-Airpark, Germany, on 24 June 2003.

Der letzte Touchdown: Fox Bravo brachte es auf 14.771 Flugstunden. *[© TMS]*

The final touchdown. Fox Bravo flew a total of 14,771 hours.

Zur Landung von Fox Bravo am 24. Juni 2003 auf dem Baden-Airpark waren Tausende Zuschauer erschienen. Diesen Flughafen haben wir deshalb ausgesucht, weil wir den weiteren Transport des Flugzeuges nach Sinsheim per Schiff über den Rhein durchführen mussten und ab hier keine niedrigen Brücken mehr im Weg waren.

Nach der Landung musste zunächst die Entfernung aller Betriebsstoffe aus den Tanks erfolgen. Mit Hilfe der französischen Techniker gingen wir dann an die Arbeit, und ließen morgens um halb sieben die Triebwerke laufen, um das restliche Kerosin zu verbrennen. Als dieses dann ausging, entstanden 30 Meter lange Stichflammen. Dies war ein Erlebnis, das man nie vergisst. Nach der Demontage der Flügel und des Seitenleitwerkes reiste Fox Bravo per Schiff über den Rhein sowie auf einem Anhänger über die Autobahn nach Sinsheim. Rund eine Million Menschen haben diesen Transport verfolgt, der die ganze Nacht in Anspruch nahm. Unvergesslich war eine Rave-Party am Hockenheimring mit lauter Musik und tanzenden Menschen auf den Autobahnbrücken. Von allen Transporten mit Exponaten, die wir im Laufe der Jahre zum Museum durchgeführt haben, war dies der schönste. Nach Fox Bravos Ankunft in Sinsheim erfolgte der Zusammenbau, sodass die »Königin der Lüfte« am 17. März 2004 in Startposition auf einem Stahlgerüst über der Museumshalle 2 hinter der Tu-144 verankert werden konnte.

Die Techniker von Air France waren sehr hilfsbereit. Dies galt auch für ihre Kollegen von der Lufthansa,

Nach Demontage der Flügel und des Seitenleitwerkes hat sich ihre Länge um 5 m und ihre Spannweite um 12 m verringert. *[© Technik Museum Sinsheim / TMS]*

After the removal of her wings and tail fin, her length has been reduced by 5 m and her wingspan by 12 m.

Concorde Fox Bravo (F-BVFB) and the Russian supersonic airliner, the Tupolev Tu-144, make our Technik Museum Sinsheim in Germany unique and world famous. Most notably, both aircraft are placed in take-off position on a steel frame on the roof – a feat no other museum has yet repeated. Even from a distance you can see the two white beauties, a view that might take your breath away. In 2001, we were able to buy the Tupolev Tu-144 directly from the manufacturer, Tupolev, and bring her to our museum. Two years later, when we received Concorde, a dream came true. Every day I experience a feeling of sublime happiness when admiring these two wonderful machines.

When Fox Bravo was awarded to us in 2003, our joy was beyond belief. For the last flight ever of 'our' Concorde we had four seats, the rest taken up by guests of Air France. Among them was the widow of Captain Christian Marty, the pilot of the Concorde which so tragically had crashed in 2000. After taking off from Paris on 24 June 2003, we headed for the Atlantic where Fox Bravo – for the final time – flew at Mach 2. Then she headed to Germany. The fuel for her last flight was paid for by the museum. With us was our then vice-president, Robert Gärtner, our member of the board of directors, Michael Einkörn, as well as our camera team. Thousands of spectators where gathered at the Baden-Airpark to witness the landing. We had chosen this airport because from there the continuation of Fox Bravo's transport by barge on the Rhine would not present any obstacles in the form of bridges across the river.

With the help of the French technicians, we then went to work, and for the last time started Fox Bravo's engines at 6:30 to burn the remaining fuel. When the fuel eventually ran out, the engines spat out hundred-feet-long darting flames. This was an experience you would never forget. After the removal of her wings and tail fin, Fox Bravo travelled by barge and road to the Technik Museum Sinsheim. In total, about a million people witnessed her final landing and onward transportation which went on through the night and into the morning. Unforgettable was a rave party at the Hockenheimring with loud music and people dancing on the autobahn bridges. Of all the transportation journeys we've done over the years, this was the most amazing of all.

die bereits unsere Boeing 747 einige Jahre zuvor nach deren Transport zum Technik Museum Speyer wieder zusammengebaut hatten. Dank ihrer Arbeit konnten wir auch die Nasenspitze der Concorde wieder beweglich machen. Es war wundervoll, dass wir Fox Bravo für den symbolischen Kaufpreis von einem Euro erhalten konnten.

Die Technik Museen Sinsheim und Speyer sind ein gemeinnütziger Verein: Wir finanzieren uns ausschließlich durch Eintrittsgelder und Spenden. Daher war es auch sehr hilfreich, dass die rund 20-stündige kostenfreie Fernsehberichterstattung über den Transport der Popularität des Museums zusätzlichen Auftrieb gegeben hat. Unsere Einrichtung hat sich durch die beiden Überschallflugzeuge erfreulich entwickelt. Auch nach vielen Jahren ist Fox Bravo das Highlight unserer Flugzeugausstellung: Sie ist und bleibt das schönste Flugzeug der Welt.

Transport per Schubverband auf dem Rhein. *[© TMS]*

Transport by barge on the Rhine.

Tausende Menschen beobachteten Fox Bravos Reise nach Sinsheim. *[© TMS]*

Thousands of people watching Fox Bravo's journey to Sinsheim.

Video:
Fox Bravo Sinsheim

Siehe Anleitung auf Seite 2.
See instructions on page 2.

Fox Bravo kurz vor dem Verlassen des Schubleichters über eine eigens dafür gebaute Rampe. *[© TMS]*

Fox Bravo shortly before leaving the barge on a ramp built for this purpose.

Fox Bravo auf der Autobahn während der Nacht. *[© TMS]*

Fox Bravo on the German autobahn at night.

Wenn die Autobahn zu eng war, wurde das Flugzeug schräg gestellt, damit die Triebwerksgondeln über die Hindernisse passten. *[© TMS]*

If the autobahn was too narrow, the aircraft was tilted to allow the engine nacelles to pass over the obstacles.

Für den nächtlichen Autobahntransport war die Sperrung erforderlich. *[© TMS]*

For the nightly autobahn transport, this motorway had to be closed.

After her arrival, Fox Bravo was reassembled to join the Tupolev Tu-144 already on exhibit on the museum grounds. On 17 March 2004, the 'Queen of the Skies' was positioned in take-off position on a steel frame above museum hall No. 2 of the Technik Museum Sinsheim. The Air France technicians were very helpful as were their Lufthansa colleagues who were thrilled to support us again, having assisted us in reassembling our Boeing 747 a few years before. Thanks to their cooperation, our Concorde is now able to move her droop nose up and down again – as she did when she was still operational. It is wonderful that we were able to receive this French Concorde for the symbolic price of just one euro. Our two museums (Sinsheim and Speyer) are one combined non-profit organization, financed exclusively through entrance fees and donations. Therefore, twenty hours of free news broadcast by various TV stations covering our Concorde's transportation helped to increase the museum's profile. To this day, Fox Bravo is the highlight of our aircraft exhibition, and she remains the most beautiful aircraft in the world.

Rechts: Am 17. März 2004, knapp neun Monate nach ihrem letzten Flug, hebt ein Kran Fox Bravo auf ihr Stahlgerüst. *[© TMS]*

Right: On 17 March 2004, nearly nine months after her last flight, a crane lifts Fox Bravo onto her steel frame.

Nach ihrer Ankunft auf dem Museumsgelände dauerte es nur drei Tage, um Fox Bravo wieder zusammenzusetzen. Nach dem Bau des Stahlgerüstes soll der Jet im März 2004 auf diesem seinen Platz erhalten. *[© TMS]*

After her arrival on the museum grounds, it took only three days to reassemble Fox Bravo. After the construction of the steel frame, the jet is to take its place on it in March 2004.

Anbringen des 1,5 Tonnen schweren Seitenleitwerkes. *[© TMS]*

Reassembly of the 1.5 ton vertical stabilizer.

SCHOLPP
AIR FRANCE
MESSE

AIR FRANCE

Concorde Fox Bravo (links) vereint mit ihrem früheren Rivalen, der Tupolew Tu-144. Sinsheim ist der einzige Ort auf der Welt, an dem diese beiden Überschallflugzeuge ein gemeinsames Zuhause haben. *[© TMS]*

Fox Bravo (left) on display with her former rival, the Tupolev Tu-144. Sinsheim is the only place where both supersonic airliners are exhibited together.

Links: Bei Nacht bietet die angestrahlte Fox Bravo einen wahrlich spektakulären Anblick. *[© Andreas Müller]*

Left: At night, the illuminated Fox Bravo offers a truly spectacular sight.

Das britische Farewell/The British Farewell

British Airways beschloss, seinen Concorde-Betrieb mit einer Abschiedstour durch Nordamerika und das Vereinigte Königreich zu einem krönenden Abschluss zu bringen. Der 24. Oktober 2003 war der Tag, an dem die letzten drei Flüge aus New York, vom Golf der Biskaya sowie aus Edinburgh nach London Heathrow zurückkehrten.

Um 14:20 Uhr startete Alpha Echo (G-BOAE) unter dem Kommando von Kapitän Chris Norris mit ihren Passagieren von Edinburgh zu einem letzten Überschallflug über der Nordsee. Die Cockpitcrew bestand auch aus Kapitän Les Brodie, dem Ersten Offizier Paul Griffin und dem Flugingenieur Trevor Norcott. Die ehemalige Flugbegleiterin Iona Ferguson erinnert sich: »Der Service war nicht wie auf einem regulären Passagierflug, da alle Fluggäste entweder Tickets über die Mitarbeiterverlosung von British Airways gewonnen hatten oder als Dankeschön für besondere Verdienste ausgewählt wurden. Wir luden unsere Passagiere ein, nach der Landung das Cockpit zu besuchen.«

Iona wurde gebeten, die während des Fluges üblichen Ankündigungen über die Bordsprechanlage zu machen, doch dieses Mal war es nicht so einfach wie sonst. Als Alpha Echo landete, musste sie kämpfen, um ihre Stimme ruhig zu halten: »Meine Damen und Herren, wir möchten Sie in London Heathrow willkommen heißen. Mit großer Trauer und schweren Herzens danken wir Ihnen, dass Sie sich an diesem historischen Tag dafür entschieden haben, mit uns an Bord der Concorde von British Airways zu fliegen, und wir hoffen, dass Sie dieses Erlebnis genauso sehr genossen haben wie wir es getan haben. Es war uns eine große Freude, über die Jahre an Bord der Concorde arbeiten zu dürfen, da wir wussten, was für ein Privileg dies ist. Wir hoffen, dass Sie sich noch lange und mit Herzblut und Stolz an Ihre heutige Mach-2-Erfahrung erinnern werden. Wir haben keinen Zweifel daran, dass Sie alle die Silhouette der Concorde über London vermissen werden, aber nun ist es an der Zeit, Ihnen alles Gute für die Zukunft zu wünschen - vielen Dank und einen guten Abend.«

Iona blickte zu ihrer Kollegin hinüber, die ebenfalls Tränen in ihren Augen hatte. Dann lächelten beide, weil sie wussten, wie unglaublich glücklich sie waren, ein Teil der großartigen Concorde-Geschichte gewesen zu sein.

»Als wir ausstiegen, stand Alpha Echo bei den Hangars neben den beiden anderen Concordes, die von New York und vom Golf der Biskaya zurückgekehrt waren. Unsere Gangway war mit einem roten Teppich geschmückt. Es war wirklich schwer, das Flugzeug zu verlassen. Mir kommen auch heute noch die Tränen, wenn ich an diesen magischen, aber sehr traurigen Tag denke.«

Zum gleichen Zeitpunkt, als Alpha Echo um 14:20 Uhr Edinburgh verließ, startete Kapitän Paul Douglas mit Alpha Fox (G-BOAF) in Heathrow für einen letzten Überschallflug über den Golf der Biskaya mit hundert VIPs und British-Airways-Mitarbeitern an Bord. Zur Cockpitcrew zählten auch der Erste Offizier Mark Jealous sowie die Flugingenieure Peter Carrigan und Warren Hazelby.

Auf der anderen Seite des Atlantiks, in New York, bereiteten sich Kapitän Mike Bannister, der Concorde-Chefpilot von British Airways, sein Erster Offizier Jonathan Napier sowie die beiden Flugingenieure David Hoyle und Robert Woodcock darauf vor, die ebenfalls mit VIPs besetzte Alpha Golf (G-BOAG) zurück nach London zu fliegen. Als Abschiedssalut schoss die New Yorker Flughafenfeuerwehr bogenförmig rote, weiße und blaue Wasserstrahlen über das Flugzeug.

Alpha Golfs Besatzung zeigte ihre Wertschätzung, indem sie die amerikanische Fahne und den Union Jack schwenkte. Der Fluglotse, der 1977 die ersten Concordes in New York begrüßt hatte, war ebenfalls am JFK Airport und teilte dem Flugzeug über Funk mit: »Es war wunderbar, mit Ihrem Flugzeug zu arbeiten. Viel Glück für alle Besatzungen - wir werden Sie vermissen.« Alpha Golfs Crew antwortete: »Es war schön, Sie kennenzuler-

Flugbegleiterin Claire Sullivan vergießt Tränen auf ihrem letzten Concorde-Flug. Vielen ist es so ergangen. *[© British Airways]*

Flight attendant Claire Sullivan sheds a tear on her last Concorde flight.

British Airways decided to end its Concorde service with a farewell tour around North America and the United Kingdom with 24 October 2003 being the final day of operation that was to see the last three flights coming home to London Heathrow from New York, the Bay of Biscay, and Edinburgh.

At 14:20, Alpha Echo (G-BOAE), commanded by Captain Chris Norris, took off from Edinburgh with her passengers on a last supersonic flight over the North Sea. The flight crew also consisted of Captain Les Brodie, Senior Flight Officer Paul Griffin, and Senior Engineering Officer Trevor Norcott. Former flight attendant Iona Ferguson remembers: »The service was not the same as on a regular flight as all passengers had either won tickets through the British Airways employee raffle or been chosen as a way of thanks for special service. We announced that after landing the passengers could line up to visit the cockpit.«

Iona had been chosen to make the announcements and struggled to keep her voice steady once Alpha Echo touched down: »Ladies and gentlemen, we would like to welcome you to London Heathrow. It is with great sadness and with heavy hearts we thank you for choosing to fly with us on British Airways' supersonic Concorde on this historical day and we hope you loved the experience as much as we have loved looking after you. It has been our pleasure to serve on Concorde over the years, knowing what a privilege it is, and we hope you will all remember your Mach 2 experience today with much fondness and pride. We have no doubt that you will all miss seeing Concorde's silhouette soaring over London but it is now time for us to wish you all the very best for the future – thank you, and good night.« Iona looked over at her colleague who was also in tears and yet both were smiling, knowing how incredibly

Eine enthusiastische Menschenmenge heißt eine Concorde nach ihrer Landung in Heathrow am 24. Oktober 2003 willkommen. *[© John Powell / johnnypowell.net]*

An enthusiastic crowd welcomes Concorde at London Heathrow on 24 October 2003.

lucky they were to have been such a part of such a magnificent history: »We disembarked by the hangars onto red carpets and near the other two Concordes which had come in from the final New York and the 'around the bay' flights. It was hard – so hard – to leave the aircraft. It still brings me to tears thinking about that magical yet terribly sad day.«

At the same time as Alpha Echo departed Edinburgh at 14:20, Captain Paul Douglas took Alpha Fox (G-BOAF) to the skies over Heathrow for a the last-ever supersonic flight around the Bay of Biscay with a hundred VIPs and British Airways staff on board. The flight crew also included Senior Flight Officer Mark Jealous and Senior Engineering Officers Peter Carrigan and Warren Hazelby.

On the other side of the Atlantic, in New York, Captain Mike Bannister, British Airways' Chief Concorde Pilot, Senior First Officer Jonathan Napier, and Senior Engineering Officers David Hoyle and Robert Woodcock, were getting ready to take Alpha Golf (G-BOAG) with a full complement of VIPs on board home to London. Before the departure, the airport's firemen gave Alpha Golf a water cannon tribute of red, white and blue jets of water. The flight crew showed its appreciation by waving the U.S. flag and the Union Jack. The Air Traffic Controller who had welcomed the first Concordes to New York in 1977 was there and radioed to Concorde: »It's been wonderful working with

Unter der Augen zahlreicher Concorde-Liebhaber kehrt eine der Maschinen am 24. Oktober 2003 heim nach London Heathrow. *[© Howell Green]*

Watched by her fans, Concorde comes home to London Heathrow on 24 October 2003.

nen. Wir werden Sie ebenfalls vermissen.«

Unter den Augen Tausender Concorde-Liebhaber startete Alpha Golf dann um 17:20 Uhr zum allerletzten Mal vom Big Apple. Als sie den britischen Luftraum erreichte, wiesen die Londoner Fluglotsen die beiden anderen ebenfalls im Flug befindlichen Concordes, Alpha Echo und Alpha Fox, an, in den Landeanflug zu gehen. Alpha Golf machte noch eine letzte Schleife, um Heathrow und London zu überfliegen, bevor sie sich an dritter Stelle hinter den beiden anderen Concordes für den Landeanflug einreihte. Als sich die drei Flugzeuge dem Flughafen näherten, wurden sie von Menschenmassen begrüßt, die sich an den Straßenrändern, auf Parkplätzen sowie auf Gebäuden versammelt hatten.

Als erste Maschine landete Alpha Echo um 16:00 Uhr, gefolgt von Alpha Fox drei Minuten später. Schließlich setzte Alpha Golf um 16:05 Uhr auf. Als sie mit einem Wasserwerfersalut begrüßt wurde, überraschte dies ihre Crew, da sie gerade mit Fahnen durch die offenen Cockpitfenster winkte. Zum gleichen Zeitpunkt rollten die beiden anderen Concordes ein letztes Mal über das Flughafengelände. Ein Fluglotse gab bekannt: »Die Adler sind gelandet - willkommen zuhause.«

An diesem denkwürdigen 24. Oktober 2003 endete der 27 Jahre andauernde Concorde-Betrieb bei British Airways. Am Abend posierte das Concorde-Personal ein letztes Mal für ein Gruppenfoto vor den zum damaligen Zeitpunkt noch fünf aktiven Flugzeugen der Flotte (G-BOAA und G-BOAB waren bereits im Jahre 2000 ausgemustert worden).

your aircraft – good luck to all the crews, and we're going to miss you.« Concorde's flight crew replied: »It's been great knowing you and we're going to miss you a lot.« Watched by thousands of Concorde lovers, Alpha Golf took off from the Big Apple for the very last time, at 17:20. As Alpha Golf entered the United Kingdom's airspace, Air Traffic Control at London Heathrow directed Alpha Echo and Alpha Fox onto their final approaches. Alpha Golf made one final loop to overfly Heathrow and London before taking up position as the third aircraft in line. The three Concordes were greeted by crowds of people gathered on the roadsides, in car parks, and on tops of buildings. The first aircraft to land was Alpha Echo at 16:00, followed by Alpha Fox three minutes later. Finally, Alpha Golf touched down at 16:05 receiving a water cannon salute surprising the flight crew which was waving flags out of the windows. Meanwhile, her two sisters taxied around the airport one last time. The Air Traffic Controller beamed out the message: »The eagles have landed – welcome home.«

That day twenty-seven years of British Airways Concorde service ended with the five active aircraft – G-BOAA and G-BOAB had been retired since 2000 – positioned for a group photo, together with the airline's Concorde staff who had worked with the aircraft.

»Letztendlich ist die Concorde nur ein Flugzeug. Ohne Zweifel ist sie eine Ausnahmeerscheinung, aber dennoch ist sie nur eine Maschine. Was sie so besonders macht, sind die mit ihr verbundenen Menschen – unsere Kunden und die Mitarbeiter von British Airways. Sie geben ihr eine Seele.«

– Kapitän Mike Bannister, früherer Concorde-Chefpilot bei British Airways

»In the end, Concorde is just an aircraft. An exceptional one there is no doubt, but still only a machine. What makes her so different is her people – our customers and British Airways staff. They give her a soul.«

– Captain Mike Bannister, former BA Concorde chief pilot

Das Concorde-Personal posiert für ein letztes Gruppenfoto mit seinen Concordes. *[© British Airways]*

Concorde's staff posing for final group photo in front of the Concordes.

Der letzte Flug – Die Concorde kehrt heim

[© Iona Ferguson]

Am 26. November 2003 fand der letzte Flug in der Geschichte der Concorde statt: Alpha Fox (G-BOAF) sollte von London Heathrow nach Filton, dem Geburtsort der britischen Concordes, fliegen, um im dortigen Aerospace Bristol Aviation Heritage Centre ein neues Zuhause zu finden. Die Cockpitcrew bestand aus den Kapitänen Mike Bannister, Les Brodie und Paul Douglas sowie den Flugingenieuren Warren Hazelby und Trevor Norcott. Iona Ferguson, die am 24. Oktober als Flugbegleiterin auf einem der drei letzten kommerziellen Flüge tätig gewesen war, flog erneut mit, dieses Mal aber als Passagierin: »Es war kaum zu glauben, dass ich ein Passagierticket für den allerletzten Concorde-Flug von London nach Filton erhalten hatte. Wieder an Bord zu sein, aber dieses Mal keine Uniform zu tragen, war ein gleichermaßen seltsames und wunderbares Gefühl. Während des Fluges überquerten wir die berühmte Clifton Suspension Bridge. Später sah ich einige unglaubliche Fotos, die diesen Überflug von unten aus zeigten.

Nach der Landung blieb ich mit einigen Kollegen, mit denen ich diesen Flug gemacht hatte, noch so lange wie möglich an Bord. Als der Reisebus, der uns nach London zurückbringen sollte, kurz vor seiner Abfahrt stand, waren wir schließlich gezwungen, das Flugzeug zu verlassen. Der Gedanke, dass die Concorde »eingemottet« auf einem Flugplatz steht - egal, wie gut man sich um sie kümmert - bricht mir das Herz. Sie wurde gebaut, um zu fliegen, und kann es immer noch. Es ist, als würde man einen seltenen Vogel in einem Käfig beobachten.«

Für alle an Bord, ob Besatzung oder Passagiere, war es ein bewegendes Erlebnis. Für Catherine Murray war dieser Flug nach Filton aus einem ganz besonderen Grund unvergesslich: Ihr Freund, der IT-Mitarbeiter Robert Pilgrim, machte ihr einen Heiratsantrag, als Alpha Fox in 18.000 Metern Mach 2 erreichte. Später sagte sie überwältigt: »Er hat den richtigen Moment gewählt.«

The Last Flight – Coming Home

2003 marked the day of Concorde's last-ever flight: to fly Alpha Fox (G-BOAF) from London Heathrow to Filton, the birthplace of the British Concordes, where she would find a new home at the Aerospace Bristol aviation heritage centre. The flight crew consisted of Captains Mike Bannister, Les Brodie and Paul Douglas, and Senior Engineer Officers Warren Hazelby and Trevor Norcott. Iona Ferguson, who was a flight attendant on one of the three final commercial flights on 24 October, was on board - this time as a passenger: »It was hard to believe that I received a passenger ticket for the last Concorde, to be flown from London to Filton where she was to stay. To be back on her – in civilian clothes this time – felt both odd and wonderful. We flew over the Clifton Suspension Bridge and I have seen some utterly incredible photographs of what it looked like from the ground. A handful of us [crew] who were on that flight stayed [on board] as long as we possibly could before being forced to leave when we saw the bus – which was taking us back up to London – leaving! The thought of Concorde being 'mothballed' and sitting on the tarmac – regardless of how well looked after she is – breaks my heart. She was built to fly and can still do so. It is like watching a rare bird caged.«

For the British Airways staff working on board or travelling as winning passengers on this last-ever Concorde flight, it was an emotionally charged experience. For Catherine Murray this flight to Filton was memorable for another reason: her boyfriend, IT worker Robert Pilgrim, proposed as Alpha Fox reached Mach 2 at 60,000 feet. A stunned Catherine said: »He chose the right moment.«

Concorde Alpha Fox (G-BOAF) erhält einen Abschiedssalut aus den Wasserwerfern der Londoner Flughafenfeuerwehr. *[© David Apps]*
Concorde Alpha Fox (G-BOAF) receives a water cannon salute at Heathrow before her last-ever flight.

Alpha Fox überfliegt Isambard K. Brunels berühmte Clifton Suspension Bridge bei Bristol aus dem Jahre 1864. Tausende Menschen sind erschienen, um der Concorde auf ihrem letzten Flug ihren Respekt zu erweisen. *[© Adrian Meredith Collection]*

Alpha Fox overflies Isambard Kingdom Brunel's Clifton famous Suspension Bridge, Bristol, which was completed in 1864. Thousands of enthusiasts gather to pay tribute to Concorde on her last-ever flight.

Das Ende einer Ära in der Geschichte der Luftfahrt: Alpha Fox setzt am 26. November 2003 in Filton auf der Landebahn auf – dies war die allerletzte Landung einer Concorde überhaupt. *[© Adrian Meredith]*

The end of an era in aviation history: Alpha Fox touches down at Filton on 26 November 2003, the last-ever landing of a Concorde.

Delta Golf im Brooklands Museum / Delta Golf at the Brooklands Museum

von Allan Winn, früherer Brooklands CEO

by Allan Winn, former Brooklands CEO

»Unsere ehrenamtlichen Concorde-Mitarbeiter kümmerten sich darum, Tausende von Teilen aufzuspüren, die für die Restaurierung nötig waren.«

»Concorde volunteers took charge of tracking down the thousands of parts needed to complete the restoration.«

Nachdem British Airways die Concorde Delta Golf (G-BBDG) dem Brooklands Museum in Südengland im Jahre 2003 überlassen hatte, ist sie nicht nur zu einem wichtigen und dauerhaft beliebten Ausstellungsstück geworden, sondern hat auch eine außergewöhnliche Gemeinschaft innerhalb des Museums gefördert: Bereits kurz nach dem Eintreffen von Delta Golf entstand ein ehrenamtliches Team, das unter der Führung von Gordon Roxburgh zur treibenden Kraft bei ihrer Restaurierung wurde. Zu diesem zählten Studenten der Luft- und Raumfahrttechnik der University of Surrey sowie ehemalige und aktive Ingenieure von British Airways. Obwohl die eigentliche Demontage und der anschließende erneute Zusammenbau von Delta Golf von einer auf solche Projekte spezialisierten Firma durchgeführt

Since Concorde Delta Golf (G-BBDG) was allocated by British Airways to Brooklands Museum in 2003, she has not only become an important and lastingly popular exhibit but has also fostered an extraordinary community within the museum. From the very beginning a team of volunteers grew around Delta Golf. Under their leader Gordon Roxburgh this team adopted the aircraft and became the driving workforce of its restoration. They included aerospace engineering students from the University of Surrey as well as retired and serv-

wurden, übernahmen die Museumsehrenamtler die Aufgabe, Tausende von Teilen aufzuspüren, die für die Restaurierung erforderlich waren. Dies war notwendig, da Delta Golf über einen Zeitraum von 20 Jahren als Ersatzteilspender für die aktive Concorde-Flotte von British Airways gedient hatte. Die Restaurierung schloss auch eine Komplettlackierung sowie die Gestaltung der Ausstellung im Flugzeug ein. Nach dem Abschluss der Arbeiten erfolgte die Bildung eines Teams von ehrenamtlichen »Stewards«, die Delta Golf in ein interaktives Museumserlebnis verwandelten. Das ehrenamtliche Engagement endete damit jedoch noch lange nicht: Nach der Restaurierung, die von vielen für unmöglich gehalten worden war, nahm sich das Team nun eine weitere »unmögliche« Aufgabe vor: Mit Hilfe der University of Surrey und des UK Engineering Sciences Research Council sollte der Versuch einer Reaktivierung des Flugsimulators erfolgen, auf dem alle britischen Concorde-Besatzungen ihre Ausbildung absolviert hatten. Dies schloss jedoch nicht nur die Umstellung der Maschine von ihrem bisherigen analogen auf einen digitalen Betrieb ein, sondern erforderte auch den Bau eines selbst entwickelten Sichtsystems für einen virtuellen Blick aus den Cockpitfenstern. Zu guter Letzt musste eine Anpassung dieser Anlage an das Computerprogramm »Microsoft Flight Simulator« erfolgen, um mit dem Simulator überall auf der Welt »hinfliegen« zu können.

Nach der Meisterung dieser anspruchsvollen Aufgabe und der damit verbundenen Reaktivierung der ehrwürdigen Maschine erklärten sich zwölf frühere Concorde-Piloten und Flugingenieure bereit, den Simulator zu betreiben und es den Museumsbesuchen zu ermöglichen, das »Fliegen« mit diesem großartigen Flugzeug zu erlernen.

Sogar während ihrer zweijährigen Restaurierung zog Delta Golf neue Museumsbesucher an, die am Fortschritt der Arbeiten interessiert waren. Die offizielle Eröffnung durch S.K.H. Prinz Michael von Kent im August 2006 führte schließlich zu einem beträchtlichen Anstieg der Besucherzahlen.

Neben der Steigerung des Profites durch den Verkauf von mehr Eintrittskarten hat die Concorde auch eine neue Einnahmequelle in Form einer halbstündigen Tour an Bord geschaffen. Diese schließt die Begrüßung an Bord eines Flughafenbusses, einen Rundgang durch die hintere Concorde-Kabine sowie einen virtuellen Flug in der vorderen Kabine ein, der den Museumsbesuchern einen Eindruck vom Zauber eines Concorde-Fluges vermittelt. Mit über 40.000 Besuchern, die jährlich die halbstündige Concorde-Tour genießen, zusätzlichen rund 300 Besuchern, die nur den Flugsimulator buchen, sowie Hunderten weiterer Gäste bei besonderen Concorde-Veranstaltungen erwirtschaftet Delta Golf allein jährlich rund 250.000 Pfund Sterling für das Museum.

ing engineers from British Airways. Although the physical dismantling and rebuilding of the main structure of Delta Golf was handled by a professional aircraft-dismantling company, the Concorde volunteers took charge of tracking down the thousands of parts needed to complete the restoration. This was necessary as Delta Golf had been stripped of all her useful parts over a twenty-year period as a spares source to keep the rest of the British Airways fleet flying. Once the aircraft's restoration – which included painting the entire aircraft and designing the internal displays – was complete, a further team of volunteer stewards was formed to operate it as a live exhibit. But the volunteer input did not end there. Having completed a restoration of Delta Golf, which many observers had deemed impossible, the team – with further help from the University of Surrey and the UK Engineering Sciences Research Council – embarked on a further 'impossible' task: the simulator's return to service on which all British Concorde crews did their training. This included converting the machine from analogue to digital operation and building a new own-design visual system for it, and then slaving it into Microsoft Flight Simulator to allow it to 'fly' anywhere in the world. Once this amazing feat had been completed, the team attracted a group of twelve Concorde captains, first officers and flight engineers to operate it, giving visitors the opportunity to learn how to 'fly' this amazing aircraft. The impact on the museum has been extraordinary.

Even during her two-year restoration, Delta Golf attracted new museum visitors to watch progress, but once she was formally opened by HRH Prince Michael of Kent in August 2006 she drove a massive increase in numbers. In addition to generating increased admissions revenue, Concorde also created a new revenue stream, as visitors pay a premium to take a half-hour experience which includes a welcome briefing aboard an airport ramp bus, a tour of the rear cabin and then a virtual flight in the front cabin, where they experience some of the glamour of sitting in the seats and taking a flight. With over 40,000 visitors taking the half-hour Concorde experience each year, a further 300 or so flying the simulator and hundreds more attending special Concorde events, Concorde is generating around £250,000 a year for the museum.

Die Cockpitsektion von Delta Golf vor ihrer Restaurierung. *[© Ian Haskell]*

Delta Golf's cockpit section before her restoration.

Delta Golf ist seit dem Abschluss ihrer Restaurierung für Museumsbesucher zugänglich.
[© Brooklands Museum Trust Ltd]

Delta Golf after her full restoration, open to the public.

Sierra-Delta in Le Bourget/ Sierra Delta in Le Bourget

von Jean-François Louis, Luft- und Raumfahrtmuseum Le Bourget

by Jean-François Louis, Air and Space Museum Le Bourget

Der ehrenamtliche Museumsmitarbeiter und Concorde-Liebhaber Jean-François Louis. *[© Jean- François Louis]*

Museum volunteer and Concorde lover Jean-François Louis.

Seit dem Beginn meiner ehrenamtlichen Tätigkeit im Luft- und Raumfahrtmuseum in Le Bourget 2014 mache ich Führungen durch unsere Boeing 747 und unsere beiden Concordes. Die Tour beginnt in der Regel im Concorde-Hangar, wo die Leute häufig sagen: »Wow, dieses Flugzeug ist wunderschön! Wie schade, dass es nicht mehr fliegt.« Wir sprechen dann über die Ursprünge, Technologie, Geschichte und die Rivalen der Concorde, bevor wir nacheinander an Bord beider Flugzeuge (Prototyp 001 und Serienmaschine Sierra Delta) gehen. Unsere Besucher lassen sich in drei Gruppen einteilen. Die erste sind die Concorde-Verehrer, die fast alles besitzen, was über die Concorde geschrieben wurde, und die feuchte Augen hatten, als sie die letzten Flüge der Concorde sahen. Die zweite Gruppe besteht aus Enthusiasten und Luftfahrtprofis, die hauptsächlich an ihrer Entwicklung, operativen Geschichte, Technologie, Leistungsfähigkeit, möglichen Rivalen und ihrer Außerdienststellung interessiert sind. Sie stellen oft Fragen zum Treibstofftransfer, zur Ausdehnung des Rumpfes während des Fluges sowie zu den Ursachen für das letztendliche Scheitern der Concorde. Die dritte Gruppe besteht aus den eher allgemein interessierten Besuchern, von denen viele die Concorde zum ersten Mal mit eigenen Augen sehen und gerne etwas mehr über das Flugzeug, seine Technologie und die typischen Passagiere erfahren möchten.

Die häufigsten Bemerkungen unserer Gäste beziehen sich auf die Schönheit der Concorde, und nicht selten fällt das Wort »majestätisch«. Viele Besucher sind von der Enge der Kabine erstaunt. Ich höre häufig Fragen wie: »Wie hat man das Bett für den französischen Präsidenten aufgestellt? Warum war der Preis für ein Ticket von Paris nach New York so hoch? Wird es bald eine neue Concorde geben?« Die meisten Besucher bedauern die Außerdienststellung der Concorde und den damit verbundenen Rückschritt bei der Flugdauer nach New York. Wenn unsere Besucher gehen und ihre Köpfe voller Träume haben, bedauern viele, dass sie nie die Gelegenheit hatten, mit einem so fantastischen Flugzeug zu fliegen, das seiner Zeit so weit voraus war.

Die Nase des Concorde-Prototypen 001. Auffällig ist der Unterschied zu der Nase von Sierra Delta. *[© Ben Wang]*

The nose of prototype 001. Note the difference to Sierra Delta's nose.

In 2014, I became a volunteer at the Air and Space Museum, Le Bourget, conducting guided tours of our Boeing 747 and our two Concordes. The tour usually begins in the Concorde hangar, with the people often saying: »Wow, this aircraft is beautiful! What a pity that it doesn't fl y anymore.« We then talk about Concorde's genesis, technology, history, rivals, before boarding both Concordes (Prototype 001 and Sierra Delta). Visitors can be divided into three groups. Firstly, the 'worshipers' own almost everything that has been written about Concorde, and had wet eyes when watching Concorde's final flights. The second group are passionate enthusiasts and aviation professionals, keen to learn more about Concorde's genesis, her history, technology, performance, rivals, and retirement; they often ask questions about the fuel transfer, the lengthening of the fuselage in flight, and the causes for Concorde's commercial failure. The third group are 'mainstream' visitors, many of them exploring Concorde 'face to face' for the first time and who always want to learn a little more of the aircraft, its technology, and the typical passenger profiles. The most frequent remarks relate to Concorde's beauty and I often hear the term 'majestic'. Many visitors are astounded by the cabin size. I often hear questions like: »How did they put in a bed for the French president? Why was the price of a Paris–New York ticket so high? Will there be another Concorde soon?« Most of the visitors regret Concorde's retirement and the step backwards in terms of flight duration to New York. When our visitors leave, their heads full of dreams, many regret that they never had the opportunity to fly on such a fantastic aircraft that was so far ahead of its time.

Der Anblick von Sierra Delta und Concorde-Prototyp 001 beflügelt die Fantasie vieler Museumsbesucher. *[© Musée de l'Air et de l'Espace - Le Bourget / Vincent Pandellé]*

Sierra Delta and prototype 001 capture the imagination of the museum's visitors.

Restaurierung und Wartung der Concorde

Die Restaurierung und Erhaltung der Concordes in Museen auf der ganzen Welt erfordert engagierte Teams von Ingenieuren, Technikern und Helfern. Alexandra Jolivet arbeitete von Ende 2000 bis zur Concorde-Außerdienststellung im Jahre 2003 an der aktiven Flotte von Air France. Sie beteiligt sich ehrenamtlich an der Restaurierung der Concorde 001 (F-WTSS) und Sierra Delta (F-BTSD) im Museum in Le Bourget: »Ich habe zusammen mit einem Freund, der in der Museumswerkstatt arbeitet, ein Restaurierungsteam zusammengestellt. Im Laufe der Zeit kamen weitere Leute hinzu, um uns bei der Erhaltung der Concordes zu helfen und ihre Geschichte der Öffentlichkeit zu vermitteln. Andere Jets sind was für Kinder!«

Die ehrenamtliche Museumsmitarbeiterin und frühere Concorde-Mechanikerin Alexandra Jolivet. *[© Alexandra Jolivet]*

Museum volunteer and former Concorde engineer Alexandra Jolivet.

Nach der Außerdienststellung der Concorde wurden viele Ersatzteile und verschiedene Kabinengegenstände wie Sitze und Trolleys versteigert, um Geld für eine Reihe von Wohltätigkeitsorganisationen zu sammeln. Ein Nasenkonus erzielte bei einer Auktion der Air France SA in Paris sogar 490.000 US-Dollar.

After Concorde's retirement, many spare parts and various cabin items including seats and trolleys were auctioned off to raise money for a number of charities. A nose cone fetched $490,000 at an Air France SA auction in Paris.

Restoring and Maintaining Concorde

The restoration and preservation of the Concordes in museums around the world requires dedicated teams of engineers, technicians, and helpers. Alexandra Jolivet worked on Air France's active Concorde fleet from late 2000 until their retirement in 2003. As a volunteer at the Le Bourget museum, Alex participated in the restoration of Concordes 001 (F-WTSS) and Sierra Delta (F-BTSD): »I set up the team with a friend who works in the museum's workshop. Over time more people joined us to help preserve Concorde and pass on her history to the public. Other jets are for kids!«

Eine britische Concorde in ihrem Wartungs- und Reparaturhangar. Während heute einige Exemplare in Hallen ausgestellt und so vor der Witterung geschützt sind, stehen andere seit Jahren im Freien. *[© Adrian Meredith]*

A British Concorde in her maintenance and repair hangar. Today, some Concordes are exhibited in halls and thus protected from the weather, while others have been displayed outside for years.

KEHRT SIE ZURÜCK?

RETURN TO FLIGHT?

»Der Gedanke, dass die Concorde »eingemottet« auf einem Flugplatz steht – egal, wie gut man sich um sie kümmert – bricht mir das Herz. Sie wurde gebaut, um zu fliegen, und kann es immer noch. Es ist, als würde man einen seltenen Vogel in einem Käfig beobachten.«

– Iona Ferguson, frühere Concorde-Flugbegleiterin bei British Airways

»The thought of her being mothballed and sitting on the tarmac – regardless of how well looked after she is – breaks my heart. Concorde was built to fly and she can still do so. It is like watching a rare bird caged.«

– Iona Ferguson, former BA Concorde flight attendant

[© Adrian Meredith]

Die reaktivierte Avro Vulcan XH558 mit dem Namen *Spirit of Great Britain* steigt während einer Flugshow im Jahre 2008 majestätisch in den Himmel. *[© CF38]*
Avro Vulcan XH558, the Spirit of Great Britain, gracefully taking off during an air show in 2008.

Im Laufe ihrer Geschichte hat die Luftfahrt viele Ikonen hervorgebracht. Die Concorde ist unter diesen sicherlich eines der berühmtesten und beliebtesten Beispiele. Als André Turcat und Brian Trubshaw 1969 ihre erfolgreichen Jungfernflüge absolvierten, verliebte sich die Welt in dieses einzigartige Flugzeug. Auch wenn die Concorde seit 2003 nicht mehr fliegt, so strahlt sie noch immer ihre Magie aus. Heute genießt sie den Status eines prestigeträchtigen Ausstellungsstückes und Besuchermagneten in einigen der führenden Luftfahrtmuseen weltweit. Wenn man vor der Concorde steht und dabei ihre Schönheit und einzigartige Technik bewundert, mag man sich fragen, ob sie jemals wieder in den Himmel zurückkehren könnte.

In den letzten Jahrzehnten wurden zahlreiche ausgemusterte Flugzeuge nach aufwändiger Restaurierung und Erprobung reaktiviert. Dazu gehören die berühmte Supermarine Spitfire, die Messerschmitt Bf 109, die nordamerikanische P-51 Mustang, die Boeing B-29 Superfortress und die Avro Vulcan. Letztere war ein strahlgetriebener strategischer Bomber mit Deltaflügeln, der von 1956 bis 1984 in der Royal Air Force diente. Die technisch anspruchsvolle und komplexe Vulcan ist Teil des »Stammbaumes« der Concorde (siehe Kapitel 1 und 2) und ihre Olympus-Triebwerke bildeten die Grundlage für ihren Antrieb. Durch die Kombination aus öffentlichen Spenden und einer Lotteriefinanzierung gelang es, mehrere Millionen Pfund Sterling aufzubringen, damit der *Vulcan To The Sky Trust* eine ausgemusterte Vulcan mit dem Namen *Spirit of Great Britain* (XH558) wieder flugfähig machen konnte. Zwischen 2008 und 2015 kam dieses Flugzeug bei mehreren Flugshows zum Einsatz, bis schließlich aus technischen Gründen seine endgültige Stilllegung erfolgte.

The history of aviation has seen many icons taking to the skies. Concorde was one of the most famous and most-loved of them all. When André Turcat and Brian Trubshaw made their successful maiden flights in 1969, they ignited a love affair that caused Concorde to capture the world's imagination. Although her flying days have come to an end, the love affair has not. Today she enjoys her status as a prestigious exhibition piece in some of the world's finest aviation museums, serving as a magnet for visitors. Standing in front of Concorde and admiring her sheer beauty and unmatched engineering, many among us – aviation professionals and enthusiasts alike – might well wonder if this marvel could ever return to the skies. Over the last few decades, numerous retired aircraft have been reactivated after painstaking restoration and testing. Among these are the famous Supermarine Spitfire, the Messerschmitt Bf 109, the North American P-51 Mustang, the Boeing B-29 Superfortress, and the Avro Vulcan. The latter was a jet-powered, tailless, delta-wing, high-altitude strategic bomber operated by the RAF from 1956 until 1984. The technologically sophisticated and complex Vulcan is part of Concorde's genealogy and her Olympus engines provided the basis for the supersonic airliner's power plant. Through a combination of public donations and lottery funding raising several million pounds, one retired Vulcan, XH558, named the Spirit of Great Britain, was restored to flight by the 'Vulcan To The Sky Trust' and displayed as a civilian aircraft at various air shows from 2008 until 2015, before being retired a second time for engineering reasons.

Die Reaktivierung einer Concorde wäre weitaus aufwändiger als die einer Avro Vulcan. Zudem gibt es nur wenige Exemplare, deren Zustand dies erlauben würde. Die hier abgebildete Alpha Bravo (G-BOAB) eignet sich nicht, da sie ausgeschlachtet wurde und seit Jahren der Witterung ausgesetzt ist.

Concorde's reactivation would be far more complex than that of an Avro Vulcan. Moreover, there are only a few Concordes whose condition would allow this. Alpha Bravo (G-BOAB) shown here is not suitable as she has been cannibalized and exposed to the weather for years.

Die Vulcan XH558 während eines Formationsfluges mit den Red Arrows im Jahre 2015. *[© Steve Buckley, RAF/MOD]*

Vulcan XH558 during a formation flight with the Red Arrows in 2015.

Rückkehr des ehemaligen Rivalen/The Former Rival's Return to Flight

Betrachtet man die verschiedenen historischen Flugzeuge, die wieder in einen flugfähigen Zustand versetzt wurden, ist nur die Vulcan technisch (sehr entfernt) mit der Concorde vergleichbar. Trotz einiger Gemeinsamkeiten bewegt sich Letztere jedoch aufgrund ihrer komplexen und einzigartigen Konstruktion in ihrer eigenen Liga. Nichtsdestotrotz argumentieren engagierte Enthusiasten, die sich die Rückkehr der Concorde in den Himmel wünschen, dass die erfolgreiche Reaktivierung der Vulcan als Flugzeug für Flugshows zumindest als Ermutigung und eine Art Muster für ein mögliches Concorde-Projekt dienen könnte.

Es gibt jedoch nur ein einziges ziviles Flugzeug, das der Concorde konstruktions- und leistungstechnisch relativ nahe kommt - dies ist die kurzlebige sowjetische Tupolew Tu-144, die einst als ihr Rivale im Überschallflugverkehr galt und die von der westlichen Presse abwertend als »Konkordski« bezeichnet wurde. Nach der Unterzeichnung eines Kooperationsvertrages zwischen Tupolew, IBP Aircraft, der NASA, Rockwell, McDonnell Douglas und Boeing wurde 1995 eine erhaltene Tu-144 (S/N 77114) für ca. 350 Millionen US-Dollar umfassend modifiziert und reaktiviert, um als fliegende Testplattform im Rahmen eines Forschungsprogramms für die zweite Generation von Überschallverkehrsflugzeugen zu dienen. Der Jet erhielt die Bezeichnung Tu-144LL, wobei »LL« als Abkürzung für Letayushchaya Laboratoriya (russisch für Fliegendes Labor) stand. 1996/97 absolvierte sie insgesamt 27 erfolgreiche Flüge, wurde aber zwei Jahre später aufgrund der eingestellten finanziellen Förderung wieder deaktiviert.

Auf absehbare Zeit ist jedoch kein ähnliches Großprojekt in Sicht, das mit der Unterstützung der britischen oder französischen

With regards to various historic aircraft restored to flying condition, only the Vulcan is – remotely –technically comparable to Concorde. Nevertheless, despite some similarities, Concorde's complex and unique design does place her in a league of her own. Yet, campaigners envisioning Concorde's return to the skies argue that the success of reactivating the Vulcan as a display aircraft could at least serve as an encouragement and 'template' for a potential 'Concorde cause'.

However, there is only one civilian aircraft that comes relatively close to Concorde's design and performance: the short-lived Soviet Tupolev Tu-144, once a supersonic rival and deprecatingly dubbed by the Western press as 'Concordski'. In 1995, after an agreement was signed between IBP Aircraft, Tupolev, NASA, Rockwell, McDonnell Douglas, and Boeing, one preserved Tu-144 (S/N 77114) was extensively modified at a cost of approximately $350 million to be used as a flying testbed

Rollout der reaktivierten Tupolew Tu-144LL im Jahre 1996. Sie war Teil eines internationalen Forschungsprogrammes für die zweite Generation des Überschallflugverkehrs. *[© NASA]*

Roll-out of the restored Tupolev Tu-144LL in 1996. She was part of an international research programme for the second generation of supersonic air travel.

Die Tu-144LL im Flug. Ihre Rolle im Überschallforschungsprogramm ermöglichte ihr eine zweite (wenn auch kurzlebige) Flugkarriere. *[© NASA]*

The Tu-144LL in flight. Her role in the supersonic research programme gave her a (short-lived) second lease on life.

Regierung oder einem internationalen Partner die Concorde beispielsweise für wissenschaftliche Test- oder Forschungsflüge einsetzen würde. Die Concorde-Enthusiasten wären daher auf einen enorm finanzstarken Partner oder Sponsor für ihr »Return to Flight«-Projekt angewiesen.

Als Nächstes müssten sie eine gut erhaltene und professionell instandgehaltene Concorde ausfindig machen, die sich mit überschaubarem technischen und finanziellen Aufwand wieder flugtauglich machen ließe. Von den 18 noch existierenden Exemplaren wurden einige nach ihrem letzten Flug direkt in Hangars untergebracht und werden seitdem dort liebevoll gepflegt, während andere viele Jahre im Freien verbracht haben, wo sie den Witterungseinflüssen ausgesetzt waren und korrosive Schäden erlitten.

Die zwei Prototypen, die zwei Erprobungsflugzeuge sowie die zwei Vorserienmaschinen, deren Stilllegung und Abgabe an verschiedene Museen bereits in den 1970er- und 1980er-Jahren erfolgte, bekamen nicht die Musterzulassung, die die später gebauten 14 Serienflugzeuge erhielten (siehe weiter unten), sodass man sie aus dem Kreis der möglichen Kandidaten für eine Reaktivierung ausschließen muss. Somit ist die Anzahl auf die zwölf noch existierenden Serienflugzeuge beschränkt, die bei Air France und British Airways zum Einsatz kamen.

as part of a research programme for the second generation of supersonic air travel. Designated the Tu-144LL, with 'LL' being the abbreviation for Letayushchaya Laboratoriya – the Russian term for Flying Laboratory – the aircraft made twenty-seven successful flights during 1996 and 1997 but was retired two years later due to the lack of further funding. With no large-scale project – sponsored by the British or French governments or any international partner – aiming to use Concorde for scientific test or research flights in sight, the enthusiasts who want to see her fly again would have to find an enormously financially potent partner or sponsor for a return-to-flight project. Then, a well-preserved and professionally maintained Concorde adequate for restoration to flying condition with the least effort and cost, would have to be found. From the eighteen Concordes that still exist, some have been moved into hangars after their last flight and beautifully cared for, while others have spent many years outdoors, exposed to the elements and resulting in corrosive damage.

The six prototypes, pre-production and production test aircraft which were retired and moved to museums during the 1970s and 1980s, do not conform to the type certificate as later defined by the fourteen produc-

Die startbereite Tu-144LL. Eine internationale Zusammenarbeit und Finanzierung machten ihre Reaktivierung möglich. *[© NASA]*

The Tu-144LL ready for take-off. International cooperation and funding made her restoration possible.

tion aircraft built for airline service (see more following), so they can be excluded from the list of potential candidates for a second lease of life. This limits the number to the twelve surviving aircraft used for airline service.

Die Concordes von Air France / Air France Concordes

Fox Alpha (F-BVFA), das Flaggschiff der Concorde-Flotte von Air France, wurde 2003 in die Vereinigten Staaten geflogen und ist heute im Smithsonian National Air and Space Museum in Washington ausgestellt. *[© Gérard Duval]*

Fox Alpha (F-BVFA), the flagship of the Air France Concorde fleet, was flown to the United States in 2003 and is now on display at the Smithsonian National Air and Space Museum, Washington, DC.

Nach dem Verlust von Sierra Charlie (F-BTSC) durch ihren tragischen Absturz im Jahre 2000 und der Verschrottung von Fox Delta (F-BVFD) aufgrund von Korrosion 1994 existieren heute noch fünf Concordes von Air France. Zwei von diesen können wahrscheinlich ausgeschlossen werden, da sie seit 2003 im Freien ausgestellt und damit Regen und Schnee ausgesetzt sind. Die eine ist Fox Bravo (F-BVFB) in Sinsheim, der andere ist Fox Fox (F-BVFF) am Flughafen Charles de Gaulle bei Paris. Die übrigen drei befinden sich in Hangars. Fox Alpha (F-BVFA) wurde 2003 zum National Air and Space Museum der amerikanischen Smithsonian Institution geflogen und dort umgehend ohne jegliche Veränderungen in einer Halle ausgestellt. Sierra Delta (F-BTSD) befindet sich seit 2003 im Luft- und Raumfahrtmuseum Le Bourget bei Paris, wo sich Ehrenamtler liebevoll um sie kümmern. Fox Charlie (F-BVFC) gehört zum Aeroscopia Museum im Airbus-Werk in Toulouse. Obwohl sie dort im Freien ausgestellt ist, erhält sie viel Pflege und wurde zum Schutz vor der Witterung versiegelt.

With Concorde Sierra Charlie (F-BTSC) lost in the tragic crash of 2000 and Fox Delta (F-BVFD) dismantled six years earlier due to corrosion, there are still five Air France aircraft in existence today. Two of them can probably be ruled out as they have been stored outside since 2003, and therefore exposed to rain and snow. One is Fox Bravo (F-BVFB) at Sinsheim, Germany, the other is Fox Fox (F-BVFF) at Charles de Gaulle Airport, Paris. The remaining three have been stored inside. Fox Alpha (F-BVFA) was flown to the American Smithsonian National Air and Space Museum in 2003 and immediately stored inside the museum without any alterations afterwards. Sierra Delta (F-BTSD) has been beautifully cared for inside the Musée de l'air et de l'espace (Air and Space Museum) at Le Bourget near Paris, since 2003. Fox Charlie (F-BVFC) is stored outside at the Aeroscopia Museum at the Airbus factory in Toulouse, but is well maintained and sealed from the elements.

Die Concordes von British Airways/ British Airways Concordes

Alle sieben Concordes von British Airways haben bis heute überlebt. Da Alpha Bravo (G-BOAB) noch immer auf dem Flughafengelände der Fluglinie in Heathrow im Freien steht und ein Großteil ihrer Technik und Innenausstattung ausgebaut wurde, kommt sie für eine Reaktivierung praktisch nicht in Frage. Die übrigen sechs Flugzeuge wurden an verschiedene Museen abgegeben. Zwei von ihnen fanden in den Vereinigten Staaten ihr neues Zuhause, wo sie im Freien ausgestellt sind: Alpha Golf (G-BOAG) im Museum of Flight in Seattle (inzwischen mit Überdachung) und Alpha Delta (G-BOAD) im Intrepid Sea, Air and Space Museum in New York City.

Alpha Foxtrot (G-BOAF), die letzte jemals fertiggestellte Concorde, stand lange vor dem Museum Aerospace Bristol in Filton, bis sie 2017 in einen speziell für sie gebauten Hangar verlegt wurde. Da diese drei Flugzeuge jahrelang der Witterung ausgesetzt waren, muss man sie wahrscheinlich ebenfalls ausschließen. Bei Alpha Alpha (B-BOAA), die 2004 ihr endgültiges Zuhause im Museum of Flight im schottischen Edinburgh fand, mussten die Flügel entfernt werden, damit sie in das Museum passte. Obwohl die Flügel später wieder angebracht wurden, wäre es sehr aufwändig und kostspielig, ihre strukturelle Integrität wiederherzustellen. Dies wäre auch bei der französischen Fox Bravo der Fall ist, deren Transport nach Sinsheim ebenfalls die Demontage ihrer Flügel notwendig machte. Damit

Alpha Charlie (B-BOAC), das Flaggschiff der Concorde-Flotte von British Airways, ist heute im Manchester Airport Viewing Park ausgestellt. *[© British Airways]*

Alpha Charlie (B-BOAC), the flagship of the British Airways Concorde fleet, is now on display at the Manchester Airport Viewing Park.

All seven British Airways Concordes have survived to this day. With Alpha Bravo (G-BOAB) still in storage parked outside at Heathrow Airport, London, and stripped of much of her interior, she barely qualifies as a candidate for reactivation. The remaining six were given to various museums. Two of them are stored outdoors in the United States: Alpha Golf (G-BOAG) at the Museum of Flight, Seattle (now under a roof), and Alpha Delta (G-BOAD) at the Intrepid Sea, Air and Space Museum, New York City. Alpha Foxtrot (G-BOAF), the last Concorde ever completed, was stored outside at Aerospace Bristol, Filton, before being moved into a hangar especially built for her in 2017. With these three aircraft exposed to the elements for years, they probably have to be ruled out as well. Alpha Alpha (B-BOAA), which was transported to the Museum of Flight, Edinburgh, Scotland, in 2004, had her wings removed in order to fit into the museum. Although later reattached, it would be very laborious and expensive to restore their structural integrity as is the case with the French Fox Bravo which had to be dismantled for her transport to Sinsheim. This leaves two British

bleiben zwei britische Concordes übrig, die in Hallen ausgestellt sind und sich dort einer liebevollen Pflege erfreuen: Dies sind Alpha Echo (G-BOAE) am Grantley Adams International Airport auf Barbados und Alpha Charlie (B-BOAC) im Manchester Airport Viewing Park.

Concordes which have been stored inside and wonderfully looked after: one is Alpha Echo (G-BOAE) on display at Grantley Adams International Airport in Barbados, the other Alpha Charlie (B-BOAC) at the Manchester Airport Viewing Park.

Sierra Delta (F-BTSD) ist eine potentielle Kandidatin für eine Reaktivierung, da man sich im Luft- und Raumfahrtmuseum Le Bourget (Musée de l'air et de l'espace) mit Liebe um sie kümmert. Der Prototyp 001 ist im Hintergrund sichtbar.
[© Musée de l'Air et de l'Espace - Le Bourget / Xavier Derégel]

Sierra Delta (F-BTSD) is a potential contender for reactivation as she has been beautifully cared for inside the Musée de l'air et de l'espace at Le Bourget. Prototype 001 is visible in the background.

Das Fahrwerk der Concorde. Bei einer möglichen Reaktivierung müssten die nicht mehr verfügbaren Ersatzteile neu konstruiert oder aus den anderen noch vorhandenen Concordes ausgebaut werden.
[© Technik Museum Sinsheim]

Concorde's landing gear. The spare parts that are no longer available would either have to be remanufactured from scratch or cannibalized from other Concordes.

AIR FRANCE
Concorde
AEROSPATIALE

Kandidaten für die Reaktivierung/ Contenders for Reactivation

Insgesamt befinden sich unter den 18 noch existierenden Flugzeugen zwei von Air France (Sierra Delta in Le Bourget und Foxtrot Charlie in Toulouse) und zwei von British Airways (Alpha Charlie in Manchester und Alpha Echo auf Barbados), die sich (theoretisch) in einem ausreichend guten Zustand befinden, um für eine Restaurierung zur Wiedererlangung ihrer Flugfähigkeit in Frage zu kommen. Im Hinblick auf die Logistik und langen Transportwege für die Ersatzteilversorgung und das technische Personal würde eine Reaktivierung von Alpha Echo im abgelegenen Barbados sicherlich einen höheren organisatorischen Aufwand erfordern und daher mehr Kosten verursachen als die in den USA oder Europa befindlichen Flugzeuge. Neben der Entscheidungsfindung, welches das geeignetste Flugzeug ist, gibt es zahlreiche weitere Hürden, die einer Verwirklichung des Traumes einer Reaktivierung im Wege stehen können. Und dies sind Hürden, die den allgemeinen Concorde-Enthusiasten vielleicht gar nicht bekannt sind. Ein legendäres Flugzeug aus dem Zweiten Weltkrieg oder sogar die weitaus komplexere Avro Vulcan wieder flugfähig zu machen, ist eine Sache - die Reaktivierung einer Concorde eine ganz andere. Daher müssten verschiedene Faktoren genau untersucht werden.

Nach der Außerdienststellung der Concorde-Flotte wurde keines der Flugzeuge im Hinblick auf eine mögliche Reaktivierung ordnungsgemäß »eingemottet« bzw. versiegelt. Dies ist bei stillgelegten zivilen und militärischen Luftfahrzeugen der Fall, wenn eine erneute Nutzung möglich erscheint. Die Flugzeuge werden dann in Hangars oder konservierungsfreundlichen Gebieten wie der Mojave-Wüste in den USA aufbewahrt. Daher ist ein professionell »eingemottetes« und versiegeltes Flugzeug immer in einem besseren Zustand als eine (öffentlich) ausgestellte Maschine - ungeachtet dessen, wie liebevoll man sich um diese kümmert.

All in all, among the eighteen surviving airframes, two from Air France (Sierra Delta in Le Bourget and Foxtrot Charlie in Toulouse) and two from British Airways (Alpha Charlie in Manchester and Alpha Echo in Barbados) are – theoretically and potentially – in a good enough physical condition to be considered for a restoration project aimed at returning one of them to flying. With regard to logistics and transportation distances for spare parts and technical personnel, Alpha Echo in Barbados would certainly require more organizational effort and therefore incur more costs than the aircraft stored in the United States or Europe. Besides determining which would be the most suited for reactivation, there are numerous monumental obstacles preventing this dream from becoming a reality which the general Concorde enthusiast might not be aware of. Returning an iconic World War II aircraft or even the more complex Avro Vulcan to the skies is one thing – Concorde quite another. Therefore, various factors would have to be examined.

Nevertheless, when the Concorde fleets were retired, none of the aircraft was properly 'mothballed' ('cocooned') with regards to potential future reactivation as is done with both retired civil and military aircraft which are stored in hangars or preservation-friendly environments such as the Mojave Desert in the United States. Therefore, a professionally 'mothballed' and properly sealed aircraft is always in a better condition than an aircraft put on display, despite how well maintained it might be.

Alpha Echo (G-BOAE) ist heute beim Grantley Adams International Airport auf Barbados in der Karibik ausgestellt. *[© Bob Ware]*

Alpha Echo (G-BOAE) is now on display at Grantley Adams International Airport in Barbados.

Mögliche Nutzung

Da die Concorde in ihrer Geschichte u.a. als Ikone bei Flugvorführungen und Formationsflügen mit der Patrouille de France oder den Red Arrows zum Einsatz kam, würde sie sicherlich eine enorme Aufmerksamkeit auf sich ziehen, wenn sie jemals wieder solche Flüge durchführen würde. Um aber auf einer nachhaltigen wirtschaftlichen Grundlage operieren zu können, die zur Deckung ihrer massiven Betriebs- und Instandhaltungskosten erforderlich wäre, müsste die Concorde das tun, was sie in der Vergangenheit erfolgreich beherrscht hatte, nämlich als exklusives Charterflugzeug zahlende Passagiere an verschiedene Orte bringen oder kurze Überschallflüge durchführen, sodass die Concorde wieder selbst zum Objekt der Begierde werden würde. Würde nur eine Concorde reaktiviert werden, könnte diese dank ihrer Exklusivität möglicherweise eine enorme internationale Nachfrage erzeugen. Ihren Betrieb könnte dann eine engagierte gemeinnützige Gruppe übernehmen, die zudem für ihre Restaurierung und Reaktivierung zuständig wäre.

Potential Use

With Concorde's rich history as an iconic display aircraft for air shows, royal flypasts and formation flights with the Patrouille de France or the Red Arrows, she certainly would receive an enormous amount of attention if ever used again for heritage flights. In order to operate on a viable commercial or semi-commercial basis needed to cover her massive flying and maintenance costs, Concorde would have to do what she had done so successfully in the past: flying as an exclusive charter aircraft taking fare-paying passengers to various places or offering short supersonic flights, that would make Concorde herself the destination. With only one Concorde potentially active, she would certainly enjoy tremendous international demand and could be operated by a dedicated non-profit group overseeing the process of her restoration and return to the skies.

Ersatzteile und Zertifizierung

Jede Concorde besteht aus Hunderttausenden von Teilen. Das heißt, dass bei einer möglichen Reaktivierung jedes einzelne Teil eine Zertifizierung durch die französischen und britischen Zivilluftfahrtbehörden erfordert, um das für den Flugbetrieb notwendige Lufttüchtigkeitszeugnis zu erhalten - ganz zu schweigen von der Zertifizierung des Flugzeuges als Ganzes. Nach ihrer Stilllegung wurden zahlreiche Ersatzteile, von einfachen Ventilen bis hin zu komplexen Apparaturen, entweder verkauft, versteigert (zum Teil für wohltätige Zwecke) oder einfach verschrottet, während andere an verschiedene Museen gespendet und dort eingelagert wurden.

Da die Einsatzgeschichte dieser noch vorhandenen Teile oft unklar ist, müssten sie von dem Hersteller, wie z.B. Airbus oder Rolls-Royce, der sie einst produziert hat, für eine Wiederverwendung neu zertifiziert werden. Viele der Hersteller, die sich auf die Entwicklung und Produktion von Concorde-Teilen spezialisiert hatten, existieren entweder nicht mehr oder haben sich auf modernere Technologien umgestellt. Daher gibt es nach all diesen Jahren auch die meisten Prüfstände und -ausrüstungen nicht mehr, die für die (erneute) Zertifizierung nötig sind, und müssten daher neu konstruiert werden. Darüber hinaus müssten die nicht mehr verfügbaren Ersatzteile entweder zu erheblichen Kosten von Grund auf neu konstruiert oder aus den anderen noch vorhandenen Concordes ausgebaut werden. Ein Beispiel ist die große Anzahl von Hydraulikdichtungen in den Tanks, die voraussichtlich alle ausgetauscht werden müssten.

Es gibt verschiedene Möglichkeiten, die Concorde neu zu zertifizieren: Eine Möglichkeit wäre die Nutzung als Unterschallflugzeug ohne Passagiere. Obwohl dies die am wenigsten komplexe Variante wäre, würde ihr Betrieb keine Einnahmen in Form von exklusiven Überschallflügen generieren können. Die zweite Option wäre eine Art Frachtflugzeug mit einer geringen Anzahl von Passagieren,

Spare Parts and Certification

With Concorde made up of hundreds of thousands of parts, each and every part would require certification by the French and British civil aviation authorities in order to receive a certificate of airworthiness, let alone the aircraft as a whole. After her retirement, numerous spare parts – ranging from simple valves to complex machinery – were either sold, auctioned off (some of them for charitable causes) or scrapped, while others were donated to various museums and put into storage. With the operational history of many of these surviving parts unclear, they would have to be re-certified by the approved manufacturer, such as Airbus or Rolls-Royce, who originally made them. Many of the manufacturers who specialized in Concorde parts either no longer exist or have moved on to more modern technologies. Therefore, after all these years, most of the test equipment necessary to certify the required spares no longer exists and would have to be rebuilt.

Moreover, the spare parts that are no longer available would either have to be remanufactured from scratch at significant cost or cannibalized from other Concordes on display. One example is the large number of hydraulic seals in the tanks that would all have to be replaced. There are various ways of re-certifying Concorde: one being as a subsonic aircraft

Überprüfung der Räder und Bremsen. *[© Adrian Meredith]*
Checking the wheels and tyres.

und die dritte wäre ein richtiges »Comeback« als Überschallflugzeug mit voller Passagierkapazität, was sicherlich die attraktivste, aber somit auch die aufwendigste und teuerste Variante wäre.

Dienstleistungen und Infrastruktur

Im Vergleich zu Unterschallflugzeugen war die Concorde ein sehr wartungsintensives Flugzeug und ihr Betrieb somit sehr kostenintensiv. Sie erforderte einen speziell zertifizierten Treibstoff sowie besondere Hydrauliköle, Schmierstoffe und Aggregate für die externe Stromzufuhr sowie die Unterstützung von Herstellern wie Rolls-Royce zum Betrieb ihrer leistungsstarken, aber komplexen Triebwerke.

Qualifizierte Ingenieure und Techniker

Frühere Ingenieure, Techniker und Mechaniker, deren Fähigkeiten und Erfahrung für die komplexe Aufgabe der Concorde-Restaurierung unerlässlich sind, müssten ihre Lizenzen für eine erneute Arbeit am Flugzeug aktualisieren lassen, da diese längst abgelaufen sind.

Qualifizierung der Flugbesatzung und Musterzulassung

Da die Concorde 2003 offiziell und endgültig ausgemustert wurde, haben ihre damaligen Piloten und Flugingenieure ihre jeweiligen Zertifizierungen für den Flugbetrieb dieses Flugzeugmusters nicht mehr erneuert. Eine fortlaufende Zertifizierung erfordert regelmäßige Kontrollen und Tests. Zudem existieren keine offiziellen Schulungseinrichtungen mit zertifizierten Flugsimulatoren mehr, da diese nach der Stilllegung der Concorde ebenfalls deaktiviert wurden. Im südenglischen Brooklands Museum gelang jedoch die Reaktivierung eines Flugsimulators als Besucherattraktion. Die Franzosen arbeiten ebenfalls daran, den Simulator in Toulouse wieder zum Leben zu erwecken, so dass es möglicherweise eines Tages zwei aktive Simulatoren gibt. Bei beiden Systeme wurden jedoch ihre hydraulisch verstellbaren Unterkonstruktionen entfernt, sodass sie sich nicht mehr so bewegen lassen wie einst.

Da Airbus das offizielle Nachfolgerunternehmen von BAC und Aérospatiale und damit Inhaber der Musterzulassung für die Concorde ist, würden die zivilen Luftfahrtbehörden von Airbus verlangen, einer reaktivierten Concorde die Musterzulassung auszustellen. Im Hinblick auf die einzigartige und noch immer als bahnbrechend geltende Konstruktion der Concorde ist es unwahrscheinlich, dass Airbus einer Übertragung der Musterzulassung auf einen anderen Flugzeughersteller oder ein Luftfahrtunternehmen zustimmen würde. Somit wäre es alleine die Entscheidung von Airbus, eine neue Musterzulassung auszustellen oder nicht.

Kosten

Die enorm komplexe Aufgabe, eine Concorde zu restaurieren, alle Zertifizierungsanforderungen zu erfüllen und sie anschließend mehrere Jahre lang zu fliegen, würde enorme finanzielle Mittel erfordern - nicht zuletzt, um auch die zahlreichen unvorhersehbaren Ausgaben decken zu können. Die

without passengers – the least complex – but would mean that her flights could not generate any income. The second option would be as a cargo aircraft with a small number of passengers, and the third would be her 'comeback' as a supersonic aircraft with full passenger capacity, certainly the most challenging and therefore the most expensive, yet most attractive, variant.

Support Services

In comparison to subsonic airliners Concorde was a very maintenance-intensive aircraft and therefore expensive to operate. She required, and would still require, certified fuel, hydraulic oil, fluids, ground power units, as well as support from manufacturers such as Rolls-Royce to run her powerful but complex engines.

Qualified Engineers and Technicans

Former Concorde engineers and technicians whose skills and experience are essential for the complex task of restoration would have to regain their licences to work on the aircraft as these have long since expired.

Qualified Flight Crew and Type Holder Certificate

With Concorde officially retired for good in 2003, her pilots and flight engineers have not renewed their flight certifications, these requiring regular checks and testing. Moreover, there are no official training facilities, including certified flight simulators, as they were deactivated when Concorde went out of service. However, one flight simulator has been reactivated at Brooklands Museum as a visitor attraction. The French are working to bring their simulator back to life in Toulouse, so there will eventually be two active simulators. However, both systems were removed from their hydraulic jacks, so they will never again fully operate as they did while Concorde was in service. With Airbus being the successor of BAC and Aérospatiale as the type certificate holder for Concorde, the civil aviation authorities would require Airbus to also hold the type certificate for a reactivated Concorde. With regard to Concorde's unique and still cutting-edge design, it is unlikely that Airbus would agree to a transfer of the type certificate to another aircraft manufacturer or aviation company. It would therefore be the sole decision of Airbus to issue a new type certificate.

Costs

Facing the enormously complex task of restoring Concorde, meeting all certification requirements and keeping her flying for several years would require a grand budget capable of covering numerous unforeseeable expenses. The costs are an unknown figure. While the reactivation of the

Kosten sind daher eine unbekannt Größe. Während die Reaktivierung der Vulcan bereits ein Budget von mehreren Millionen Pfund Sterling erforderte, verschlangen die umfangreiche Modifizierung und die Forschungsflüge der Tupolew Tu-144 in den 1990er Jahren atemberaubende 350 Millionen US-Dollar. Es ist sehr unwahrscheinlich, dass sich jemand finden lässt, der eine solch gewaltige Summe in ein einzelnes Flugzeug investiert, das keinen wissenschaftlichen oder militärischen Zweck erfüllt.

Technische Aspekte

Ricky Bastin, ein früherer Concorde-Techniker bei British Airways, geht auf einige der wichtigsten technischen Aspekte bei einer möglichen Restaurierung unter Berücksichtigung heutiger Betriebsanforderungen ein:

»Zuerst wäre eine vollständige strukturelle Untersuchung des oder der in Frage kommenden Flugzeuge erforderlich, um sicherzustellen, dass eine möglicherweise erfolgte strukturelle Verschlechterung das Projekt nicht unmöglich macht. Anschließend wäre eine Überprüfung der gesamten Elektroinstallation notwendig. Nach der Wiederherstellung der elektrisch und hydraulisch betätigten Systeme und Antriebe müssten alle Hydraulikdichtungen kontrolliert und gegebenenfalls ausgetauscht werden. Wahrscheinlich werden einige der Concordes in den Museen als Ersatzteilspender für viele Komponenten dienen müssen.

Für eine Reaktivierung müsste die Concorde einen umfassenden »D-Check« durchlaufen, der die sorgfältige Demontage ihrer Hauptbestandteile, umfangreiche Tests mit ihnen sowie eine strukturelle Inspektion der Flugzeugzelle beinhaltet. Der »D-Check« kommt einer Grundüberholung gleich.
[© Adrian Meredith]

For reactivation Concorde would have to go through a 'D (Major) Check' which involves the careful disassembling of her major parts, extensive tests with them, as well as a structural inspection of the airframe.

Es ist unerlässlich, die Zustimmung von Rolls-Royce für die Triebwerksrestaurierung zu erhalten, da die Unterstützung dieses Unternehmens in jeder Phase des Projektes absolut notwendig wäre. Zudem müssten möglicherweise neuwertige Triebwerke oder welche mit niedriger Laufleistung beschafft werden. Bei einer bedingt kommerziellen Nutzung des Flugzeuges (z.B. Charterflüge) verlangen die aktuellen gesetzlichen Vorschriften die erhebliche Modernisierung verschiedener Bordsysteme. Glücklicherweise gibt es für diesen Fall mehrere »Lösungen von der Stange«.

Während das INS (Trägheitsnavigationssystem) schon 1999 als veraltet galt, sind inzwischen die Systeme ADS-B und EGPWS zur Pflichtausstattung in Flugzeugen geworden. Damit diese beiden Aggregate funktionieren, benötigen sie mindestens ein duales GPS (Global Positioning System). Ein ADS-B (»Automatic Dependent Surveillance-Broadcast«) ist ein Überwachungssystem, mit dem ein Flugzeug seine Position durch die satellitengestützte Navigation bestimmt und diese periodisch aussendet, damit man die Position und den Kurs des Flugzeuges ermitteln und verfolgen kann. Ein EGPWS (»Enhanced Ground Proximity Warning System«) warnt die Piloten, wenn ihr Flugzeug unmit-

Vulcan required several millions pounds, the Tupolev Tu-144's extensive modification and test flight operations during the 1990s swallowed a staggering $350 million, a sum very unlikely to be invested into a single aircraft without any scientific or military purpose in mind.

Technical Aspects

Addressing some of the key technical aspects in the restoration process of Concorde by concentrating on present-day operational requirements, Ricky Bastin, a former British Airways Concorde ground engineer, says: »Firstly, a full structural survey would be required on the relevant airframe(s), to ensure that structural deterioration does not rule out the venture. Then, a full survey of the electrical installation would be necessary, and once electrical and then hydraulic power are established, the integrity of the various hydraulic seals will have to be established, and, where necessary, seals replaced. It is highly likely that museum aircraft would need to be cannibalized for certain spares. An engine restorative process would have to be agreed with Rolls-Royce, whose support in any venture is absolutely vital, and low to zero hours engines would possibly need to be sourced. If it is desired to use the aircraft on a semi-commercial basis, e.g. charters, then recent legislation requires that several systems would require a radical upgrade – however, fortunately there are 'off the shelf' solutions available. As an example, the INS [inertial navigation system] was seen as becoming unfit for purpose as long ago as 1999, as well as the ADS-B [automatic dependent surveillance– broadcast] and EGPWS [enhanced ground proximity warning system] systems now being mandatory for commercial aircraft. These two systems require at least a dual GPS system to be installed for them to operate: an ADS-B is a surveillance technology in which an aircraft determines its position via satellite-based navigation and periodically broadcasts it, thus enabling it to be tracked. An EGPWS alerts pilots if their aircraft is in immediate danger of flying into the ground or an obstacle. To implement the required changes a great deal of weight saving can actually be achieved, equating to a lower fuel burn. The proposal is to replace two air data computers, three INS units and their equipment, as well as some other devices. These would all be replaced with a single Honeywell ADIRU [air data and inertial reference unit], together with a single SARU [standby attitude reference unit], both supplying airspeed, angle of attack and altitude as well as position and attitude information. A simple FMS [flight management system] for lateral navigation only [LNAV] would be required, the simplest solution being similar to the ARINC 629 card system used on the Boeing 777.

The FMS is a fundamental component of a modern airliner's avionics that automates a wide variety of in-flight tasks, thus reducing the workload on the flight crew. The card system would also house the necessary analogue/digital and digital/analogue converters that would enable the new systems to interface with the aircraft. A major issue however becomes one of display, the simplest and cheapest long-term option being to remove most of the pilot's flight instruments, as well as the primary and secondary engine instrument panels and replace them with a total of four flat panel LCD displays – this sort of retrofit is common in North America for older-design aircraft. A full component overhaul regime would need to be established, particularly for the 'classic' Concorde components, which would of course be costly.«

Since Concorde's retirement in 2003, various organizations, most notably the 'Save Concorde Group' and 'Club Concorde', a business

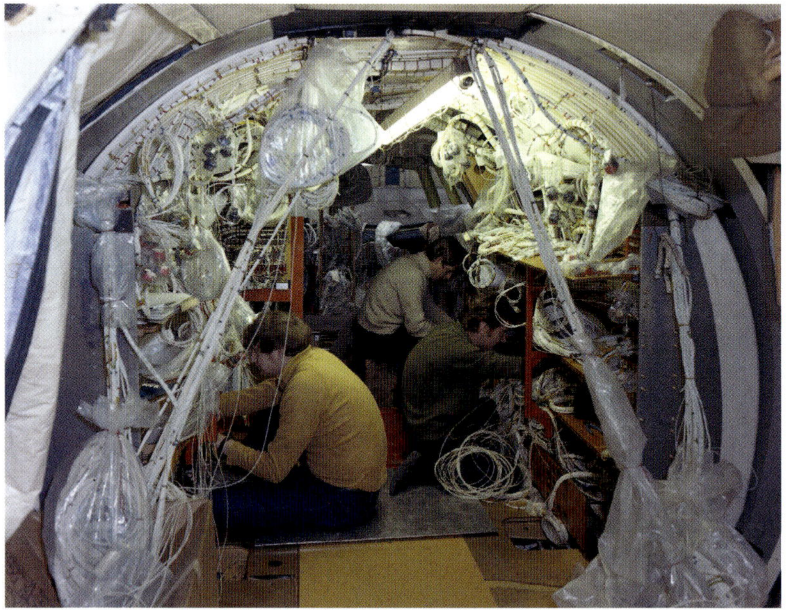

Eine Reaktivierung würde voraussichtlich die Erneuerung der Elektroinstallation sowie die Integration moderner Avioniksysteme erforderlich machen. *[© BAE Systems]*

Reactivating Concorde would probably require the replacement of the electrical installation as well as the integration of modern avionic systems.

telbar Gefahr läuft, auf dem Boden aufzuschlagen oder gegen ein Hindernis zu fliegen.

Bei der Umsetzung dieser vorgeschriebenen Modernisierung ließe sich das Gesamtgewicht des Flugzeuges beträchtlich verringern und somit auch dessen Treibstoffverbrauch etwas senken. Die Idee ist, insgesamt zwei Flugdatenrechner, drei INS-Einheiten, deren Ausrüstung sowie einige andere Geräte durch einzelnes ADIRU-System (»Air Data Inertial Reference Unit«) von Honeywell in Kombination mit einem SARU-System (»Standby Attitude Reference Unit«) zu ersetzen. Diese beiden neuen Anlagen zeigen die Fluggeschwindigkeit und -höhe, den Anstellwinkel sowie Positions- und Lageinformationen an. Ein einfaches Flugmanagementsystem (LMS) könnte die Horizontal-Navigation (LNAV) übernehmen. Die hierfür einfachste Lösung wäre das Kartensystem ARINC 629, das auch in der Boeing 777 Verwendung findet.

Das FMS ist ein wesentlicher Bestandteil der Avionik in modernen Verkehrsflugzeugen, da es eine Vielzahl von Aufgaben während des Fluges automatisiert und damit die Arbeitsbelastung der Crew reduziert. Das Kartensystem würde auch die erforderlichen Analog-Digital- und Digital-Analog-Wandler enthalten, die als Schnittstelle zwischen den neu eingebauten digitalen Systemen und den vorhandenen analogen Anlagen zu fungieren.

Um die nun digital erzeugten flugrelevanten Informationen anzeigen zu können, bestünde die einfachste und kostengünstigste langfristige Lösung darin, die meisten Fluginstrumente der Piloten sowie die beiden wichtigsten Triebwerksinstrumententafeln zu entfernen und durch insgesamt vier LCD-Flachbildschirme zu ersetzen. Diese Art der Nach- bzw. Umrüstung ist in Nordamerika bei älteren Flugzeugen üblich. Darüber hinaus müsste eine vollständige Überholung aller Flugzeugbestandteile erfolgen, vor allem der klassischen Concorde-Hochleistungskomponenten, deren Instandsetzung naturgemäß sehr kostspielig wäre.«

Seit der Stilllegung der Concorde im Jahre 2003 haben sich verschiedene Organisationen, insbesondere die »Save Concorde Group« und »Club Concorde« (Letztere ein von ehemaligen Concorde-Piloten unterstütztes Unternehmensprojekt) bemüht, die Reaktivierung von mindestens einem der Flugzeuge zu ermöglichen. Die »Save Concorde Group«, die von Mitgliedern aus der Luftfahrtbranche sowie von Politikern, Prominenten und der Öffentlichkeit unterstützt wurde, überreichte der britischen Regierung und Airbus UK sogar eine von 30.000 Menschen unterzeichnete Petition, in der sie um die Unterstützung bei der Reaktivierung der Concorde bat. Trotz der weit verbreiteten Hoffnung, dass sie etwas bewegen würde, führte die Petition zu keiner positiven Reaktion.

Bis heute besitzt British Airways noch offiziell die in Großbritannien gebauten Concordes, so dass die öffentlich ausgestellten Flugzeuge den Museen lediglich zur Verfügung gestellt wurden. Air France hingegen schenkte vier ihrer verbliebenen Concordes den Museen, in denen sie sich noch heute befinden. Die Ausnahme ist Fox Fox (F-BVFF), die am Pariser Flughafen Charles de Gaulle ausgestellt wurde.

Es müsste daher eine Vereinbarung mit British Airways oder einem der Museen getroffen werden, um eine Concorde zu erwerben oder die Genehmigung zur Restaurierung und zum Flugbetrieb zu erhalten und diese nach ihrer endgültigen Stilllegung an das Museum zurückzugeben. Dennoch ist es höchst spekulativ, dass die Eigentümer damit einverstanden wären, ihre wertvolle Concorde für ein so ehrgeiziges, aber schwer abschätzbares Vorhaben abzugeben, das es ohne die Federführung und Finanzierung durch die NASA, Boeing, Airbus oder einer nationalen Regierung so noch nicht gegeben hat.

Darüber hinaus gelten die den Museen geschenkten Concordes, wie Fox Alpha (F-BVFA) im Smithsonian und Sierra Delta (F-BTSD) in Le Bourget, nicht nur als technologische Wunderwerke oder Meisterwerke der Kunst, sondern auch als historische Artefakte, die in ihrer ursprünglichen Form erhalten werden sollten. Daher würde jeder technische Eingriff oder die Modernisierung der Avionik (zur Erfüllung heutiger Flugbetriebsanforderungen) ihre historische Integrität beeinträchtigen.

Während die Jahre vergehen und die meisten »Väter« der Concorde, die sie entworfen und gebaut haben, inzwischen verstorben sind, könnte das technische Wissen, das für die Restaurierung, die Wartung und den Flugbetrieb der Concorde erforderlich ist, in nicht allzu ferner Zukunft verloren gehen, da eines Tages auch die Ingenieure, Techni-

venture supported by former Concorde pilots, have been making efforts to make the reactivation of at least one Concorde possible. The 'Save Concorde Group', supported by members from the aviation world as well as politicians, celebrities, and the general public, even submitted a petition to the British government and Airbus UK, signed by 30,000 people, asking for their support to return Concorde to the skies. Despite widespread hope, the petition has not been favourably received. To this day, British Airways still owns the Concordes built in Britain, thus the aircraft on public display have been loaned to the museums. Air France donated four of their remaining Concordes to museums where they are on display, the exception being Fox Fox (F-BVFF) which was placed on display at Paris Charles de Gaulle. Therefore, an agreement with British Airways or one of these museums would have to be reached to either buy a Concorde or obtain permission to restore and operate one and then return it to the museum after its final retirement.

Nevertheless, it is highly speculative that the owners would agree to give away their Concordes to such an ambitious, yet probably incalculable undertaking, as nothing similar has ever been undertaken without the leadership and funding of a player such as NASA, Boeing, Airbus or a national government. Moreover, the Concordes donated to museums, such as Fox Alpha (F-BVFA) at the Smithsonian and Sierra Delta (F-BTSD) at Le Bourget, are considered not only technological marvels or masterpieces of art but also historic artefacts that should be preserved in the layout they were originally built. Therefore, any alteration or modernization of the avionics in order to meet present-day operational requirements would compromise their historical integrity.

With the years passing and most of the 'fathers' of Concorde who designed and built her deceased, the technical knowledge required to rebuild, maintain and fly Concorde might be gone in the not-too-distant future as engineers, technicians and

Alpha Echo (G-BOAE) in ihrer Blütezeit. Es ist sehr unwahrscheinlich, dass die Concorde jemals in den Himmel zurückkehren wird.
[© Art Brett]

Alpha Echo (G-BOAE) in her prime. It is very unlikely that Concorde will ever return to the skies.

ker und Piloten von uns gehen werden. Daher scheint die theoretische Chance, die Concorde wieder flugfähig zu machen und in den Himmel steigen zu lassen, langsam und unwiderruflich zu vergehen - wenn dies nicht bereits geschehen ist.

Während Unterschallflugzeuge heute und auf absehbare Zeit den interkontinentalen Flugverkehr dominieren, schaut die überschallschnelle Concorde, die nun würdevoll ihr Schicksal als prestigeträchtiges Museumsartefakt erträgt, traurig zum Himmel auf, den sie einst so souverän beherrschte. Wie bei allen Ikonen wird der Platz der Concorde in den Herzen der Menschen ihr bleibendes Vermächtnis sein.

pilots start fading away. Therefore, the theoretical chance of restoring her to flying condition and taking her to the skies again, seems to be slowly and irreversibly passing, if not already. With subsonic airliners being the standard aircraft for intercontinental air travel today and for the foreseeable future, the supersonic Concorde, now gracefully enduring her fate as a prestigious museum artefact, might sadly look up to the skies as a domain she once so supremely ruled. Like all icons, Concorde's place in the popular imagination may well prove to be her enduring legacy.

EINE ZUKUNFT IM ÜBERSCHALL?

A SUPERSONIC FUTURE?

Seit dem Ende der Concorde stellen sich Luftfahrtprofis und Enthusiasten gleichermaßen eine Frage: Wer wird in absehbarer Zeit die Krone der »Königin des Himmels« von ihr erben? Neben ihren historischen Konkurrenten - der kurzlebigen Tupolew Tu-144 und der nie fertiggestellten Boeing 2707 - wurden bereits während der aktiven Zeit der Concorde verschiedene Ideen und Konzepte für die Überschallflugzeuge der zweiten Generation diskutiert. Diese reichten von ultraschnellen Businessjets bis hin zu Langstreckenflugzeugen mit 300 Sitzplätzen. Da immer wieder verschiedene Konzepte angekündigt, geprüft und dann entweder storniert oder verschoben werden, ist es schwierig, die Zukunft des Überschallfluges vorauszusagen. Als die Concorde in den späten 1950er und frühen 1960er Jahren konzipiert wurde, glaubten ihre »Väter«, dass man mit Schnelligkeit mehr Flugtickets verkaufen würde und es genug Passagiere gäbe, die deutlich mehr für ihren Flug zu zahlen bereit wären, um auf langen Strecken Zeit zu sparen. Da in den 1970er Jahren die Lobby der Umweltschützer stärker wurde und die Treibstoffpreise deutlich stiegen, sahen sich die internationalen Fluglinien veranlasst, ihre Concorde-Aufträge zu stornieren und stattdessen die weitaus wirtschaftlichere Boeing 747 zu kaufen. Die Concorde erschien zu einer Zeit, die völlig anders war als die, in der sie 15 Jahre zuvor konzipiert worden war. Daher war die euphorische Vorhersage (oder zumindest die Vermutung), dass die Ausgangssituation für einen Erfolg der Concorde in Form von mehreren hundert Bestellungen zur Deckung der hohen Entwicklungskosten und Erzeugung nachhaltiger Profite zwar vielversprechend, aber letztendlich falsch war.

Zwischen dem Tag, an dem ein Überschallflugzeug der nächsten Generation (oder irgendein anderer Flugzeugtyp) konzipiert wird, und dem Tag, an dem es zu seinem Erstflug abhebt, kann sich die einst so vielversprechende Ausgangslage dermaßen stark wie eine Wanderdüne verändert haben, dass das noch vor kurzem erfolgreiche Konzept des Flugzeuges auf einmal obsolet ist. Die Planer und Macher, die in die Fußstapfen der Concorde-Schöper treten wollen, müssen sich daher im Klaren sein, dass auch sie auf *Wanderdünen* treffen können.

Since Concorde's retirement in 2003 aviation professionals and enthusiasts alike have been asking one question: Who is going to inherit the crown of 'Queen of the Skies' in the foreseeable future? Besides Concorde's historic rivals – the short-lived Tu-144 and the never completed Boeing 2707 –various ideas and concepts for second-generation supersonic commercial aircraft when Concorde was still in service were being mooted. These ranged from ultrafast business jet designs to long-range airliners with 300 seats. With various concepts being announced, examined, and then either cancelled or shelved, it is difficult to predict the future of supersonic flight. When Concorde was conceived during the late 1950s and early 1960s, her 'fathers' believed that 'speed would sell seats' and that enough passengers would be willing to pay significantly more for their airfare in order to save time when travelling long distances. With the environmental lobby becoming vocal, and fuel prices climbing significantly during the 1970s – thus prompting the world's airlines to cancel their Concorde orders and instead buy the economically more viable Boeing 747 – Concorde entered service in an era far different from when she was conceived fifteen years earlier. Therefore, the prediction, or assumption, that the circumstances for Concorde's success – defined by several hundred orders to cover the enormously high development costs and generate sustained revenue – appeared favourable, was ultimately wrong. From the day when a next-generation supersonic airliner – or any type of aircraft – is conceived, to the day it takes off on its maiden flight, the basis or 'sands' for a successful career might have shifted so dramatically that the concept becomes obsolete. The planners of Concorde's heirs have to be aware that they are working on 'shifting sands', too.

[© Aerion Supersonic

Concorde B/Concorde B

Eines der 14 Serienflugzeuge im Einsatz. Die Concorde B hätte modifizierte Deltaflügel erhalten.
[© Air France Museum]

One of the fourteen production Concordes in service. Concorde B would have featured a redesigned delta wing shape.

Wenige Monate nach der Aufnahme ihres Linienflugverkehrs im Jahre 1976 stellte Aérospatiale die Pläne für eine Concorde B vor, die eine überarbeitete Variante des vorhandenen Flugzeuges darstellte. Diese besaß eine etwas vergrößerte Treibstoffkapazität sowie leistungsstärkere und wirtschaftlichere Olympus-Triebwerke, die ohne die lauten und durstigen Nachbrenner auskamen. Eine weitere Innovation war die neu gestaltete Form der Deltaflügel mit Vorflügeln an den Tragflächenvorderkanten, die wie die Nase der Concorde absenkbar waren. Der Pilot konnte sie nach unten bewegen, um den Auftrieb bei Start und Landung zu verbessern, und sie für den Überschallflug anheben, um so den Luftwiderstand zu verringern. Diese Modifikationen hätten die Reichweite der Concorde um bis zu 800 Kilometer vergrößert, so dass sie auch auf neuen Verkehrsrouten wie von Frankfurt nach New York zum Einsatz hätte kommen können. Obwohl es Pläne gab, die Concorde B nach der Fertigstellung der ersten 16 Concordes ab 1982 ebenfalls in Serie zu bauen, wurde dieses vielversprechende Vorhaben aufgrund der geringen Verkaufszahlen der ersten Concordes und der steigenden Treibstoffkosten nicht realisiert.

A few months after she had entered commercial service in 1976, Aérospatiale proposed a 'Concorde B', a more refined variant of the existing model. It featured a slightly larger fuel capacity and more powerful and more fuel-efficient Olympus engines without the thirsty and noisy reheat system. Another innovation was the redesigned shape of the delta wing with leading-edge slats that could be drooped like Concorde's nose. The pilot could move them down to improve lift during takeoff and landing, and raise them for supersonic flight in order to reduce drag. All these modifications combined would have given Concorde an additional operational range of up to 500 miles (805 km), thus enabling her to be used on new commercial routes including Frankfurt to New York. Although proposed to go into production as the successor of the sixteen completed production Concordes by 1982, this promising project did not become a reality due to the poor sales of the original Concordes and the rising fuel costs.

Vereinigte Staaten/United States

Nach der Einstellung des amerikanischen SST-Projektes (Supersonic Transport) 1971 begann die NASA mit der Erforschung verschiedener möglicher Entwürfe für Überschallflugzeuge. Nach einer zwischenzeitlichen Unterbrechung aufgrund fehlender finanzieller Mittel startete sie in den späten 1980er Jahren das Programm »High-Speed Research« (HSR). Dieses basierte zum Teil auf der stornierten Boeing 2707 und wurde von der amerikanischen Luftfahrtindustrie, mehreren Universitäten sowie der Regierung unterstützt. Das Ziel war die Entwicklung eines Überschallverkehrsflugzeuges der zweiten Generation mit der Bezeichnung »High-Speed Supersonic Commercial Transport« (HSCT). Dieses sollte wirtschaftlich tragbar und relativ umweltfreundlich sein sowie ohne Überschallknall über Land fliegen können. Bei einer Geschwindigkeit von Mach 2,4 (2.960 km/h) sollten 300 Passagiere den Atlantik oder Pazifik zu einem erschwinglichen Ticketpreis überqueren, der nur etwas höher als der bei Unterschallverkehrsflugzeugen war. Im Gegensatz zur Concorde besaß das HSCT-Konzept weder eine absenkbare Nase noch eine direkte Sichtmöglichkeit für die Piloten nach vorne. Stattdessen sorgten Kameras und Sensoren in Verbindung mit Bildschirmen im Cockpit für eine künstliche Sicht (synthetische Sicht) auf die Start- und Landebahn. Um die Praxistauglichkeit dieses Systems zu beweisen, wurde es bei Starts und Landungen an Bord verschiedener umgebauter Flugzeuge erfolgreich getestet.

Das HSR-Forschungsprogramm der NASA schloss zu Forschungszwecken auch den Einsatz von verfügbaren Militärflugzeugen ein. Zu diesen zählte eine General

Across the Atlantic, after the cancellation of the American SST (Supersonic Transport) programme in 1971, NASA began research on various potential designs for supersonic aircraft. During the late 1980s, after an interruption due to the lack of funding, NASA launched the High-Speed Research (HSR) programme. Partially based on the cancelled Boeing 2707 and supported by the American aviation industry, universities and the government, the project aimed to develop a second-generation supersonic airliner, known as the High-Speed Supersonic Commercial Transport (HSCT) that would be economically feasible, environmentally acceptable and capable of flying over land without creating a sonic boom. With a speed of Mach 2.4 (1,840 mph, 2,960 kph) it was intended to carry 300 passengers across the Atlantic or the Pacific at an affordable price slightly higher than those of subsonic airliners. Unlike Concorde, the HSCT concept had neither a droop nose nor a direct forward view for the pilots. Instead it featured cameras and sensors generating an artificial view (synthetic vision) of the runway on screens inside the cockpit. This system was successfully tested on board various converted airliners during takeoffs and landings to prove its feasibility. NASA's HSR research programme also saw the use of existing military aircraft for research, including a delta-winged General Dynamics F-16XL modified with an experimental

Windkanalerprobung eines von Boeing entworfenen Modells für ein Hochgeschwindigkeits-Überschallverkehrsflugzeug (HSCT) im Jahre 1993. Seine Form ähnelt der stornierten Boeing 2707. *[© NASA]*

Wind tunnel testing of a Boeing-designed model for a High-Speed Supersonic Commercial Transport (HSCT) in 1993. Its shape resembled the cancelled Boeing 2707.

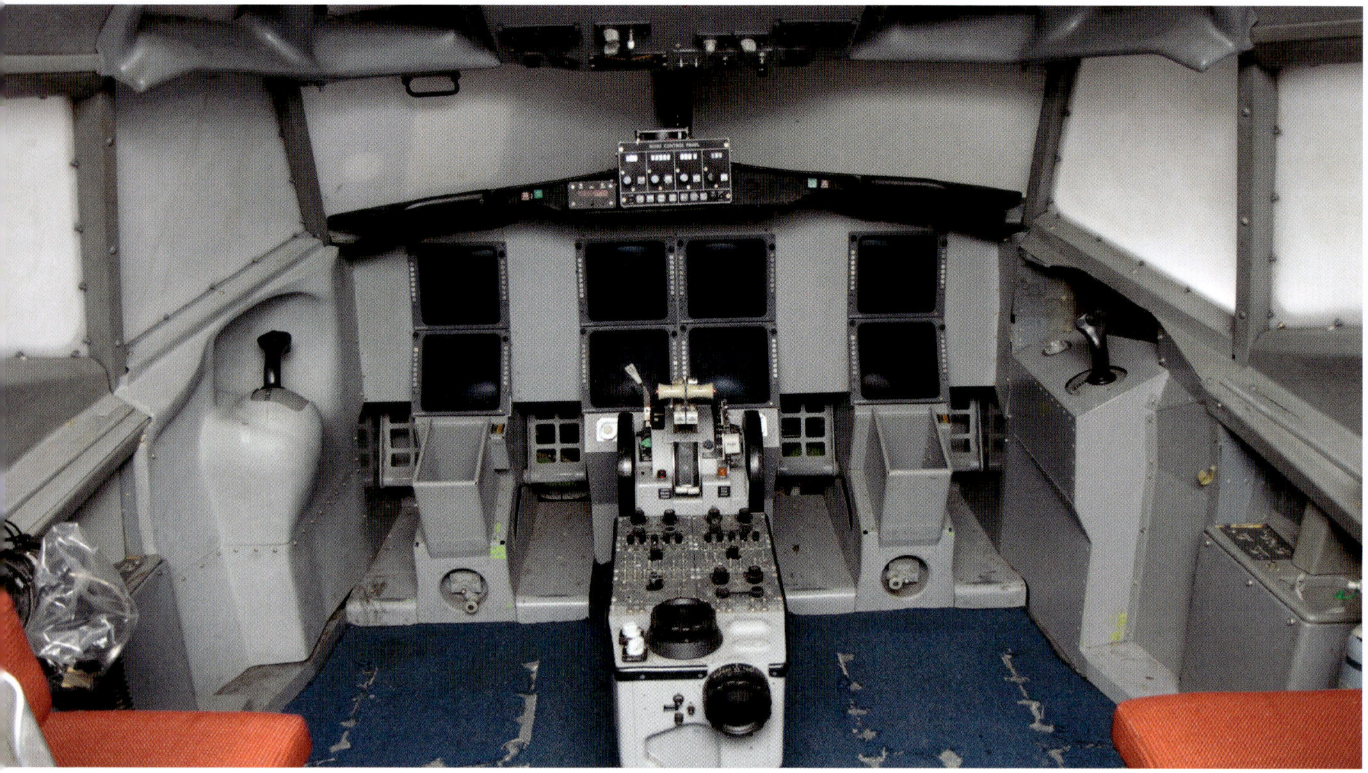

Das Cockpit einer Boeing 737. Dieses Flugzeug war testweise mit Kameras und Sensoren in Verbindung mit Cockpitbildschirmen für eine künstliche Sicht (synthetische Sicht) auf die Start- und Landebahn ausgestattet. *[© Ted Huetter, Museum of Flight]*

Cockpit of a Boeing 737 used to test the artifi cial view (synthetic vision) of the runway on screens inside the cockpit.

Die linke Tragfläche dieser F-16XL erhielt einen modifizierten Abschnitt mit einem Luftansaugsystem, um versuchsweise einen laminaren (glatten) Luftstrom über der Tragfläche zu erzeugen. *[© NASA]*

The F-16XL with the left wing converted for the experiment to achieve laminar (smooth) airflow by an internal suction system.

Dynamics F-16XL mit Deltaflügeln, deren linke Tragfläche mit einem modifizierten Abschnitt aus Titan versehen wurde. Dieser Abschnitt enthielt mehr als zehn Millionen Löcher und verfügte über ein Saugsystem. Während der Forschungsflüge saugte dieses System einen kleinen Teil der fluiddynamischen Grenzschicht der Luft durch die poröse Oberfläche des Tragflächenabschnittes an, um einen laminaren (oder glatten) Luftstrom zu erzeugen. Forscher glauben, dass laminare Strömungsverhältnisse den Luftwiderstand (Reibung) reduzieren und so zu niedrigeren Betriebskosten beitragen können, indem sie den Treibstoffverbrauch verbessern.

Im Jahre 1999 wurde klar, dass der Bau eines Prototypen im Grunde möglich war. Jedoch gab es noch zu viele technologische, wirtschaftliche, ökologische und fertigungstechnische Herausforderungen, die es zu bewältigen galt, um die Bauphase eines tragfähigen Verkehrsflugzeugs zu erreichen. Diese Erkenntnis läutete letztendlich das Ende des HSR-Forschungsprogramms ein.

Der von der Concorde erzeugte Überschallknall während ihrer Linienflüge führte in den USA und anderen Staaten zu einer massiven öffentlichen Opposition und verhinderte so dort den Überflug über besiedelte Gebiete. Da diese Schwäche ein wesentlicher Grund für die niedrige Nachfrage nach der Concorde in den 1970er Jahren war, ist eine Überwindung des »Knall-Problems« unabdingbar, wenn der Überschallflugverkehr eine Zukunft haben soll. Im Laufe der Jahre entstanden verschiedene Ideen, um die Schallwellen durch strukturelle Änderungen an den Flugzeugrümpfen abzuschwächen. 2004 ging Gulfstream, ein Hersteller von Businessjets, in Zusammenarbeit mit der NASA anders an dieses Problem heran: Ihr gemeinsames Projekt »Quite Spike« sah die Verwendung einer einziehbaren 7,3 Meter langen spießartigen Spitze vor, die vorne an einem NASA-Forschungsflugzeug des Typs McDonnell Douglas F-15B Eagle befestigt war. Bei verschiedenen Testflügen mit einer Geschwindigkeit von bis zu Mach 1,8 erzeugte die Spitze drei kleine Schockwellen, die sich parallel zueinander bis zum Boden bewegten und dabei weniger Lärm als normale Schockwellen erzeugten, die sonst üblicherweise an der Nasenspitze von Überschallflugzeugen entstehen.

left wing section made of titanium. The glove contained more than ten million holes and had a suction system attached to the lower surface comprising tubes, valves and a compressor. During research flight the suction systems pulled a small part of the boundary layer of air through the glove's porous surface to create laminar (or smooth) airflow. Researchers believe that laminar flow conditions can reduce aerodynamic drag (friction) and contribute to reduced operating costs by improving fuel consumption. By 1999 it was clear that building a prototype seemed possible. However, there were still too many technical, economic, environmental, and manufacturing challenges that needed to be overcome in order to progress to the construction stage of a viable commercial airliner, which, in the end, brought the HSR research programme to an end. The sonic boom generated by Concorde during her operational service resulted in massive public opposition in the United States and elsewhere, thus preventing Concorde from flying over populated areas in these countries. With this obstacle being a major reason for the poor sales of Concorde in the 1970s, a solution to overcome the 'boom problem' has to be found if supersonic air travel is to have a future. Over the years, various proposals for structural modifications to aircraft fuselages to mitigate sonic booms have been made. In 2004, the business jet manufacturer Gulfstream, in cooperation with NASA, approached the issue differently. Their 'Quite Spike' project used a retractable 24-feet-(7.3m-) long spike which was mounted on a NASA Mc-Donnell Douglas F-15B Eagle research aircraft. During various test flights with a speed of up to Mach 1.8, the spike created three small shock waves travelling parallel to each other all the way to the ground, thus producing less noise than typical shock waves that build up at the front of supersonic jets.

Laser machen den Luftstrom über einem Modell der F-16XL in einem NASA-Windkanal sichtbar. *[© NASA]*

Lasers illuminate airflow over a model F-16XL in a NASA wind tunnel.

Im Jahre 2003 kam eine Northrop F-5E mit modifiziertem Rumpf beim »Shaped Sonic Boom Experiment«, einem Projekt von NASA und Northrop Grumman, zum Einsatz. Die F-5E demonstrierte erfolgreich, dass die vom Flugzeug erzeugte Schockwelle und der damit verbundene Überschallknall sich »umformen« ließen, was zu einem deutlich leiseren Knallgeräusch führte. *[© Carla Thomas, NASA]*

In 2003, the 'Shaped Sonic Boom Experiment' between NASA and Northrop Grumman saw the use of a Northrop F-5E with a modifi ed fuselage successfully demonstrating that the aircraft's shock wave, and accompanying sonic boom, which can be shaped, and thereby reduced.

Das NASA-Forschungsflugzeug F-15B mit dem vorne befestigten »Quiet Spike« aus Verbundwerkstoffen. *[© NASA]*

NASA's F-15B research testbed with the 'Quiet Spike' attachment, made of composite materials.

Europa/ Europe

Nicht nur die US-Regierung mit der NASA und einige der führenden amerikanischen Luftfahrthersteller wie Boeing und McDonnell Douglas waren an der Weiterentwicklung der SST-Technologie für eine zukünftige zivile und kommerzielle Nutzung interessiert. In dem Bewusstsein, dass die Concorde eines Tages durch ein neues Überschallflugzeug als Antwort auf die außereuropäische Konkurrenz ersetzt werden müsse, begannen British Aerospace (BAe), der Nachfolger von BAC, Aérospatiale, der Nachfolger von Sud Aviation, und die Deutsche Aerospace AG (DASA) jeweils mit der Erforschung neuer Konzepte. Im Jahre 1994 unterschrieben sie eine »Überschallvereinbarung« »(Supersonic Agreement«), die zur Gründung des Europäischen Überschallforschungsprogramms (ESRP) führte, das die wirtschaftliche Machbarkeit der Entwicklung eines Concorde-Nachfolgers mit 250 Sitzplätzen, einer Geschwindigkeit von Mach 2 sowie einer Reichweite von mehr als 10.000 Kilometern prüfen sollte. Genau wie die amerikanische Forschung bestand auch der europäische Ansatz darin, die Lärmbelastung zu verringern und die ökologischen Anforderungen zu erfüllen.

Obwohl sie wirtschaftlich betrachtet untereinander alle Konkurrenten waren, machte es Sinn, dass sich die ESRP, Boeing, McDonnell Douglas sowie italienische, japanische und russische Luftfahrtunternehmen ihre ökologische Verantwortung teilten. Daher wurden sie Mitglieder eines internationalen Konsortiums mit der Bezeichnung »Supersonic Study Group«, das sich zweimal im Jahr traf, um Themen wie die Umweltauswirkungen zukünftiger kommerzieller Überschallflüge und die voraussichtliche Kundennachfrage zu erörtern. Während die staatliche Forschung und Finanzierung durch die NASA den US-amerikanischen Flugzeugherstellern zugute kam, unterstützten das Deutsche Zentrum für Luft- und Raumfahrt e.V. (DLR), die britische Defence Evaluation and Research Agency (DERA) und das französische Office National d'Etudes et de Recherches Aérospatiales (ONERA) das europäische Programm.

Das für den Langstreckeneinsatz konzipierte Flugzeug sollte über den Atlantik, den Pazifik oder direkt von Europa nach Asien fliegen können und seine Ticketpreise nicht wesentlich höher als die für Unterschallflugzeuge sein. Um über Ozeane und große Landgebiete (wie zum Beispiel das amerikanische Festland) ohne Überschallknall zu fliegen, musste das Flugzeug sowohl zu Überschall- als auch zu schallnahen Geschwindigkeiten fähig sein können - Letztere bei Mach 0,95 während des Flugabschnittes über Land.

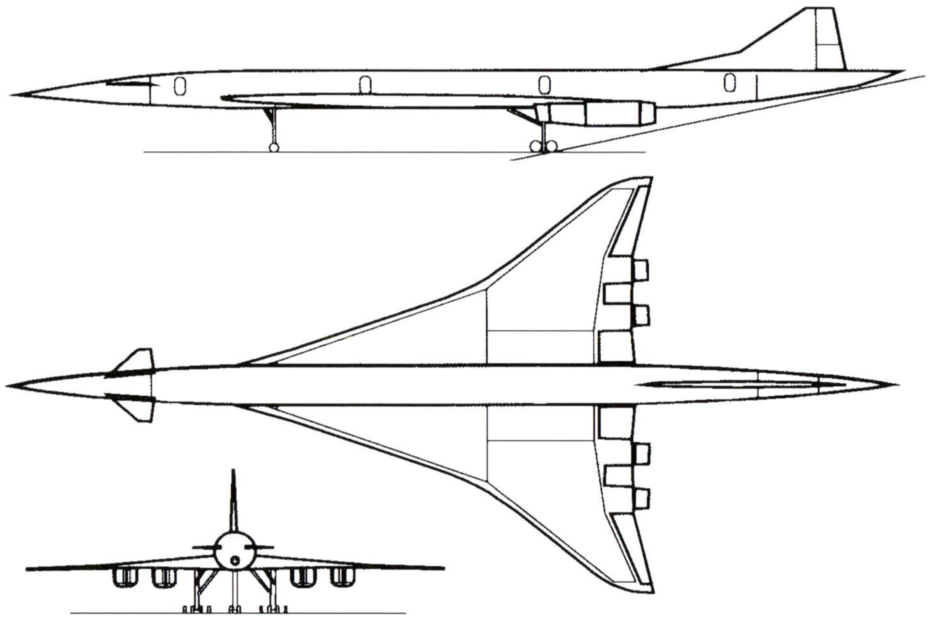

Der in den 1990er-Jahren vom »European Supersonic Research Programme« (ESRP) konzipierte Nachfolger der Concorde.

Concorde's successor as conceived by the European Supersonic Research Programme (ESRP) during the 1990s.

Not only the US government (NASA) and some of America's leading aviation manufacturers, most notably represented by Boeing and McDonnell Douglas, were interested in further developing SST technology for future civilian commercial use. Aware that Concorde one day would have to be succeeded by a new variant capable of competing with non-European designs, British Aerospace (BAe), the successor of BAC, Aérospatiale, the successor of Sud Aviation, and the Deutsche Aerospace AG (DASA) began their respective research work for new concepts. In 1994, they signed

a 'supersonic agreement', resulting in the European Supersonic Research Programme (ESRP), aimed at examining the commercial feasibility of developing a Concorde successor capable of carrying 250 passengers at the speed of Mach 2 over a distance of more than 6,000 miles (10,000 km). Like the American research, the European approach was to meet noise reduction and environmental requirements.

Despite being commercial competitors, it made sense for the ESRP, Boeing, McDonnell Douglas, as well as Italian, Japanese and Russian aviation firms to share their ecological responsibility. Therefore, they were members of an international consortium, called the Supersonic Study Group, which met twice a year to discuss issues such as the environmental impact of future commercial supersonic flight and likely demand. With NASA providing governmental research and funding benefitting the US aircraft manufacturers, so did the German space agency, the Deutsche Zentrum für Luftund Raumfahrt e.V. (DLR), the British Defence Evaluation and Research Agency (DERA), and the French Office National d'Etudes et de Recherches Aérospatiales (ONERA) support the European programme. Conceived as a long-range aircraft, it was to fly across the Atlantic, the Pacific or directly from Europe to Asia with ticket prices not substantially higher than on subsonic airliners. In order to fly over oceans and long overland distances (such as the continental United States) without causing the prohibitive sonic boom, the aircraft had to be capable of flying both supersonic and transonic speeds, the latter at Mach 0.95 during the 'land leg' of a flight.

Japan/ Japan

Auch die japanische Raumfahrtbehörde (JAXA), die Japan Aircraft Development Corporation (JADC) und der Verband der japanischen Luft- und Raumfahrtunternehmen arbeiten seit den späten 1980er-Jahren an einem Nachfolger für die Concorde. Das Konzept mit der Bezeichnung »Next Generation Supersonic Transport« sah ursprünglich ein Flugzeug vor, das 300 Passagiere mit Mach 2,2 über eine Entfernung von fast 10.000 Kilometern befördern konnte. In den frühen 2000er-Jahren modifizierte man dieses Konzept zu einem Entwurf mit 250 Sitzplätzen und einer leicht erhöhten Reichweite bei Mach 1,6. Neben der Suche nach einem Concorde-Nachfolger arbeitet JAXA seit einigen Jahren auch an einem Konzept für einen leisen Überschall-Businessjet.

The Japan Aerospace Exploration Agency (JAXA), the Japan Aircraft Development Corporation (JADC), and the Society of Japanese Aerospace Companies, also have been working on a successor for Concorde since the late 1980s. Called the 'Next Generation Supersonic Transport', the concept originally aimed for an aircraft capable of carrying 300 passengers at a speed of Mach 2.2 over a distance of 5,500 miles. In the early 2000s this concept was altered to a design with 250 seats with a maximum range of 6,000 miles and a cruising speed of Mach 1.6. Besides the research for a Concorde successor, JAXA has also been working on a concept for a quiet supersonic business jet for several years.

Überschall-Businessjets – Der nächste Schritt?/

Supersonic Business Jets – The Next Step?

Obwohl es derzeit keine Überschall-Businessjets (SSBJ) auf dem Markt gibt, sind mehrere Flugzeughersteller zuversichtlich, dass Überschallreisen künftig eher mit kleineren und kostengünstigeren Flugzeugen machbar werden als mit ausgewachsenen Jets, deren Konzepte weitaus größere technische, wirtschaftliche und ökologische Hürden zu überwinden haben. Darüber hinaus glauben die möglichen Erbauer zukünftiger Überschall-Businessjets, dass es eine kleine aber finanziell tragfähige Zielgruppe für sie gibt, die aus Regierungschefs, Spitzenpolitikern und Wirtschaftsführern besteht, die ihre Flugreise auf die schnellstmögliche Weise durchführen wollen. Mehrere etablierte Flugzeughersteller mit Erfahrung in der Entwicklung von Überschalltechnologie, wie z.B. Tupolew mit seinem kürzlich vorgestellten Tu-444-Konzept, Lockheed, Dassault und verschiedene Start-up-Unternehmen arbeiten an unterschiedlichen Überschall-Businessjet-Konzepten. Zu diesen gehören die folgenden drei vielversprechenden Projekte, die alle darauf abzielen, ihren Flugbetrieb in den 2020er-Jahren aufzunehmen:

Although there are currently no supersonic business jets (SSBJs) in service, several manufacturers are confident that supersonic travel can be rather achieved with smaller and more cost-effective aircraft than with larger designs struggling to overcome engineering, economic and environmental obstacles. Moreover, the potential 'fathers' of future SSBJs believe that there is a potentially small yet financially viable target group, such as world leaders or business executives wishing for high-speed air travel. Several established aircraft manufacturers with experience in designing supersonic technology, such as Tupolev with its recently proposed Tu-444, Lockheed or Dassault, and various start-up companies have been working on different SSBJ concepts. Among these, the following three projects, all aiming to be introduced into service during the 2020s, are among the most promising:

Watch Video:

Supersonic Future

Siehe Anleitung auf Seite 2.
See instructions on page 2.

Eine Attrappe des geplanten Überschall-Businessjets Aerion AS2 in Originalgröße. *[© Aerion Supersonic]*

Full-scale mockup of the proposed Aerion AS2 supersonic business jet.

Aerion AS2

Die amerikanische Firma Aerion Supersonic entwickelt derzeit in Zusammenarbeit mit Lockheed Martin und GE Aviation einen zwölfsitzigen SSBJ, der ohne Zwischenstopp über den Atlantik und mit einem Stopp (auf Hawaii) über den Pazifik fliegen kann. Während der AS2 mit Mach 1,4 das Meer überquert, fliegt er mit Mach 0,95 über Land und verursacht somit keinen Überschallknall.

Der luxuriöse Innenraum der Aerion AS2. *[© Aerion Supersonic]*

The luxurious interior of the Aerion AS2.

Aerion AS2

The American firm Aerion Supersonic, in cooperation with Lockheed Martin and GE Aviation, is currently developing a twelve-seat SSBJ capable of flying across the Atlantic non-stop and across the Pacific with one stop (in Hawaii) at a speed of Mach 1.4 over sea and Mach 0.95 over land, thus not producing a sonic boom.

Die Aerion AS2 hat eine Reichweite von 7.780 km bei Mach 1,4 über Wasser oder 10.000 km bei Mach 0,95 über Land, obwohl sie auch mit Mach 1,1 ohne Überschallknall fliegen können soll. *[© Aerion Supersonic]*

The Aerion AS2 has a range of 4,200 nautical miles (7,780 km) at Mach 1.4 over water or 5,400 nautical miles (10,000 km) at Mach 0.95 over land, although 'boomless' Mach 1.1 flight is possible.

Die Form der Spike S-512 zeigt eine gewisse Ähnlichkeit zur Concorde. *[© Spike Aerospace / Spike-Aerospace.com]*

The shape of the Spike S-512 shows some resemblance to Concorde.

Die Spike S-512 soll keine Kabinenfenster haben, sondern mit winzigen Kamerassystemen ausgestattet sein, die die Außenaufnahmen auf Bildschirme in der Kabine übertragen. *[© Spike Aerospace / Spike-Aerospace.com]*

The Spike S-512 will not have cabin windows, instead it will be lined with tiny cameras sending footage to displays lining the interior walls.

Spike S-512

Die Spike S-512 ist ein projektierter Überschall-Businessjet, der vom US-amerikanischen Hersteller Spike Aerospace entwickelt wurde. Mit einer Reichweite von 11.500 Kilometern soll sie 12 bis 18 Passagiere von London nach Hongkong oder von New York nach Dubai nonstop mit einer Reisegeschwindigkeit von Mach 1,6 befördern, ohne dass am Boden ein Überschallknall zu hören ist.

Spike S-512

The Spike S-512 is a projected supersonic business jet, designed by the US-based manufacturer Spike Aerospace. With a range of 6,200 nautical miles (11,500 km) it will carry twelve to eighteen passengers from London to Hong Kong or from New York to Dubai non-stop at a cruising speed of Mach 1.6 without producing a loud, disturbing sonic boom on the ground.

Layoutentwurf für einen Konferenzraum in der Kabine der Spike S-512. *[© Spike Aerospace / SpikeAerospace.com]*

Layout of a conference room in the cabin of the Spike S-512.

Boom XB-1 Baby Boom

Eine weitere amerikanische Firma, Boom Aerospace, entwickelt derzeit ein Überschall-Erprobungs- und Demonstrationsflugzeug im Maßstab 1:3 mit der Bezeichnung XB-1 Baby Boom. Dieses soll als Basis für ein 55-sitziges Überschallflugzeug für überseeische Strecken dienen, dessen Ticketpreise der Businessclass in Unterschallflugzeugen entsprechen. Boom Aerospace ist zudem eine Partnerschaft mit Virgin Atlantics »The Spaceship Company« eingegangen. Virgin und eine weitere (unbekannte) Fluglinie besitzen Bestelloptionen für mehrere Flugzeuge. Die Form des geplanten Flugzeuges ähnelt verdächtig der Concorde, die mehr als 50 Jahre zuvor konzipiert wurde.

Boom XB-1 Baby Boom

Another American firm, Boom Aerospace, is currently developing a one-third-scale supersonic testbed and demonstrator aircraft called the XB-1 Baby Boom as the basis for a fifty-five-seat supersonic airliner suitable for transoceanic routes with tickets prices similar to subsonic business class. Boom Aerospace has entered into a partnership with Virgin Atlantic's The Spaceship Company. Virgin has options for several aircraft as does another unnamed airline. The shape of the proposed airliner suspiciously resembles Concorde's shape conceived more than fifty years earlier.

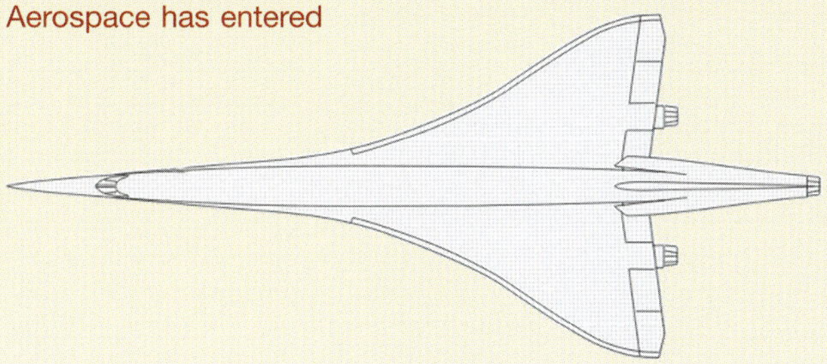

Das Überschallflugzeug von Boom Aerospace verfügt über einen ogivalen Deltaflügel, der stark dem der Concorde ähnelt.

Boom's supersonic airliner features an ogival delta wing with a strong resemblance to Concorde.

Lockheed Martin X-59 QueSST

Die Lockheed Martin X-59 QueSST (Quiet Supersonic Transport) ist das Konzept für ein experimentelles Überschallflugzeug, das für das NASA-Programm »Low-Boom Flight Demonstrator« entwickelt wird. Da die sehr lange Bugsektion die Sicht der Piloten nach vorne behindert, verfügt die X-59 über ein aufwändiges künstliches Flugsichtsystem mit nach vorne gerichteten Kameras. Der Antrieb soll durch einem einzelnen Turbofan des Typs General Electric F414 mit Nachbrennern erfolgen. Die Reisefluggeschwindigkeit soll Mach 1,42 in einer Höhe von 17.000 Metern betragen. Der geplante Einsatzzweck der X-59 besteht darin, die Praxistauglichkeit von »leiser« Überschalltechnologie über bewohnten Gebieten in den Vereinigten Staaten zu erproben, um somit eine große Hürde beim zukünftigen Überschallflugverkehr zu überwinden.

Lockheed Martin X-59 QueSST

The Lockheed Martin X-59 QueSST (Quiet Supersonic Transport) is a concept an experimental supersonic aircraft under development for NASA's 'Low-Boom Flight Demonstrator' programme. With the long nose-cone obstructing the pilots' forward vision, the X-59 will feature an enhanced flight vision system, consisting of a forward camera system compensating for the lack of forward visibility. Propelled by a single General Electric F414 turbofan with reheat, it is intended to cruise at Mach 1.42 at 55,000 feet (16,800 m). The X-59's future purpose is to test the feasibility of 'quiet' supersonic technology over urban areas in the United States, in order to overcome a major obstacle for future supersonic air travel.

Die Finanzierung der X-59 QueSST erfolgte durch die NASA mit 247,5 Millionen US-Dollar. *[© NASA]*

The X-59 QueSST has been funded by NASA to the tune of $247.5 million.

Hyperschallflug – eine neue Dimension?/Hypersonic Flight – A New Dimension?

Obwohl Überschallverkehrsflugzeuge wie die Concorde oder die Tu-144 Geschwindigkeiten von über Mach 2 erreichten und das 1999 ausgemusterte Aufklärungsflugzeug Lockheed SR-71 Blackbird der US Air Force sogar mit Mach 3,3 flog, beschäftigen sich Flugzeugbauingenieure derzeit mit noch schnelleren Antriebskonzepten für den internationalen Luftverkehr. Zu den verschiedenen vorgestellten Ideen gehören konventionelle Turbojet- und Ramjet-Antrieben, die Geschwindigkeiten von mehr als Mach 5 (6.200 km/h) ermöglichen sollen. Noch schnellere Antriebskonzepte hingegen würden die Verwendung von Raketentriebwerken oder Scramjets erfordern.

With commercial supersonic airliners (Concorde, Tu-144) capable of reaching speeds in excess of Mach 2 and the US Air Force's reconnaissance aircraft Lockheed SR-71 Blackbird capable of Mach 3.3 (retired in 1999), aircraft engineers are now looking at even faster designs to carry passengers around the world. Among several proposed concepts are conventional turbojet and ramjet designs capable of flying at speeds in excess of Mach 5 (3,850 mph, 6,200 kph). Even faster designs, however, would call for rocket or scramjet propulsion systems.

Hyperschallflug

Hyperschallgeschwindigkeit lässt sich als hohe Überschallgeschwindigkeit beschreiben. Sie bezieht sich im Allgemeinen auf Geschwindigkeiten von Mach 5 und höher. Ein Ramjet (Staustrahltriebwerk) ist eine Variante eines luftatmenden Strahltriebwerkes, das die Vorwärtsbewegung des Triebwerkes dazu nutzt, um die einströmende Luft ohne einen Axialverdichter (Kompressor) oder einen Radialverdichter zu komprimieren. Da Ramjets zur Schuberzeugung selbst in Bewegung sein müssen, können sie aus dem Stand auch kein Luftfahrzeug antreiben. Daher benötigt ein Flugzeug mit Ramjet-Antrieb eine zusätzliche Starthilfe wie beispielsweise ein Raketentriebwerk, um auf eine Geschwindigkeit beschleunigen zu können, die für die Erzeugung des eigenen Schubs ausreicht.

Hypersonic Flight

Hypersonic speed is one that can be described as highly supersonic, generally referring to speeds of Mach 5 and higher. A ramjet is a form of an air-breathing jet engine using the engine's forward motion for compressing the incoming air without the use of an axial compressor or a centrifugal compressor. Ramjets cannot move an aircraft from a standstill as they cannot produce thrust at zero speed. Therefore, a ramjet-powered vehicle requires an assisted takeoff like an aircraft ('mother ship') or a rocket assist to accelerate it to a speed where it can begin to produce thrust itself.

Reaction Engines A2

Das britische Luft- und Raumfahrtunternehmen Reaction Engines Limited arbeitet derzeit an einer Studie namens LAPCAT A2, einem umweltfreundlichen Hyperschallverkehrsflugzeug für den Langstreckeneinsatz. Die A2 war ursprünglich Teil des von der Europäischen Union mitfinanzierten LAPCAT-Programms (»Long-Term Advanced Propulsion Concepts and Technologies«). Mit einer Reichweite von 20.000 Kilometern und einer Höchstgeschwindigkeit von mehr als Mach 5 soll sie in den 2040er Jahren 300 Passagiere in rund viereinhalb Stunden in einer Flughöhe von 30.000 Metern von Europa nach Australien befördern. Zum Vergleich: Ein Unterschallflugzeug benötigt für diese Strecke gegenwärtig einen ganzen Reisetag. Die vier vorgesehenen Scimitar-Triebwerke für die A2 wurden zwar ursprünglich für Starts in den Weltraum konzipiert, lassen sich aber auch für den Hochgeschwindigkeitsflugverkehr modifizieren. Als Treibstoff soll flüssiger Wasserstoff dienen, der auch das Flugzeug und die in die Triebwerke einströmende Luft kühlen soll. Die Ticketpreise sollen sich auf Businessclass-Niveau bewegen.

Reaction Engines A2

The British aerospace firm Reaction Engines Limited is currently working on a design study called the LAPCAT A2 for an environmentally friendly, long-range, hypersonic airliner. The aircraft was originally part of the LAPCAT programme (Long-Term Advanced Propulsion Concepts and Technologies), co-funded by the European Union. With a range of 12,000 miles (20,000 km) and capable of a top speed of more than Mach 5, the LAPCAT A2 is intended to carry 300 passengers from Europe to Australia in about 4.6 hours at a height of 100,000 feet (30 km) in the 2040s, compared to a complete travelling day on a present-day subsonic aircraft. The four Scimitar engines, originally conceived for space launch but modifiable for intercontinental high-speed air travel, will use liquid hydrogen as a fuel which can also be used to cool the vehicle and the air entering the engines. The ticket cost is aimed at business-class level.

SonicStar and HyperStar

Im Jahre 2008 erfolgte die Gründung der amerikanischen Hyper-Mach Aerospace Industries, Inc., um einen Hyperschall-Businessjet namens SonicStar mit zwei Triebwerken zu entwickeln, der rund 20 Passagiere mit Mach 3,6 über eine Entfernung von 11.000 Kilometern befördern soll. Nach der Umbenennung in HyperStar wurde die Geschwindigkeit auf Mach 5 erhöht (bei einer Flughöhe von 24.000 Metern) sowie die Reichweite auf 13.000 Kilometer und die Passagierkapazität aus bis zu 36 Personen vergrößert. Das Unternehmen experimentiert auch mit einem System namens EDRT, das den Schallboom mildern und möglicherweise sogar ganz eliminieren soll, sodass das Flugzeug auch über Land fliegen kann.

SonicStar and HyperStar

On 10 April 2003, both Air France In 2008, the US-based HyperMach Aerospace Industries, Inc. was formed to design a twin-engine hypersonic business jet named SonicStar capable of carrying about twenty passengers at Mach 3.6 over a distance of 6,000 nautical miles (11,000 km). Later renamed HyperStar, the aircraft concept performance was improved to a speed of Mach 5 at 80,000 feet, an increased range of 7,000 nautical miles and a larger passenger capacity of up to thirty-six passengers. The firm is experimenting with a system called EDRT that will mitigate, and possibly even eliminate, the sonic boom, thus enabling the HyperStar to fly over land.

ZEHST

Das 2011 vorgestellte ZEHST-Projekt (»Zero Emission Hyper Sonic Transport«) ist ein geplantes Verkehrsflugzeug, das von Airbus in Zusammenarbeit mit der japanischen Raumfahrtbehörde (JAXA) konzipiert wurde. Es soll bis zu hundert Passagiere mit Mach 4 in einer Höhe von 30.000 Metern befördern und in zweieinhalb Stunden von Europa nach Japan oder von London nach New York in nur einer Stunde fliegen können. Das von einem Biokraftstoff aus Meeresalgen und einem Sauerstoff-Wasserstoff-Gemisch angetriebene Flugzeug soll über ein dreistufiges Triebwerkssystem verfügen: Zwei Turbofans dienen für den Start und und den Flug bis Mach 0,8, dann übernimmt ein Raketen-Booster die weitere Beschleunigung bis Mach 2,5. Zuletzt kommen zwei Scramjets zum Einsatz, damit die ZEHST ihre Reisegeschwindigkeit von Mach 4 erreichen kann. Airbus geht davon aus, dass das Flugzeug bis 2050 fliegen wird.

ZEHST

Presented in 2011 the Zero Emission Hyper Sonic Transport (ZEHST) is a future airliner concept envisioned by Airbus in cooperation with the Japan Aerospace Exploration Agency (JAXA). It is intended to carry up to a hundred passengers at a speed of Mach 4 at a height of 100,000 feet, thus being capable of flying from Europe to Japan in 2.5 hours or from London to New York in just one hour. Propelled by biofuel made from seaweed and by oxygen/ hydrogen, it is to consist of three propulsion systems: two turbofans to be used for take-off and reaching Mach 0.8, then rocket boosters to take over to accelerate to Mach 2.5, then two scramjets to enable the ZEHST to reach its cruising speed of Mach 4. Airbus envisions the aircraft to fly by 2050.

Künstlerische Darstellung des SpaceLiner 7 während seines Steigfluges.
[© Deutsches Zentrum für Luft- und Raumfahrt / DLR]
Artist's impression of the SpaceLiner 7 during the ascent phase.

Künstlerische Darstellung des SpaceLiner 7 zum Zeitpunkt der Booster-Abtrennung.
[© Deutsches Zentrum für Luft- und Raumfahrt / DLR]

Artist's impression of the SpaceLiner 7 at the moment of booster separation.

SpaceLiner

Die Konzipierung des hyperschallfähigen SpaceLiners erfolgte durch das Deutsche Zentrum für Luft- und Raumfahrt (DLR). Neben der Personenbeförderung soll er auch als wiederverwendbare Trägerrakete (RLV) eingesetzt werden, um schwere Nutzlasten in die Umlaufbahn zu bringen. Der Antrieb soll durch ein wiederverwendbares Raketentriebwerk mit flüssigem Wasserstoff/Sauerstoff als Treibstoff erfolgen. Diese Kombination ist nicht nur sehr leistungsstark, sondern auch umweltfreundlich. Der als langfristiges Projekt projektierte SpaceLiner soll in den 2040er-Jahren seinen Flugbetrieb aufnehmen.

SpaceLiner

Conceived by the Deutsche Zentrum für Luft- und Raumfahrt, Germany's space agency, the Space-Liner is a concept for hypersonic transport. Besides carrying passengers it is also intended to be used as a reusable launch vehicle (RLV) capable of delivering heavy payloads into orbit. Propelled by a single type of reusable rocket engine, liquid hydrogen and liquid oxygen will be used as the propellants, a combination that is both very powerful and environmentally friendly. Conceived as a long-term project, the SpaceLiner might become operational during the 2040s.

Boeing Hypersonic Airliner

2018 stellte Boeing sein Konzept für einen Hyperschalljet vor, der mit Mach 5 den Atlantik in zwei und den Pazifik in drei Stunden überqueren soll, sodass die Fluglinien ihn auch für Rückflüge am gleichen Tag nutzen und somit die Rentabilität des Flugzeuges erhöhen können. Es soll größer als ein Businessjet sein und einen Turbo-Ramjet erhalten. Dieser Hybridantrieb besteht im Grunde aus einem Turbojet, der im Inneren eines Ramjets platziert ist. Während der Turbojet für den Start vom Boden und bei niedrigen Fluggeschwindigkeiten zum Einsatz kommt, soll ein Umschalten auf den Ramjet während des Fluges dann eine Beschleunigung auf Mach 5 ermöglichen.

Da dieses Konzept ohne Nachbrenner arbeitet, würde es beim Start auch weniger Lärm verursachen. Das aus Titan gefertigte Hyperschallflugzeug soll in den 2020er-Jahren einsatzfähig werden. Das Projekt profitiert von den Erfahrungen der Tests mit der Boeing X-51 Waverider, einem unbemannten Forschungsflugzeug.

Da die meisten Konzepte, die sich gegenwärtig in der Entwicklung befinden und zwischen den 2020er- und 2040er-Jahren fliegen sollen, ist es heute schwierig vorauszusagen, welche von diesen sich schließlich durchsetzen werden. Nichtsdestotrotz müssen die Überschallverkehrsfluge der zweiten Generation wirtschaftlich tragfähig und umweltverträglich sein, sowie ohne Überschallknall über Land fliegen können.

Boeing Hypersonic Airliner

In 2018, Boeing presented its concept for a future Mach 5 hypersonic jet capable of crossing the Atlantic in two and the Pacific in three hours, thus enabling the airlines to use it for same-day return flights and thereby increasing the aircraft's profitability. Larger than business jets, it would be powered by a turbo-ramjet which is a hybrid engine that essentially consists of a turbojet mounted inside a ramjet. The turbo-ramjet can be run in turbojet mode at take-off and during low-speed flight but can then switch to ramjet mode to enable the aircraft to accelerate to Mach 5. With this engine concept working without the use of reheat, it would cause less noise during take-off. Made of titanium, the hypersonic airliner is intended to become operational during the 2020s. The project benefits from the experience gained from the tests with the Boeing X-51 Waverider which is an unmanned research scramjet experimental aircraft used for hypersonic flight at Mach 5.

With most of the concepts currently under development and intended to take to the skies between the 2020s and 2040s as testbeds, demonstrators or for commercial service, it is difficult to predict which of these eventually will establish itself. However, the contenders for the second generation of commercial supersonic air travel have to be economically viable, environmentally acceptable and capable of flying over land without creating a disturbing sonic boom.

Die silberne X-51A Waverider, hier unter dem Flügel einer B-52 Stratofortress, diente zur Demonstration des Hyperschallfluges. *[© U.S. Air Force]*
The X-51A Waverider, shown here under the wing of a B-52 Stratofortress, was used to demonstrate hypersonic flight.

BEDEUTUNG UND VERMÄCHTNIS DER CONCORDE

SIGNIFICANCE AND LEGACY OF CONCORDE

»Wir sollten uns an die Concorde erinnern, indem wir die Geschichte des menschlichen Geistes erzählen, den sie verkörpert.«

– Pierre Grange, früherer Concorde-Pilot bei Air France

»We should remember Concorde by telling the story of the human spirit she represents.«

– Pierre Grange, former AF Concorde pilot

[© Adrian Meredith]

Die Concorde hat für jeden Menschen eine individuelle Bedeutung, da jeder seine eigene – und oft sehr persönliche – Verbindung zu ihr entwickelt hat. Ihre einzigartige und extravagante Karriere hat die Fantasie von Menschen auf der ganzen Welt beflügelt, egal, ob sie beruflich mit ihr zu tun hatten, mit ihr als Passagiere flogen oder Concorde-Liebhaber sind. Sie alle verbindet ein gemeinsames Band - eine zeitlose Verehrung für dieses technologische Wunderwerk und Design-Ikone. Mit ihren eigenen Worten beschreiben sie das einzigartige Charisma sowie das Vermächtnis der Concorde:

»Für mich ist die Concorde ein Sinnbild der 1960er Jahre. Damals erfüllte uns noch ein Geist des Aufbruches: Während die Amerikaner sich auf ihre Reise zum Mond machten, bauten wir die Concorde. In Frankreich und Großbritannien erhielt eine außergewöhnliche Generation die Möglichkeit, sich den enormen Herausforderungen des Überschallfluges zu stellen, und sie meisterte diese mit Bravour. Die Concorde ermöglichte die Gründung und den Erfolg von Airbus und somit die Entstehung einer industriellen Struktur, die zur Durchführung großer Luftfahrtprogramme erforderlich ist. Bis heute ist die Concorde ein Symbol für europäisches Know-how. In Frankreich betrachten wir sie als ein französisches Flugzeug, obwohl die britische Expertise, insbesondere bei der Triebwerkstechnik, von entscheidender Bedeutung war. Nichtsdestotrotz sind die Franzosen sehr stolz auf die Concorde. Wir sollten uns an sie erinnern, indem wir die Geschichte des menschlichen Geistes erzählen, den sie verkörpert. Und dies ist die Mission der APCOS (»Association des professionnels de Concorde et du supersonique«), der Vereinigung ehemaliger Concorde-Profis, deren Vorsitzender ich bin. APCOS würdigt das Engagement und die Begeisterung all derer, die es ermöglichten, dass die Concorde flog.«

- Pierre Grange, früherer AF Concorde Pilot.

»Concorde Fox Alpha (F-BVFA) ist eines unserer beliebtesten Exponate und unterstreicht die Leistungsfähigkeit der Luftfahrttechnik der 1960er-Jahre. Obwohl sie kein kommerzieller Erfolg war, begeistert die Concorde die Öffentlichkeit durch ihre majestätische Schönheit. Ihr Vermächtnis besteht vielleicht darin, sicherzustellen, dass die technologischen Möglichkeiten bei der Konstruktion von Verkehrsflugzeugen den wirtschaftlichen Gegebenheiten entsprechen. So technologisch fortschrittlich die Concorde auch war, sie konnte kein Geld verdienen, und das ist letztlich der Zweck eines Verkehrsflugzeugs.«

- Robert van der Linden, Smithsonian Institution

»In den 1960er- und 1970er-Jahren war die Concorde eine so mächtiges Ikone, dass selbst diejenigen, die sich kein Ticket für einen Flug mit ihr leisten konnten, das Flugzeug auf ihre eigene Art ihr eigen nannten. Sie bewies, dass Großprojekte ein ganzes Land motivieren und alle Mitwirkenden mit Stolz erfüllen können.«

- Philippe Gebarowski, französischer Concorde-Passagier

Fox Fox (F-BVFF) ist heute am Pariser Flughafen Charles de Gaulle ausgestellt.
[© Vicentiu Ciorlaus]
Fox Fox (F-BVFF) on display at the Paris Charles de Gaulle Airport.

»Ich denke, dass die Concorde viele Aspekte eines besonderen Lebensstils verkörperte, von dem die meisten Menschen nur träumen konnten. Meine Zeit an Bord der Concorde hat mich gelehrt, was wahrer Service ist und wie wichtig jedes Detail war, um unseren Passagieren ein makelloses Flugerlebnis zu garantieren. Für Großbritannien war die Concorde das Juwel in der Krone.«

- Iona Ferguson, frühere Concorde-Flugbegleiterin bei British Airways

»Es gibt heute kein Flugzeug - egal, ob in ziviler oder militärischer Nutzung -, das sich mit der Concorde vergleichen lässt. Sie zeigte, dass Frankreich und Großbritannien gemeinsam schwierige Herausforderungen meistern konnten, die der Rest der Welt zu überwinden nicht imstande war. Obwohl die Amerikaner versuchten, einen Konkurrenten zu bauen, endete diese Ambition mit einer Attrappe aus Holz. Die Russen versuchten es ebenfalls, bewiesen aber, dass ihre Technologie der Herausforderung nicht gewachsen war und stellten ihren Überschallflugverkehr nach wenigen Flügen ein. Der inzwischen verstorbene englische Ingenieur Barnes Wallis traf den Nagel auf den Kopf, als er den britischen Ansatz mit dem amerikanischen verglich: »Während die Amerikaner Unmengen an Geld ins das

SST-Projekt steckten, setzte man im Vereinigten Königreich den Verstand ein. Am Ende gewinnt immer der Verstand.«««

- Ian Kirby, früherer Concorde-Flugingenieur bei British Airways

»Ihr Charisma war ihre Schönheit - sowohl am Boden als auch im Flug. Dank der Zusammenarbeit zweier Nationen konnte ein außergewöhnliches und majestätisches Flugzeug entstehen: Mit dem gleichen Ziel vor Augen und einem großen Teamgeist haben alle Mitwirkenden die Concorde Wirklichkeit werden lassen.«

- Patrick Sevestre, früherer Concorde-Mechaniker bei Air France

»Die Concorde zog viele berühmte Persönlichkeiten an, und das trug zu ihrem allgemeinen Charakter bei: Die Passagiere sprachen über ihre Flugerlebnisse und erinnern sich noch heute an sie. Das Flugzeug war wunderschön anzusehen und hob sich deutlich von anderen Maschinen ab. Die geringe Größe der Flotte trug ebenfalls zum besonderen Charakter der Concorde bei.«

- Philip Cairns, früherer Concorde-Mechaniker bei British Airways

»Die Concorde war mehr als nur die Teile, aus denen sie bestand - sie war eine Symphonie aus Hochleistungstechnologie, menschlichem Geist, renommiertem Service und purer Schönheit. Ich glaube nicht, dass man sie jemals durch etwas ersetzen kann, das eine »Seele« hat, wie die Concorde sie hatte. Sie wird auf ewig in Museen, Filmen und Büchern wie diesem fortleben und kommenden Generationen hoffentlich als Inspiration dienen.«

- Johnathan Safford, amerikanischer Concorde-Passagier

»Man kann zu Recht auf die Concorde stolz sein, da sie der Beweis dafür ist, was man im Leben erreichen kann, wenn man zur richtigen Zeit die richtigen Menschen am richtigen Ort zusammenbringt. Sie war das bestimmende Element in meiner Luftfahrtkarriere und brachte mich sogar mit meiner liebevollen Frau Liz zusammen.«

- Ricky Bastin, früherer Concorde-Techniker bei British Airways

»Die ganze Welt bewundert die Concorde als Repräsentantin britisch-französischer Technologie und Kompetenz. Sie ist ein Juwel und wir liebten es, sie der Welt zu zeigen. Ich erinnere mich noch an unsere letzte Concorde-Weltumrundung im Jahre 2000, an der drei meiner Kollegen teilnahmen, die einige Monate später bei dem tragischen Absturz bei Paris ums Leben kamen. Bis heute erhalte ich Briefe von Passagieren, die an unserer Weltumrundung teilgenommen haben. So kann ich mich an all die kostbaren Momente erinnern, die wir miteinander teilen durften.«

- Alain Verschuere, früherer Concorde-Purser bei Air France

»Auch heute begeistert die Concorde selbst junge Menschen, die das Flugzeug noch nie gesehen haben. Bei meinen Vorträgen über die Concorde spreche ich mit vielen Zuhörern und treffe auch angehende Ingenieure, für die das Flugzeug eine Quelle der Inspiration ist. Wir sollten sie mit tiefer Zuneigung und schönen Erinnerungen in unserem Gedächtnis behalten. Sie ist wunderschön und inspirierend. Sie war etwas anspruchsvoll... wie jede umwerfend schöne Frau.«

- John Hutchinson, früherer Concorde-Kapitän bei British Airways

Concorde has different meanings to different people as everyone has developed an individual – and often very personal – connection to her. Her unique and flamboyant career has captured the imagination of people from around the world, including Concorde professionals, passengers, and enthusiasts alike. They all share a common bond – a timeless adoration for this technological marvel and design icon. In their own words, they describe Concorde's unique charisma, and her legacy:

»For me, Concorde is the emblematic icon of an era, the 1960s, when the spirit of conquest still reigned. At that time, the Americans embarked on their journey to the moon and we built Concorde. In France and Great Britain, decision-makers gave an exceptional generation the opportunity to meet the exceptional challenges posed by supersonic transport and they did it brilliantly. Concorde enabled the emergence and success of Airbus, thus allowing the creation of the industrial fabric necessary for major aeronautical programmes. To this day, Concorde remains as a symbol of European know-how. In France, we think of her as a French aircraft, although British know-how, especially engine technology, was vital. Nevertheless, the French are very proud of Concorde. We should remember her by telling the story of the human spirit she represents, and this is the mission of APCOS (Association des professionnels de Concorde et du supersonique), the association of former Concorde professionals, whose chairman I am. APCOS honours the commitment and enthusiasm of all those who made Concorde fly.«

– Pierre Grange, former AF Concorde pilot

»Concorde Fox Alpha (F-BVFA) is one of our most popular artefacts and highlights the capabilities of aeronautical technology from the 1960s. Despite the fact that she was not a commercial success, Concorde still captures the public's imagination because of her grace and beauty. Her legacy is, perhaps, to make sure that the technological possibilities match the economic realities when designing commercial aircraft. As technologically advanced as Concorde was, she could not make money and ultimately, that is the purpose of an airliner.«

– Robert van der Linden, Smithsonian Institution

»In the 1960s and 1970s, Concorde was such a powerful icon that even those who could not afford to buy a ticket, had taken up their own means of ownership of Concorde. She showed that major projects could motivate an entire country and made those who participated proud.«

– Philippe Gebarowski, French Concorde passenger

»I think Concorde encapsulated so many aspects of a lifestyle the majority of the world could only dream about. My time on Concorde taught me what true service is and how every detail matters to ensure that you are delivering a flawless experience. For Britain, she was the jewel in the crown.«

– Iona Ferguson, former BA Concorde flight attendant

»There is no aircraft today – civilian or military – that compares to Concorde. She showed that France and Britain could solve difficult problems that the rest of the world could not. The Americans tried, but finished up with a wooden mock-up. The Russians tried but proved that their technology was not up to the challenge and gave up after very few flights. The late English engineer Barnes Wallis summed the situation up well when he compared the British approach with that of the American:

Alpha Golf (G-BOAG) startet zu einem ihrer letzten Flüge. Für jeden Concorde-Liebhaber hat dieses einzigartige Flugzeug seine ganz eigene Bedeutung. *[© A.J. Best]*

Alpha Golf (G-BOAG) taking off on one of her last flights. For every Concorde enthusiast, this unique aircraft has its own meaning.

'America threw money at the project, the United Kingdom threw brains at it. In the end, brains will always win.'«

– Ian Kirby, former BA Concorde flight engineer

»Concorde's charisma was her look, both on the ground and in flight. She is an exceptional and majestic aircraft as a result of the cooperation between two countries. The same goal and a team spirit shared by everyone involved in this project made this aircraft become a reality.«

– Patrick Sevestre, former AF Concorde ground engineer

»Concorde attracted many famous personalities and this added to her general ethos: passengers talked about their flight experiences and still remember them today. Concorde was easy on the eye and quite distinctive from other aircraft. The small size of the fleet also added to the remarkable character that is Concorde.«

– Philip Cairns, former BA ground engineer

»Concorde was more than the parts she was made from – she was a symphony of extreme engineering, human spirit, renowned service and sheer beauty. I truly don't think anything can ever replace her and have the same 'soul' that she had. But Concorde will always live on through museums, videos and books like this, hopefully inspiring generations to come.«

– Johnathan Safford, American Concorde passenger

»Concorde is something to be justifiably proud of, illustrating just what can be achieved in life if you have the right people in the right place at the right time. Concorde defined my career in aviation, and even brought my lovely wife Liz and me together.«

– Ricky Bastin, former BA ground engineer

»Concorde is an ambassador of Anglo-French technology and intelligence, enormously admired by the whole world. She is a jewel we loved to show to the world. I still remember our last Concorde around-the-world tour in 2000 which included three of my colleagues who died a few months later in the tragic Concorde accident in Paris. To this day, I still receive letters from passengers who were on this tour, making me recall all these precious moments we were lucky enough to share.«

– Alain Verschuere, former AF Concorde purser

»Concorde still to this day inspires young people who have never seen Concorde. I talk to a lot of young people in lectures and meet young training engineers who all find Concorde inspirational. Concorde should be remembered with great affection and very happy memories. She is beautiful, she is inspirational. She was slightly demanding like any very beautiful woman.«

– John Hutchinson, former BA Concorde captain

Das Vermächtnis der Concorde/The Legacy of Concorde

von Katie John, Redakteurin des Mach 2 Magazine

by Katie John, editor of Mach 2 magazine

Als Alpha Fox (G-BOAF) von British Airways am 26. November 2003 zum letzten Mal auf der Landebahn aufsetzte, endete die erste Ära des Überschallflugverkehrs. Nachdem ihre Karriere als die Verkörperung eines großen Sprunges in der Technikgeschichte begonnen hatte, wurde die Concorde aufgrund ihrer hohen Entwicklungs- und Betriebskosten zu einem Fortbewegungsmittel für Eliten oder jene, die lange für den Flug ihres Lebens gespart hatten. Seit ihrer Stilllegung befinden sich die Concordes nun in Museen, wo sie nur noch eine interessante Kurzgeschichte in der Gesamthistorie der Luftfahrt darstellen. Oder auch nicht.

Der anhaltende Einfluss

Es scheint die weitverbreitete Meinung zu sein, dass die Concorde zwar technologisch spektakulär, aber eine enorme Verschwendung von Geld und Energie war. Und dennoch hatte sie einen nachhaltigen Einfluss auf die moderne Luftfahrt - und dies vielleicht auf eine Weise, die nicht jedem bekannt ist. Das bemerkenswerteste Beispiel ist das Fly-by-wire-System, das die Concorde als erstes Verkehrsflugzeug der Welt besaß. Hinzu kommt der Einsatz von leichten Carbonbremsen. Diese Innovation der frühen 1970er-Jahre wurde kurz darauf von Formel-1-Rennwagen und später auch von anderen Verkehrsflugzeugen übernommen. Neben den technischen Entwicklungen am Flugzeug selbst mussten die Briten und Franzosen auch neue Lufttüchtigkeitsstandards entwickeln, um die Concorde in Betrieb nehmen zu können. Diese Standards bildeten die Grundlage für ein umfangreiches Werk zur Regelung der Luftfahrt in Europa mit der Bezeichnung JAR (»Joint Aviation Requirements«), das sich wiederum zu den heutigen EASA-Sicherheitsstandards (»European Aviation Safety Standards«) weiterentwickelt hat. Darüber hinaus hat die Concorde - so ein ehemaliger Standortleiter in Toulouse - »eine ganze Generation von Fabrikarbeitern, Ingenieuren und Managern ausgebildet«, die daraufhin das mächtige Unternehmen Airbus-Unternehmen aufbauten.

On 26 November 2003 British Airways Concorde Alpha Fox (G-BOAF) settled to earth for the last time, bringing to an end the first era of supersonic air travel. Concorde began as a dream of the next advance in human technology; then the cost of its development and operation rendered the aircraft a luxury for the elite, or for those who saved up for a trip of a lifetime. Now the fleets have retired to museums, apparently to become just an interesting byway in the history of flight. Or maybe not.

Lingering Influence

The prevailing view of Concorde seems to be that she was technically spectacular but a giant waste of money and effort. Yet Concorde influenced aviation profoundly, in ways that are perhaps not generally recognized. The most notable example is the fly-by-wire system; Concorde was the first airliner to use such a system. Another example is the use of lightweight carbon brakes; this innovation, in the early 1970s, was then adopted for Formula 1 racing cars and later for other passenger aircraft. Further to the developments seen in the aircraft itself, the detailed airworthiness standards that the British and French had to develop in order to operate Concorde formed the basis for the pan-European Joint Airworthiness Requirements (JARs), which have evolved further into today's European Aviation Safety Agency (EASA) standards. Lastly, in the words of one former site manager at Toulouse, Concorde »trained a whole generation of shop floor workers, engineers, and managers« who would go on to build the mighty Airbus company.

Eine bleibende Ikone

Concorde war das Ergebnis großer Politik und das Instrument mächtiger Konzerne. Nichtsdestotrotz genießt sie seit ihrem Erstflug die Bewunderung von Menschen auf der ganzen Welt. Unter allen europäischen Großprojekten nahm sie einen Spitzenplatz ein, wenn es darum ging, spontan die Herzen der Menschen zu gewinnen: Bei Flugvorführungen und nationalen Veranstaltungen in Großbritannien und Frankreich waren die Zuschauer stets vom Anblick der Concorde begeistert. Im Herbst 2003 versammelten sich unzählige Besucher auf den Flughäfen, um ihre letzten Flüge zu verfolgen. Auch heute ist sie noch so beliebt wie eh und je: Tausende von Menschen besuchen die in verschiedenen Museen ausgestellten Concordes. Noch mehr Menschen sprechen, debattieren, schwärmen und teilen ihren Erinnerungen an den schönen weißen Vogel.

Die Concorde erfreut sich eines zweiten »Lebens« im Cyberspace, da verschiedene Concorde-Gruppen im Internet leidenschaftliche Anhänger (»Follower«) anziehen und zudem täglich neue Videos erscheinen, die eine Concorde in ihrer Blüte zeigen. Frühere Piloten und Ingenieure halten Vorträge in vollen Sälen. Selbst in lockeren Gesprächen kommt häufig die Frage auf, warum sie nicht mehr fliegt oder ob sie reaktiviert werden kann. In den letzten Jahren haben ehemalige Concorde-Mitarbeiter und Ehrenamtler in einigen der Museen ihre Concordes teilweise wieder zum Leben erwecken können: Kontrollleuchten im Cockpit gehen wieder an und die Navigationslichter blinken wieder wie einst. In manchen Fällen gelang es auch, die Hydraulik zu reaktivieren, sodass sich die berühmte Concorde-Nase wieder auf und ab bewegen lässt. Diese Art der Arbeit an den Flugzeugen ist eine direkte Erfahrung, die es sicher wert ist, an andere weiterzugeben. Somit sagt die Concorde bis zum Erscheinen eines Nachfolgers nicht *goodbye*, sondern einfach *au revoir*.

An Enduring Icon

Concorde was the creation of high politics and the instrument of big business. Yet for fifty years, from the moment the prototypes first appeared, the aircraft has won admiration from people around the world. Among Europe's grands projects, Concorde stands alone in winning this spontaneous love from so many people. Spectators thrilled to the sight of the aircraft at air shows and on national occasions in the UK and France. During the autumn of 2003, crowds gathered at airports to watch the final flights. And still today, Concorde is as popular as ever.

Thousands of people visit the aircraft on display in museums. Even more people talk, argue, rhapsodise, and share memories about the beautiful white bird. Concorde is enjoying a second life in cyberspace, with internet groups attracting passionate followers, and new videos of Concorde in flight appearing every day. Former Concorde pilots and engineers give talks to full houses. Even in casual conversation, people often ask why Concorde stopped flying or whether she could be returned to flight. Most recently, in the last few years, former Concorde personnel and volunteers at a few of the museums have brought their Concordes partially back to life. Flight deck controls light up, and navigation lights fl ash. In a couple of cases, hydraulic power has been supplied so that the famous nose moves up and down. Direct experience of the aircraft is being maintained and passed on to others – so, until the next supersonic airliners appear, for Concorde it is not *goodbye* but simply au *revoir*.

Alpha Delta (G-BOAD) ist heute im Intrepid Sea, Air & Space Museum in New York City ausgestellt.
[© Jean-Philippe Lemaire]

Alpha Delta (G-BOAD) on display at the Intrepid Sea, Air & Space Museum, New York City.

Technische Daten der Concorde (Quelle: British Airways)

Nummer: 001	Registrierung: F-WTSS	Erster Flug: 2. März 1969	Letzter Flug: 19. Oktober 1973	Flugstunden: 812
Franz. Prototyp. Roll-out am 11.12. 1967. Erster Überschallflug am 1.10. 1969, erster Mach-2-Flug am 4.11.1970. Insgesamt 397 Flüge, davon 249 mit Überschallgeschwindigkeit. Im Luftfahrtmuseum Le Bourget bei Paris erhalten.				
Nummer: 002	Registrierung: G-BBST	Erster Flug: 9. April 1969	Letzter Flug: 4. März 1976	Flugstunden: 836
Brit. Prototyp. Roll-out am 19.9.1968. Erster Überschallflug am 25.03.1970, erster Mach-2-Flug am 12.11.1970. Insgesamt 438 Flüge, davon 196 mit Überschallgeschwindigkeit. Im Fleet Air Arm Museum, Yeovilton, England, erhalten.				
Nummer: 101	Registrierung: G-AXDN	Erster Flug: 17. Dezember 1971	Letzter Flug: 20. August 1977	Flugstunden: 632
Brit. Vorserien-Concorde. Im Vergleich zu den Prototypen modifizierte Flügel und Triebwerke sowie größere Tanks. Erreichte mit Mach 2,23 die höchste Geschwindigkeit einer Concorde. Im Imperial War Museum, Duxford, England, erhalten.				
Nummer: 102	Registrierung: F-WTSA	Erster Flug: 10. Januar 1973	Letzter Flug: 20. Mai 1976	Flugstunden: 656
Franz. Vorserien-Concorde. Erste mit der endgültigen Form der späteren Serie. Besuchte als erste Concorde die USA und trug auf einer Seite das AF-Logo und auf der anderen das von BA. Diente nach Stilllegung als Ersatzteilquelle für die AF-Concordes. Im Musée Delta, Flughafen Orly, Paris, erhalten.				
Nummer: 201	Registrierung: F-WTSB	Erster Flug: 6. Dezember 1973	Letzter Flug: 19. April 1985	Flugstunden: 909
Franz. Serien-Testflugzeug. Obwohl sie praktisch eine Serien-Concorde war, flog sie nie kommerziell. Im Aeroscopia Museum in Toulouse erhalten.				
Nummer: 202	Registrierung: G-BBDG	Erster Flug: 13. Dezember 1974	Letzter Flug: 24. Dezember 1981	Flugstunden: 1.282
Brit. Serien-Testflugzeug. Obwohl sie praktisch eine Serien-Concorde war, flog sie nie kommerziell. Erste Concorde, die 100 Passagiere bei Mach 2 beförderte. Diente als Ersatzteilquelle. Im Brooklands Museum, Weybridge, England, restauriert und erhalten.				
Nummer: 203	Registrierung: F-BTSC	Erster Flug: 31. Januar 1975	Letzter Flug: 25. Juli 2000	Flugstunden: 11.989
Als Serien-Testflugzeug (F-WTSC) gebaut. 1975 als F-BTSC für AF-Dienst neu registriert. Von 1980-86 außer Dienst. Brachte 1989 Papst Johannes Paul II. nach Afrika. Am 25.07.2000 durch Absturz nach Start von Paris CDG zerstört, 113 Menschen Tote.				
Nummer: 204	Registrierung: G-BOAC	Erster Flug: 27. Februar 1975	Letzter Flug: 31. Oktober 2003	Flugstunden: 22.260
Erstmals 1976 auf den Strecken Bahrain/Singapur eingesetzt. 1979 Neuregistrierung für Dienst bei Braniff Airways. 1980 nach Einstellung des Braniff-Dienstes wieder als G-BOAC registriert. Im Manchester Airport Viewing Park erhalten.				
Nummer: 205	Registrierung: F-BVFA	Erster Flug: 27. Oktober 1975	Letzter Flug: 12. Juni 2003	Flugstunden: 17.824
Flog am 21.01.1976 den ersten AF-Flug nach Rio via Dakar. 1979 Neuregistrierung für Braniff-Dienst. 1980 nach Einstellung des Braniff-Dienstes wieder als F-BVFA registriert. 1988 Weltumrundung in der Rekordzeit von 41 Std. und 27 Min., heute im Smithsonian in Washington erhalten.				
Nummer: 206	Registrierung: G-BOAA	Erster Flug: 5. November 1975	Letzter Flug: 12. August 2000	Flugstunden: 22.768
Flog am 21.01.1976 den ersten BA-Flug nach Bahrain. 1979 Neuregistrierung für Braniff, ab 1980 wieder als G-BOAA. Erhielt nicht die nach dem Absturz (2000) erforderlichen Sicherheitsmodifikationen und wurde stillgelegt. Im schottischen National Museum of Flight erhalten.				
Nummer: 207	Registrierung: F-BVFB	Erster Flug: 6. März 1976	Letzter Flug: 24. Juni 2003	Flugstunden: 14.771
1979 Neuregistrierung für Braniff, ab 1980 wieder als F-BVFB. Von 1990-97 außer Betrieb. Im Technik Museum Sinsheim erhalten.				
Nummer: 208	Registrierung: G-BOAB	Erster Flug: 18. Mai 1976	Letzter Flug: 15. August 2000	Flugstunden: 22.296
1979 Neuregistrierung für Braniff, ab 1980 wieder als G-BOAB. Nach der Wiederaufnahme des Flugbetriebes nach dem Absturz (2000) benötige BA nur noch 5 Concordes. Daher keine Modifizierung mit neuer Sicherheitsausstattung, sondern Stilllegung. Gegenwärtig am Heathrow Airport abgestellt.				
Nummer: 209	Registrierung: F-BVFC	Erster Flug: 9. Juli 1976	Letzter Flug: 27. Juni 2003	Flugstunden: 14.332
1979 Neuregistrierung für Braniff, ab 1980 wieder als F-BVFC. Im Aeroscopia Museum bei Airbus in Toulouse erhalten.				
Nummer: 210	Registrierung: G-BOAD	Erster Flug: 25. August 1976	Letzter Flug: 10. November 2003	Flugstunden: 23.397
Trug 1979 als einzige BA-Concorde auf der einen Seite das BA-Logo und auf der anderen Seite das von Singapore Airlines. 1979 Neuregistrierung für Braniff, ab 1980 wieder als G-BOAD. Im Intrepid Sea-Air-Space Museum, New York City, erhalten.				
Nummer: 211	Registrierung: F-BVFD	Erster Flug: 10. Februar 1977	Letzter Flug: 27. Mai 1982	Flugstunden: 5.814
1979 Neuregistrierung für Braniff, ab 1980 wieder als F-BVFD. Stilllegung nach der Einstellung der AF-Route Dakar/Rio und Nutzung als Ersatzteilquelle. Starke Korrosion durch Aufbewahrung im Freien, daher 1994 Zerlegung. Einige Rumpfteile eingelagert.				
Nummer: 212	Registrierung: G-BOAE	Erster Flug: 17. März 1977	Letzter Flug: 17. November 2003	Flugstunden: 23.376
1979 Neuregistrierung für Braniff, ab 1980 wieder als G-BOAE. Flog anlässlich der Eröffnung des Schottisches Parlamentes 1999 in Formation mit den Red Arrows. Beim Grantley Adams International Airport auf Barbados erhalten.				
Nummer: 213	Registrierung: F-BTSD	Erster Flug: 26. Juni 1978	Letzter Flug: 14. Juni 2003	Flugstunden: 12.974
1979 Neuregistrierung für Braniff, ab 1980 wieder als F-BTSD. Hält den Weltrekord für Weltumrundungen in beiden Richtungen. Trug 1996 eine Werbelackierung im Pepsi-Look. Im Luftfahrtmuseum Le Bourget bei Paris erhalten.				
Nummer: 214	Registrierung: G-BOAG	Erster Flug: 21. April 1978	Letzter Flug: 5. November 2003	Flugstunden: 16.239
Ursprünglich 1978 als G-BFKW bei British Aeroypace registriert, später an BA verkauft und als G-BOAG neuregistriert. Diente Anfang der 1980er-Jahre als Ersatzteilquelle. Mit Teilen von AF ab 1984 wieder flugfähig als F-BVFD. Im Museum of Flight, Seattle, USA, erhalten.				
Nummer: 215	Registrierung: F-BVFF	Erster Flug: 26. Dezember 1978	Letzter Flug: 11. Juni 2000	Flugstunden: 12.421
Zunächst als F-WJAN bei Aérospatiale registriert, ab 1980 als F-BVFF bei AF. Im Jahre 2000 stillgelegt, um als Ersatzteilquelle für F-BTSD zu dienen. Befand sich in der Wiederherstellung zur Flugfähigkeit, als AF seine Concordes 2003 stilllegte. Am Pariser CDG Airport ausgestellt.				
Nummer: 216	Registrierung: G-BOAF	Erster Flug: 20. April 1979	Letzter Flug: 26. November 2003	Flugstunden: 18.257
Letzte jemals gebaute Concorde. 1978 zunächst als G-BFKX bei BAE registriert, dann an Braniff (G-N94AF) und BA (G-BOAF) ausgeliehen. 1980 an BA verkauft. Machte den allerletzten Concorde-Flug von Heathrow nach Filton am 26.11.2003. Bei Aerospace Bristol erhalten.				

Concorde Details by Name

<table>
<tr><td>Number: 001</td><td>Registration: F-WTSS</td><td>First Flight: 2 March 1969</td><td>Last Flight: 19 October 1973</td><td>Hours Flown: 812</td></tr>
<tr><td colspan="5">French prototype. Roll-out on 11 December 1967. First supersonic flight on 1 October 1969, first Mach 2 flight on 4 November 1970. Total of 397 flights including 249 at supersonic speed. Preserved at the Air & Space Museum, Le Bourget, near Paris, France.</td></tr>
<tr><td>Number: 002</td><td>Registration: G-BBST</td><td>First Flight: 9 April 1969</td><td>Last Flight: 4 March 1976</td><td>Hours Flown: 836</td></tr>
<tr><td colspan="5">British prototype. Roll-out on 19 September 1968. First supersonic flight on 25 March 1970, first Mach 2 flight on 12 November 1970. Total of 438 flights including 196 at supersonic speed. Preserved at the Fleet Air Arm Museum, Yeovilton, England.</td></tr>
<tr><td>Number: 101</td><td>Registration: G-AXDN</td><td>First Flight: 17 December 1971</td><td>Last Flight: 20 August 1977</td><td>Hours Flown: 632</td></tr>
<tr><td colspan="5">British pre-production Concorde. Differences to prototypes included modified wings and engines, and larger fuel tanks. Reached the fasted speed of any Concorde by flying at Mach 2.23. Preserved at the Imperial War Museum, Duxford, England.</td></tr>
<tr><td>Number: 102</td><td>Registration: F-WTSA</td><td>First Flight: 10 January 1973</td><td>Last Flight: 20 May 1976</td><td>Hours Flown: 656</td></tr>
<tr><td colspan="5">French pre-production Concorde. First one built in the final shape of the production Concordes. First one to visit the US. Wore AF livery on one side and BA on the other. Used as a source of spare parts for AF Concordes after retirement. Preserved at the Musée Delta, Orly Airport, Paris, France.</td></tr>
<tr><td>Number: 201</td><td>Registration: F-WTSB</td><td>First Flight: 6 December 1973</td><td>Last Flight: 19 April 1985</td><td>Hours Flown: 909</td></tr>
<tr><td colspan="5">French production test aircraft. Although considered a production aircraft, never entered commercial service. Preserved at the Aeroscopia Museum at Toulouse, France.</td></tr>
<tr><td>Number: 202</td><td>Registration: G-BBDG</td><td>First Flight: 13 December 1974</td><td>Last Flight: 24 December 1981</td><td>Hours Flown: 1,282</td></tr>
<tr><td colspan="5">British production test aircraft. Although considered a production aircraft, 202 never entered commercial airline service. The first one to carry 100 passengers at Mach 2. Used as a source of spare parts. Refurbished, restored, and preserved at the Brooklands Museum, Weybridge, England.</td></tr>
<tr><td>Number: 203</td><td>Registration: F-BTSC</td><td>First Flight: 31 January 1975</td><td>Last Flight: 25 July 2000</td><td>Hours Flown: 11,989</td></tr>
<tr><td colspan="5">Built as a production test aircraft (F-WTSC). Re-registered as F-BTSC in 1975 for AF service. Out of service from 1980-1986, it carried Pope John Paul II to Africa in 1989. Destroyed in a crash after take-off from Paris CDG on 25 July 2000, killing 113 people.</td></tr>
<tr><td>Number: 204</td><td>Registration: G-BOAC</td><td>First Flight: 27 February 1975</td><td>Last Flight: 31 October 2003</td><td>Hours Flown: 22,260</td></tr>
<tr><td colspan="5">First used on the Bahrain/Singapore routes, 1976. Re-registered for service with Braniff Airways in 1979. Re-registered as G-BOAC in 1980 after discontinuation of the Braniff service. Preserved at the Manchester Airport Viewing Park, England.</td></tr>
<tr><td>Number: 205</td><td>Registration: F-BVFA</td><td>First Flight: 27 October 1975</td><td>Last Flight: 12 June 2003</td><td>Hours Flown: 17,824</td></tr>
<tr><td colspan="5">Flew the first AF flight to Rio de Janeiro via Dakar on 21 Jan. 1976. Re-registered for Braniff Airways service, 1979. Registered as F-BVFA, 1980. Flew around the world in a record-breaking 41 hours 27 minutes, 1988. Preserved at the Nat. Air & Space Museum, Wash., D.C.</td></tr>
<tr><td>Number: 206</td><td>Registration: G-BOAA</td><td>First Flight: 5 November 1975</td><td>Last Flight: 12 August 2000</td><td>Hours Flown: 22,768</td></tr>
<tr><td colspan="5">Flew the first BA flight to Bahrain on 21 Jan. 1976. Re-registered for Braniff service, 1979. Re-registered as G-BOAA, 1980. Was not fitted with the safety modifications required after the 2000 crash and hence retired. Preserved at the Nat. Museum of Flight, Scotland.</td></tr>
<tr><td>Number: 207</td><td>Registration: F-BVFB</td><td>First Flight: 6 March 1976</td><td>Last Flight: 24 June 2003</td><td>Hours Flown: 14,771</td></tr>
<tr><td colspan="5">Re-registered for Braniff service, 1979. Re-registered as F-BVFB, 1980. Out of service from 1990-1997. Preserved at the Technik Museum Sinsheim, Germany.</td></tr>
<tr><td>Number: 208</td><td>Registration: G-BOAB</td><td>First Flight: 18 May 1976</td><td>Last Flight: 15 August 2000</td><td>Hours Flown: 22,296</td></tr>
<tr><td colspan="5">Re-registered for Braniff service, 1979. Re-registered as G-BOAB, 1980. When Concorde returned to service after the crash, BA only required five aircraft. Therefore, it was not fitted with the safety modifications and hence retired. Currently in storage at Heathrow Airport.</td></tr>
<tr><td>Number: 209</td><td>Registration: F-BVFC</td><td>First Flight: 9 July 1976</td><td>Last Flight: 27 June 2003</td><td>Hours Flown: 14,332</td></tr>
<tr><td colspan="5">Re-registered for service with Braniff Airways, 1979. Re-registered as F-BVFC, 1980. Preserved at the Aeroscopia Museum near Airbus Factory at Toulouse, France.</td></tr>
<tr><td>Number: 210</td><td>Registration: G-BOAD</td><td>First Flight: 25 August 1976</td><td>Last Flight: 10 November 2003</td><td>Hours Flown: 23,397</td></tr>
<tr><td colspan="5">Was the only BA Concorde wearing the BA livery on one side and the Singapore Airl. livery on the other, 1979. Re-registered for Braniff service, 1979. Re-registered as G-BOAD, 1980. Preserved at the Intrepid Sea-Air-Space Museum, New York, USA.</td></tr>
<tr><td>Number: 211</td><td>Registration: F-BVFD</td><td>First Flight: 10 February 1977</td><td>Last Flight: 27 May 1982</td><td>Hours Flown: 5,814</td></tr>
<tr><td colspan="5">Re-registered for Braniff service, 1979. Re-registered, 1980. Retired after the discontinuation of the AF route to Dakar/Rio. Used as a source of spare parts and badly corroded after being stored outdoors. Broken up in 1994. Fuselage sections in storage.</td></tr>
<tr><td>Number: 212</td><td>Registration: G-BOAE</td><td>First Flight: 17 March 1977</td><td>Last Flight: 17 November 2003</td><td>Hours Flown: 23,376</td></tr>
<tr><td colspan="5">Re-registered for Braniff service, 1979. Re-registered as G-BOAE, 1980. Flew in formation with the Red Arrows to mark the opening of the Scottish Parliament, 1999. Preserved at the Grantley Adams Int. Airport, Barbados.</td></tr>
<tr><td>Number: 213</td><td>Registration: F-BTSD</td><td>First Flight: 26 June 1978</td><td>Last Flight: 14 June 2003</td><td>Hours Flown: 12,974</td></tr>
<tr><td colspan="5">Re-registered for Braniff service, 1979. Re-registered as F-BTSD, 1980. Holds the world record for flying around the world in both directions. Carried a promotional paint scheme for Pepsi in 1996. Preserved at the Air & Space Museum, Le Bourget, France.</td></tr>
<tr><td>Number: 214</td><td>Registration: G-BOAG</td><td>First Flight: 21 April 1978</td><td>Last Flight: 5 November 2003</td><td>Hours Flown: 16,239</td></tr>
<tr><td colspan="5">Originally registered as G-BFKW to BAE in 1978 but later sold to BA and re-registered as G-BOAG. Used as a source of spares during the early 1980s. Restored to flying condition using parts from Air France – F-BVFD in 1984. Preserved at the Museum of Flight, Seattle, USA.</td></tr>
<tr><td>Number: 215</td><td>Registration: F-BVFF</td><td>First Flight: 26 December 1978</td><td>Last Flight: 11 June 2000</td><td>Hours Flown: 12,421</td></tr>
<tr><td colspan="5">Originally registered as F-WJAN to Aérospatiale, re-registered to AF as F-BVFF, 1980. Retired in 2000 to be used for spare parts for F-BTSD. In the process of being restored to flying condition when AF retired its fleet. Preserved at the CDG Airport, Paris, France.</td></tr>
<tr><td>Number: 216</td><td>Registration: G-BOAF</td><td>First Flight: 20 April 1979</td><td>Last Flight: 26 November 2003</td><td>Hours Flown: 18,257</td></tr>
<tr><td colspan="5">Last Concorde to be built. Originally registered as G-BFKX to BAE in 1978, then loaned to Braniff (G-N94AF) and BA (G-BOAF). Finally sold to BA in 1980. Last Concorde ever to fly from Heathrow to Filton, on 26 November 2003. Preserved at Aerospace Bristol, England.</td></tr>
</table>

Technische Daten der Concorde	(Quelle: British Airways)
Passagierkapazität	100 Passagiere und 2,5 Tonnen Fracht
Sitze	100 Sitze, davon 40 in der vorderen Kabine und 60 in der hinteren
Reichweite	6.667 km
Triebwerke	4 Rolls-Royce/SNECMA Olympus 593 mit je 169 kN Leistung (mit Nachbrenner)
Startgeschwindigkeit	400 km/h
Höchstgeschwindigkeit	Mach 2,23 bzw. 2.405 km/h (auf 18.000 m Flughöhe)
Landegeschwindigkeit	300 km/h
Länge	62,1 m
Flügelspannweite	25,5 m
Höhe	11,3 m
Breite des Rumpfes	2,9 m
Treibstoffkapazität	119.500 Liter
Treibstoffverbrauch	25.629 Liter/Stunde
Max. Abhebegewicht	185 t
Flugbesatzung	2 Piloten und 1 Flugingenieur
Kabinenpersonal	6

Concorde Facts	(Source: British Airways)
Capacity	100 passengers and 2.5 tonnes of cargo
Seating	100 seats, 40 in the front cabin and 60 in the rear cabin
Range	4,143 miles (6,667 km)
Engines	Four Rolls-Royce/SNECMA Olympus 593s, each producing 38,000lb of thrust with reheat
Take-off speed	250 mph (400 kph)
Maximum Speed	Mach 2.23 / 2,405 kph (at 60,000 feet)
Landing speed	187mph (300kph)
Length	203ft 9in (62.1m)
Wing span	83ft 8in (25.5 m)
Height	37ft 1in (11.3 m)
Fuselage width	9ft 6in (2.9 m)
Fuel capacity	26,286 Imperial gallons (119,500 litres)
Fuel consumption	5,638 Imperial gallons (25,629 litres) per hour
Maximum take-off weight	408,000 lb (185 tonnes)
Flight crew	Two pilots, one flight engineer
Cabin crew	Six

Quellen (Auszug)

Gordon, Yefim; Rigmant, Vladimir (2005). Tupolev Tu-144. Hinckley, Leicestershire, UK: Midland.
Orlebar, Christopher (2004). The Concorde Story. Oxford, UK: Osprey Publishing.

Persönliche und telefonische Interviews (inkl. Korrespondenz):
John Hutchinson, Pierre Grange, Gérard Duval, Béatrice Vialle, Ian Kirby, Ricky Bastin, Suzanne O'Donoghue, Iona Ferguson, Annick und Claude Moyal, Katie John und Nigel Ferris (Mach 2 Magazine), Caroline Cadier, Ian Dick, Richard Thomas, Alain Verschuere

Webseiten:
http://mach-2-magazine.co.uk (abgerufen am 6. Juni 2018)
http://company.airbus.com/company/heritage/now-and-then/concorde.html (abgerufen am 12. Juli 2018)

Bildnachweise für »Mit den Stars im Überschall«
J. Callaghan: US NARA; V. G. d'Estaing: Bundesarchiv (BA), B 145 Bild-F056912-0010 / Gräfi ngholt, Detlef / CC-BY-SA 3.0; Papst John Paul II: BA, B 145 Bild-F059404-0019 / Schaack, Lothar / CC-BY-SA; J. Chirac: US NARA; E. Heath: US DoD; G. Pompidou / H. Wilson: Nationaal Archief LN / Anefo; F. Mitterrand: US DoD; C. Deneuve: Moviestore Collect. Ltd / Alamy Stock Photo; H. Kissinger: US Dept. of State; T. Blair: US NARA; Pr. Margaret: Nationaal Archief NL / Anefo; Pr. Charles: Queensland State Archive; Muhammad Ali: US LoC; D. Frost / E. Taylor: US DoD; S. Connery / R. Moore: Nationaal Archief NL; M. Jackson: US NARA; G. Michael: University of Houston; M. Jagger / P. McCartney: Nationaal Archief NL / Anefo; Joan Collins: A. Meredith; C. Eastwood: NASA

Sources

Gordon, Yefim; Rigmant, Vladimir (2005). *Tupolev Tu-144.* Hinckley, Leicestershire, UK: Midland.
Orlebar, Christopher (2004). *The Concorde Story.* Oxford, UK: Osprey Publishing.

Personal and telephone interviews (incl. correspondence):
John Hutchinson, Pierre Grange, Gérard Duval, Béatrice Vialle, Ian Kirby, Ricky Bastin, Suzanne O'Donoghue, Iona Ferguson, Annick and Claude Moyal, Katie John and Nigel Ferris (*Mach 2* magazine), Caroline Cadier, Ian Dick, Richard Thomas, Alain Verschuere

Websites:
http://mach-2-magazine.co.uk (retrieved on 6 June 2018)
http://company.airbus.com/company/heritage/now-and-then/concorde.html (retrieved on 12 July 2018)

Photo credits (Supersonic Star Gazing):
J. Callaghan: US NARA; V. G. d'Estaing: Bundesarchiv (BA), B 145 Bild-F056912-0010 / Gräfingholt, Detlef / CC-BY-SA 3.0; Pope John Paul II: BA, B 145 Bild-F059404-0019 / Schaack, Lothar / CC-BY-SA; J. Chirac: US NARA; E. Heath: US DoD; G. Pompidou / H. Wilson: Nationaal Archief LN / Anefo; F. Mitterrand: US DoD; C. Deneuve: Moviestore Collect. Ltd / Alamy Stock Photo; H. Kissinger: US Dept of State; T. Blair: US NARA; Pr. Margaret: Nationaal Archief NL / Anefo; Pr. Charles: Queensland State Archive; Muhammad Ali: US LoC; D. Frost / E. Taylor: US DoD; S. Connery / R. Moore: Nationaal Archief NL; M. Jackson: US NARA; G. Michael: University of Houston; M. Jagger / P. McCartney: Nationaal Archief NL / Anefo; Joan Collins: A. Meredith; C. Eastwood: NASA

DAS MAGAZIN FÜR LUFT- UND RAUMFAHRT
Neben spektakulären Reportagen aus der Welt der Luft- und Raumfahrt findet man in der FLUG REVUE ausführliche Analysen zu den aktuellen weltweiten Entwicklungen bei Fluggesellschaften, Flughäfen, Herstellern, Militärluftfahrt, Raumfahrt und Technik.
Aktuelle Ausgabe als Heft oder E-Paper bestellen:
Web: flugrevue.de/heft
Telefon: 0781 6396659
E-Mail: mps-bestellungen@burdadirect.de
Jeden Monat neu!
Deutschland € 7,20 www.flugrevue.de
FLUG REVUE
Das Luft- und Raumfahrt-Magazin
STARSHIP
Die Lehren aus dem Fehlstart
ROSINENBOMBER
75 Jahre Berliner Luftbrücke
A380 kehrt zurück
Lufthansa reaktiviert ihren Riesenjet
EDELWEISS
Schweizer Musterschüler in der Lufthansa Group
DÜSSELDORF
Neue Routen für NRW-Drehkreuz
SUDAN-EVAKUIERUNG
A400M im Kampfgebiet
WECHSEL IN KOUROU
Ariane 6 kommt später
SCHWEIZ
Wie lange fliegt der Tiger?